松辽盆地北部页岩油储层压裂改造技术

刘银仓　编著

中国石油大学出版社

山东·青岛

图书在版编目（CIP）数据

松辽盆地北部页岩油储层压裂改造技术/刘银仓等
编著. —青岛：中国石油大学出版社，2021.6
　　ISBN 978-7-5636-7217-2

　　Ⅰ.①松… Ⅱ.①刘… Ⅲ.①松辽盆地－油页岩－油
气藏－压裂－技术改造－研究 Ⅳ.①TE357.1

　　中国版本图书馆 CIP 数据核字（2021）第 132194 号

书　　　名：松辽盆地北部页岩油储层压裂改造技术
　　　　　　Songliao Pendi Beibu Yeyanyou Chuceng Yalie Gaizao Jishu
编　著　者：刘银仓
责任编辑：袁超红（电话 0532－86981532）
封面设计：悟本设计
出　版　者：中国石油大学出版社
　　　　　　（地址：山东省青岛市黄岛区长江西路 66 号　　邮编：266580）
网　　　址：http://cbs.upc.edu.cn
电子邮箱：shiyoujiaoyu@126.com
排　版　者：青岛汇英栋梁文化传媒有限公司
印　刷　者：泰安市成辉印刷有限公司
发　行　者：中国石油大学出版社（电话 0532－86981532，86983437）
开　　　本：787 mm×1 092 mm　1/16
印　　　张：13
插　　　页：9
字　　　数：329 千字
版 印 次：2021 年 6 月第 1 版　2021 年 6 月第 1 次印刷
书　　　号：ISBN 978-7-5636-7217-2
定　　　价：98.00 元

前 言 《《
Preface

页岩油作为一种非常规油气，是近年来勘探开发的热点和重点之一。页岩油藏是赋存于泥页岩中，以孔隙、裂缝等为主要储集空间的无运移或运移距离极短的特低孔、特低渗连续型油藏。全球页岩油资源主要分布在北美、中亚、拉美、中东以及中国和俄罗斯。中国页岩油可采储量居世界第三位，占石油资源量的10％左右，主要分布在松辽盆地、渤海湾盆地、鄂尔多斯盆地、南襄盆地、准噶尔盆地、江汉盆地、四川盆地等。其中，松辽盆地可采资源量为 11.6×10^8 t，占中国页岩油资源量的25％，是大庆油田增储上产的重要接替战场，并多为陆相基质型页岩油储层，开发难度极大。

世界上页岩油勘探开发较早的国家和地区主要在北美，而中国页岩油勘探开发技术攻关起步较晚，尤其是陆相基质型页岩油压裂改造技术还处于起步阶段，尚未形成一套成熟的陆相基质型页岩油压裂改造工艺及配套完善的工程技术。另外，陆相基质型页岩油勘探开发实践方面的文献及著作较少，对中国陆相基质型页岩油勘探开发技术的发展难以起到有效的引领与推动作用。

中国地质调查局沈阳地质调查中心于2017年启动松辽盆地页岩油气资源评价工作，2017—2019年在松辽盆地北部分别部署了松页油1井、2井和3井以及松页油1HF井和2HF井。中石化中原石油工程有限公司承担了这些井的压裂试油工程设计及施工任务，创新性提出了一套适用于松辽盆地北部陆相基质型页岩油储层的"前置液态 CO_2 ＋滑溜水＋酸性冻胶液＋纤维脉冲加砂＋多粒径树脂覆膜砂"高导流体积缝网压裂技术，压后效果显著，其中直井松页油2井压后抽汲测试产油量 4.93 m^3/d，水平井松页油1HF井压后自喷测试产油量 14.37 m^3/d，均达到了工业油流水平。这些成果实现了国内陆相基质型页岩油勘探开发的重大突破，初步形成了一套适用于松辽盆地北部页岩油储层压裂改造的工艺技术，为松辽盆地北部页岩油勘探开发奠定了坚实的基础，为老油田持续高质量发展探索了新的途径。

本书内容共 11 章,具体撰写分工为:前言由刘银仓执笔;第一章由刘银仓、邱伟执笔;第二章由孙敏、刘长延执笔;第三章由刘银仓、曹洁执笔;第四章由刘银仓、孙敏执笔;第五和第六章由刘银仓、谢娟执笔;第七章由邱伟、刘银仓执笔;第八章由曹洁、李建勋执笔;第九章由张建军、刘长延执笔;第十章由刘银仓、邱伟执笔;第十一章由刘银仓、曹洁执笔。全书由刘银仓、刘长延、邱伟统稿。

本书编著过程中得到了诸多同行专家以及中国地质调查局沈阳地质调查中心、中国石油大学(华东)相关领导与专家的大力支持,尤其是罗明良教授审核了书稿内容,提出了许多宝贵意见,在此一并表示衷心感谢!编著过程中参阅了国内外大量资料,书末虽列出了参考文献,但未能一一详作引用说明,敬请相关专家学者谅解!

由于笔者水平有限,书中疏漏甚至错误之处在所难免,敬请同行和读者批评指正。

目 录 《
Contents

第一章 国内外页岩油技术现状

第一节 页岩油储量分布

从全世界范围看,泥页岩约占全部沉积岩的60%。泥页岩通常被认为是一种烃源岩。北美页岩油气的成功勘探开发打破了传统的石油地质理论,让人们认识到页岩既是烃源岩,又是储集岩。页岩油是指页岩储层的有机质热演化程度处于油气生成窗但还未达到裂解阶段,而以大量石油形态为主赋存于页岩储层的原油。页岩油藏是以孔隙、裂缝等为主要储集空间,无运移或运移距离极短的特低孔、特低渗的连续型油藏。页岩油具有源储一体、储层致密、脆性矿物含量高、异常高压、热演化程度较高、油质轻、产量递减先快后慢、生产周期长等特征。页岩气是从富含有机质的黑色页岩中开采的,自生自储在页岩纳米级孔隙中连续聚集的天然气。页岩油气的工业和商业价值非常高,是一种清洁的能源。

根据2015年国内外相关页岩油会议资料的统计数据,世界页岩油资源蕴藏量十分巨大,估计页岩油约 $4\,500 \times 10^8$ t,比传统石油资源量多50%以上。其中,美国页岩油探明可采储量高达约 107×10^8 t,其他拥有丰富页岩油可采储量的国家依次为俄罗斯(71×10^8 t)、中国(46×10^8 t)、阿根廷(39×10^8 t)、利比亚(37×10^8 t)、澳大利亚(26×10^8 t)、委内瑞拉(19×10^8 t)、墨西哥(19×10^8 t)、巴基斯坦(13×10^8 t)、加拿大(13×10^8 t)等,如图1-1所示。

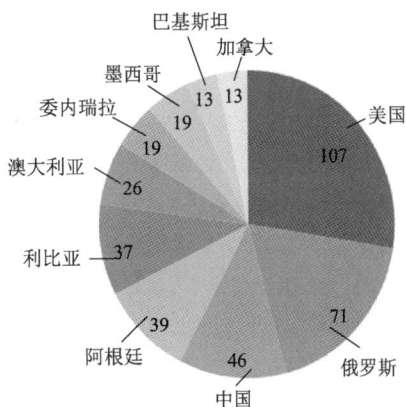

图1-1 页岩油可采储量对比(单位: 10^8 t)

第二节 国外页岩油技术现状

一、美国页岩油开采现状

(一)美国页岩油开采产量

美国页岩油资源丰富,页岩油可采储量占美国石油资源量的26%。页岩油的勘探开发始于美国,2010年以来美国页岩油产量快速增长,2017年页岩油产量约为每天550万桶,约占美国原油总产量的60%。页岩油已经成为美国原油产量增长的主要来源,如图1-2所示。

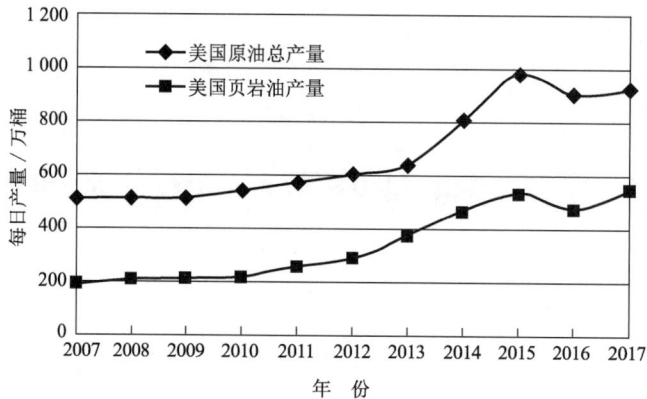

图 1-2　美国 2007—2017 年原油总产量与页岩油产量对比

（二）美国页岩油产区分布

美国有 48 个州发现了页岩油气，典型代表有巴肯致密油、鹰滩页岩油、巴奈特页岩油气等。美国页岩油分布相对集中在 7 个地区，2017 年这 7 个地区的页岩油平均产量为 472 万桶/日（约 61.5×10^4 t/d），占美国原油总产量的 51.3%。

（1）北达科他州的巴肯（Bakken）矿区，页岩油可采储量在 35 亿桶左右。巴肯页岩区是全世界最大的页岩油开采地，于 1955 年正式投产。巴肯地层由 3 个小层段组成：上部页岩段、下部页岩段及含硅质碳酸盐岩的中部层段。其中，中层是钻井的主要目标层。经过 60 多年的开发，巴肯页岩区已经成为美国产量最大的陆上油田。这里的页岩油产量逐年快速增加，从 2010 年的 40 万桶/日迅速增至 2017 年的 101 万桶/日。

（2）得克萨斯州的鹰滩（Eagle Ford）矿区，页岩油可采储量在 30 亿桶左右。鹰滩页岩油地层深度 1 200～3 600 m，于 2012 年开始进入勘探阶段，其北部含油区的地层压力一般较低。与巴肯页岩油生产相比，鹰滩页岩油生产要晚，但其北部的水平井压裂开采技术非常成功，油井平均产量多于巴肯。2017 年平均产量为 115 万桶/日。

（3）科罗拉多州的奈厄布拉勒（Niobrara）矿区，页岩油可采储量在 12 亿桶左右，2017 年平均产量为 38.4 万桶/日。

（4）俄亥俄州的二叠纪（Permian）矿区，页岩油可采储量在 60 亿桶左右，2017 年平均产量为 200 万桶/日。

（5）尤蒂卡地区的 Anadarko 矿区，页岩油可采储量在 5 亿桶左右，2017 年平均产量为 8.5 万桶/日。

（6）海恩斯维尔地区的 Haynesville 矿区，页岩油可采储量在 20 亿桶左右，2017 年平均产量为 14 万桶/日。

（7）马塞卢斯地区的 Appalachia 矿区，页岩油可采储量在 4 亿桶左右，2017 年平均产量为 5 万桶/日。

二、美国页岩油储层分类

泥页岩层中的有机质在天然状态下或由于温度的变化使其形成液态的烃物质，统称为页岩油。根据页岩油的分布地质特点、物理性质、生成原理等不同，存在两种形式的页岩油，即纯页岩油和同时含有页岩气的页岩油。

页岩油开发是利用钻井和压裂等工程手段,将泥页岩层系中的液态烃(以游离、溶解或吸附的形态存在于有生烃能力的泥页岩层系中)开发出来。基于研究工作的深入并借鉴其他国家的开发经验,根据页岩油赋存的孔隙结构特征、开发生产水平和经济成本等因素,可对页岩油重新分类,即分为基质型页岩油、夹层型页岩油和裂缝型页岩油。

1. 基质型页岩油

基质型页岩油是指存在于泥页岩基质中的有机质、黏土矿物间和各类孔隙中的页岩油。基质型页岩油的油质特征和富集程度受控于页岩有机质的类型、成熟度以及丰度。此类页岩油的突出特点是开发难度大,含油率达到一定的水平才有工业开发价值。然而,由于基质型页岩油所具有的缺点的限制,其开发技术还不成熟。

美国福特沃斯盆地巴涅特(Barnett)页岩油属于基质型页岩油开发的案例,该区块大部分来自盆地西部和北部处于生油窗阶段的页岩。页岩产油层段位于盆地东北部,平均泥页岩的厚度在 80 m 左右,埋深达 2 000 m 以上,有机碳含量为 7%,有机质热演化程度在 0.5%～1.3% 之间。页岩油存在于泥页岩的基质孔隙中,对产物的研究分析表明主要产物为轻质油和凝析油。Four Sevens 公司在福特沃斯盆地西北部的 Clay 县钻探了 1 口直井,油的初期产能为 32 m³/d,而在 Barnett 页岩油产区最好的地方,油的平均初期产能为 39.7～159.0 m³/d,天然气为 2.83～5.66×10⁴ m³/d。由于总有机碳较高,碳酸盐含量、孔隙度和渗透率较低,裂缝不发育,故页岩油的产能并不高。油井产能的迅速降低也反映了这一情况。

2. 夹层型页岩油

在泥页岩层段中,虽然作为夹层的粉砂质泥岩、碳酸盐岩或火山岩类等厚度较低,但是其物理性质很好,孔隙度和渗透率都较高。邻层的有机质页岩生油能力强,且原油受到很小的流动阻力就会进入夹层,进而富集。另外,夹层的岩性较脆,利于储层的变化,可以形成页岩工业油流。因此,夹层非常有利于层内油流的富集。

威利期顿盆地巴肯(Bakken)页岩油属于夹层型页岩油。整个巴肯组地层可细分为上页岩段、下页岩段和中段,其中中段产量最高,平均深度为 1 500 m,含泥质、白云岩的砂岩或粉砂岩厚度为 5～30 m。其孔隙类型主要为粒间孔隙与溶蚀孔隙,孔隙度为 3%～13%,渗透率达 0.1～1.0 mD(1 mD=0.987×10⁻² μm²)。当渗透率高于 0.01 mD 时,一般具有天然裂缝。对于整个巴肯组,在裂缝发育且富含残余油的砂岩和粉砂岩的中段,页岩渗透率达到最高。2000 年完钻了第一口水平井(1-36H-Parshall 井),产油量为 73.6 m³/d,API 为 42°,产气量为 3 624.5 m³/d,气油比约为 49。Parshall 油田和 Sanish 油田的 78 口长水平段压后,产油量为 318～636 m³/d。Parshall 油田是主要产油区,面积为 3 840 km²,代表井为 1-05HN&D 井。此井产油量为 204 m³/d,产气量为 11 440 m³/d,气油比约为 56。巴肯组地层上段总有机碳为 5.36%～21.40%,平均为 14.3%;下段总有机碳为 8.87%～24.70%,平均为 15.17%。

3. 裂缝型页岩油

油气主要以游离相赋存富集于在泥页岩层系中时储层会有很多的裂缝及微裂缝发育,所以将游离在此裂缝中的油气称为裂缝型页岩油。裂缝发育使得空隙空间良好,渗透率较高,因此该类页岩油的含量较高,且采出程度和可开采性都很高。该类页岩油的形成受到裂缝发育的影响控制,如果泥页岩层系中的有机质的物性较好,裂缝发育随之也会较好,具有一定的规律性,通常形成构造裂缝带,便于油气的富集。此类裂缝带会在构造挠曲、褶皱的断裂带系统中发育形成。裂缝是页岩油富集的优良场所,但是断裂带的发育能力有限,构造裂缝带不易形成,从而也影响着裂缝型页岩油高含区的分布。传统的泥页岩裂缝油气藏是其他层段或空隙空间经过二次运移富集而成,而裂缝型页岩油是富泥页岩内部有机质随自身条件或外部因素影响所形成的,其开发潜力和前景非常可观,为页岩油气资源的研究工作提供理论指导。例如,Monterey 页岩、Pierre 页岩、Bazhenov 页岩及中国部分泥岩裂缝油气藏,油的初期产能为 53.9 m^3/d(API 为 33°),天然气为 $1.85×10^4 m^3/d$,地层水为 15 m^3/d,气油比约为 343。

页岩油中,夹层型页岩油的潜力最大,裂缝型页岩油次之,基质型页岩油中的纯泥质页岩油最差。

美国页岩油储层分类如图 1-3 所示。

页岩油储层类型		示意图	典型实例
纯页岩型	致密型	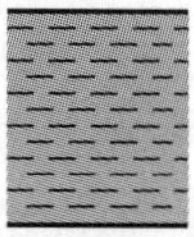	Barnett 页岩油、Woodford 页岩油 Mowry 页岩油、Heath 页岩油
	裂缝型	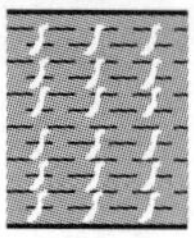	Monterey 页岩油、Woodford 页岩油、 Heath 页岩油
混层型	砂岩混层型		Bakken 页岩油
	粉砂岩混层型		
	碳酸盐岩混层型	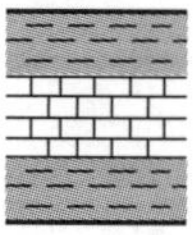	Eagle Ford 页岩油、Niobrara 页岩油

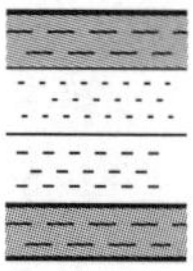

图 1-3 美国页岩油储层分类

三、美国页岩油压裂发展现状及趋势

2007 年,借鉴巴内特页岩气开发经验,尝试在美国北达科他州和蒙大拿州的 Bakken 地层采用大规模水力压裂,获得巨大成功。随后在 Eagle Fort 和 Niobrara 页岩油层应用相似技术,使原来的难采储层获得了 10 倍以上的高产。由于原油比天然气更黏稠且分子更大,人们最开始并不相信页岩气技术能用于页岩油,但水平井钻井技术进步(钻遇更多裂缝)和多级分段压裂优化使页岩油开发取得了突破。

(一)美国页岩油压裂技术现状

在美国页岩油开发过程中,水平井技术是页岩油高效开发的必备技术之一。以美国 Willston 盆地的 Bakken 致密油为例,自 1987 年第一口水平井钻成以来,水平井在该区域逐渐获得广泛应用。该区域约 95% 的开发井都是水平井,而北卡罗来纳州则有 98% 的开发井采用水平井。伴随水平井技术的推广应用,水平段长度也迅速增加,从最初的几百米到后来的超过 3 000 m。在二叠纪 Midland 盆地,2010 年前主要是采用直井分级改造技术,从 2012 年起钻井开始逐渐转向水平井,水平井长度在 2 133~2 186 m,随后的新井平均水平井长度为 2 316 m,一般水平段长度都在 1 524~3 048 m。

1. 水平段长度

目前对最优化水平段长度没有统一定论。2008 年,Mille 等利用散点图研究了 Bakken 致密油产量与水平段长度的关系(图 1-4 和彩图 1-4),认为 1 219~2 134 m 为最优水平段长度,而超过 2 134 m 的水平段长度归一化的效果变差。Edgeman 等利用净现值法研究二叠纪 Midland 盆地泥盆系的最优水平段长度为 1 219 m(约 4 000 ft)。

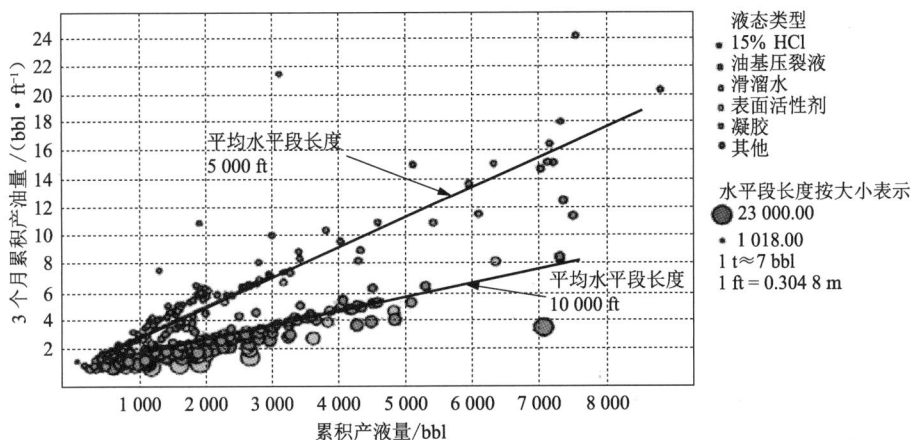

图 1-4 Bakken 致密油不同水平段长度 3 个月累积产油量对比

2. 水平井分段压裂

水平井分段压裂技术包括裸眼封隔器＋滑套分压技术、连续油管水力喷射分段压裂技术、泵送桥塞-分簇射孔分段压裂技术。目前最常用的分段压裂改造是桥塞与射孔联作技术,该技术占所有多段改造总数的 75%~85%。2014 年,Figaro 29-32 井在水平段长度为 2 048 m 的井筒内采用了 35 级桥塞和射孔联作技术。目前应用该技术的最深水平井的垂深为 6 300 m。

目前在北美实现桥塞和射孔联作有电缆泵送下入和连续油管下入两种方式。电缆泵送下入方式是最常见的方式。不过,如果部分井的停泵压力高,则泵送时地面压力过高,会给防喷管动密封带来巨大挑战;同时,如果水平段过长,则泵送时间长,施工效率较低,在这些情况下采用连续油管实现桥塞和射孔联作会更为实际。连续油管下入完成桥塞和射孔联作工艺是通过环空打压坐封桥塞,管内打压点燃多级火药,通过延时装置实现分簇射孔。理论上,在防喷管长度不限制的情况下,改造簇数没有限制。

另一种常见的分段改造工艺是裸眼多级滑套系统(图 1-5)。该工艺可以通过 3 种分流方式实现分级改造,即投球分流、桥塞射孔分流以及趾端采用投球分流和根部采用桥塞射孔分流的混合分流。该工艺的施工效率较高,目前分段可达 22 段。但由于裸眼封隔器有潜在风险,尤其是随着压裂段数的增加,这种风险更为明显,因此其在现场的应用范围小于桥塞和射孔联作工艺。

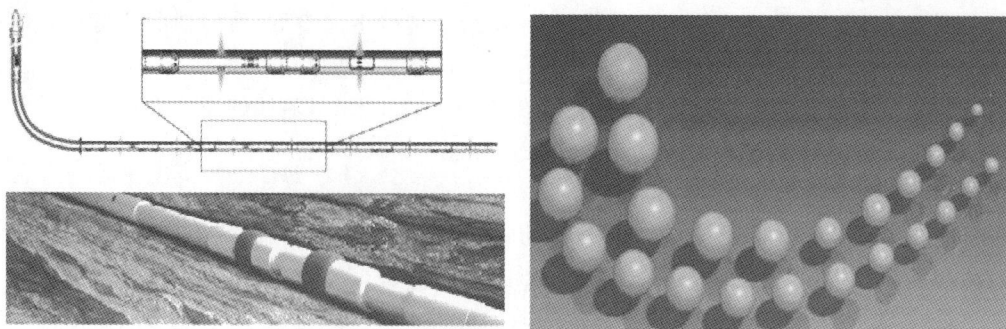

图 1-5　水平井裸眼多级滑套压裂示意图

3. 分段级数

Bakken 页岩油一般分 30 级左右进行改造,而 Midland 盆地一般分 30~34 级进行改造。目前 Bakken 作业者更倾向于减少段间距而增加压裂段数,以保证压后产量的提高。国内梁涛等采用信息量分析、灰色关联和正交试验设计 3 种方法对 Bakken 页岩油压裂水平井产能参数的影响程度进行了计算和分析,认为压裂级数、缝长、水平井段长度和渗透率是影响产能的最主要因素,其中压裂级数影响的排序最高。2006—2016 年,Bakken 页岩油的水平段越来越长,压裂级数逐渐增加,压裂段间距逐渐减少,单位开发成本逐渐降低,开发效益显著。Midland 盆地页岩油近年也将开发井转向水平井,水平段分段级数逐渐增加。

4. 压裂液体系

页岩油的常用压裂液为滑溜水、冻胶,采用黏度更高的压裂液和粒径更粗的支撑剂以及更高的砂比,注重压裂液和支撑剂的匹配,以实现形成高导流能力主裂缝,降低地层页岩油流入井底阻力,提高页岩油井产量。Mille 等通过 Bakken 现场施工情况汇总分析认为,增产效果好的井多采用交联冻胶进行压裂施工,而产量较差的井多采用滑溜水或少量的线性胶(图 1-6 和彩图 1-6)。

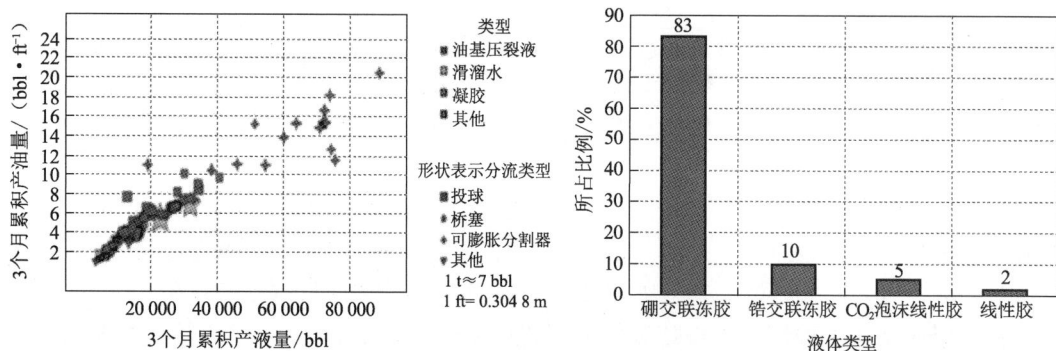

图 1-6　Bakken 页岩油区块压裂液类型

这种结果可能与储层加砂量大小有关,即由于滑溜水等低黏液体在携砂性能上不及冻胶,因此同样的施工规模,加砂量必然减小,这可能是造成最后产量不佳的主要因素。在 Eagle Ford 地区,施工液则常采用复合压裂液。Jim 等通过对 Midland 盆地的 1 500 次压裂施工分析发现,约 83% 的压裂井采用硼交联冻胶,采用的冻胶占总施工量的 93%。

5. 支撑剂体系

北美页岩油气储层埋深较浅,储层闭合压力相对较小,因此采用石英砂作为压裂的主要支撑剂。部分储层采用石英砂和陶粒混合支撑剂对压裂缝进行支撑,形成宽度较大的支撑缝,提高主裂缝导流能力。Bakken 页岩上部页岩压裂常用支撑剂粒径主要是 20/40 目,常采用石英砂;Eagle Ford 页岩压裂前置液阶段支撑剂粒径主要是 100 目砂(打磨炮眼和降滤失),携砂液阶段初期支撑剂粒径主要是 30/50 目砂,后期支撑剂粒径主要是 20/40 目覆膜砂。

Elyezer 等通过模拟模型得出,在 2.6 km² 面积上一口水平井,渗透率为 0.002 mD 的储层的最优压裂级数在 12 级以上,且使用陶粒和石英砂对产量的影响不大;而渗透率为 0.4 mD 的储层的最优压裂级数为 10～12 级,且使用陶粒的增产效果明显。Rankin 等认为,采用抗闭合压力更高的支撑剂可以减少井的重复压裂,采用高抗闭合强度的人造陶粒有助于保证长期的裂缝导流能力,从而能够保证长期产量稳定,提高最终增产效果。

Bakken 页岩油区块支撑剂类型和支撑剂粒径大小如图 1-7 和图 1-8(彩图 1-7 和彩图 1-8)所示。

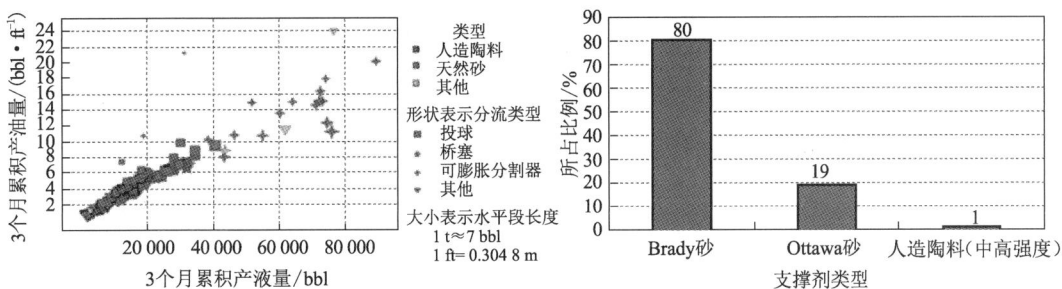

图 1-7　Bakken 页岩油区块支撑剂类型

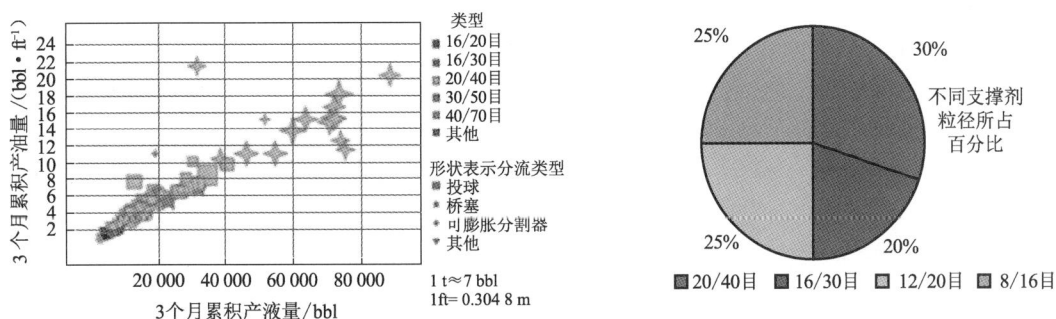

图 1-8　Bakken 页岩油区块支撑剂粒径大小

6. 排　量

Bakken 页岩和 Midland 页岩的压裂施工排量一般在 6.4 m³/min 左右,这与射孔孔眼数有一定联系。在美国,一般认为单个孔眼流量以 0.32 m³/min 为宜。

7. 施工规模

Bakken 页岩产量较高的井,单位水平段长度上压裂液用量大于 1.86 m³/m,支撑剂用量大于 0.446 t/m,平均砂浓度大于 300 kg/m³;产量较低的井,单位水平段长度上压裂液用量小于 0.744 m³/m,支撑剂用量大于 0.15 t/m。从产量看,压裂液用量和用砂量对致密油的最终产量起着关键作用。Bakken 压裂液用量和用砂量与产油量的关系如图 1-9(彩图 1-9)所示。

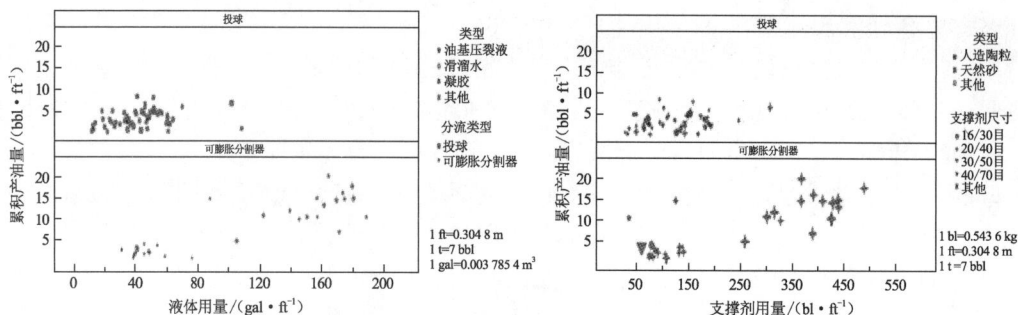

图 1-9　Bakken 压裂液用量和用砂量与产油量的关系

8."工厂化"作业

"工厂化"作业可实现批量钻井、批量压裂生产,在提高生产效率的同时可降低占地面积,减少设备动迁费用。此外,由于大批量井距离较近,"工厂化"作业有利于钻井液及压裂液的回收利用,有利于降低成本,提高经济效益。目前北美"井工厂"作业已成熟,"井工厂"平台一般钻丛式水平井,每个井场一般钻 16～20 口井,水平段长度一般超过 1 500 m,每口井压裂 20 级以上。例如,霍恩河一个比常规井场面积大一些的井场可容纳 2 部钻机,设计钻 28 口水平井,每口井压裂 20 级以上。而美国北达科他州亚特兰大平台所钻 14 口井,最长水平段井的井深可达 9 754 m。

为适应"工厂化"作业,同步压裂技术与链式压裂技术是最为常见的技术。其中,链式压裂技术应用最广泛,这种交叉式的作业对设备和场地的要求比同步压裂的要低。同时,从现场实践情况看,链式压裂对复杂缝网的形成也十分有利,这对提高油藏增产体积,并最终提高页岩油压后产能起着至关重要的作用。

(二)美国页岩油压裂发展趋势

页岩油储层的压裂设计思路与页岩气有些类似,主要核心是"体积压裂"形成人工裂缝与天然裂缝沟通、扩展和延伸,从而形成复杂缝网。但页岩油与页岩气的储层流体不同,在同样的地层条件下,普通原油比气态天然气的流动性要差得多,在进行储层改造时应有所区别,页岩油储层压裂改造时应以高导流长缝为主。如美国鹰滩页岩区块页岩气和页岩油的压裂方案差异较大(表 1-1,图 1-10):页岩气压裂使用的液体总量大、支撑总量小、砂比低、支撑剂粒径小;页岩油压裂使用的液体总量小、支撑总量大、砂比高、支撑剂粒径大。

表 1-1　鹰滩页岩区块页岩气和页岩油压裂方案对比

井类型	页岩气	页岩油
液体体系	滑溜水	混合压裂液、常规压裂体系
分段级数	8～15 级	15～20 级
施工排量	12～18 m³/min	6～10 m³/min
支撑剂总量(单段)	40～80 m³	60～120 m³
支撑剂类型	100 目、40/70 目	40/70 目、30/50 目、20/40 目
最大加砂浓度	120 kg/m³	360～480 kg/m³
总液量(单段)	1 000～1 500 m³	1 000 m³
段　长	60～100 m	76～91 m

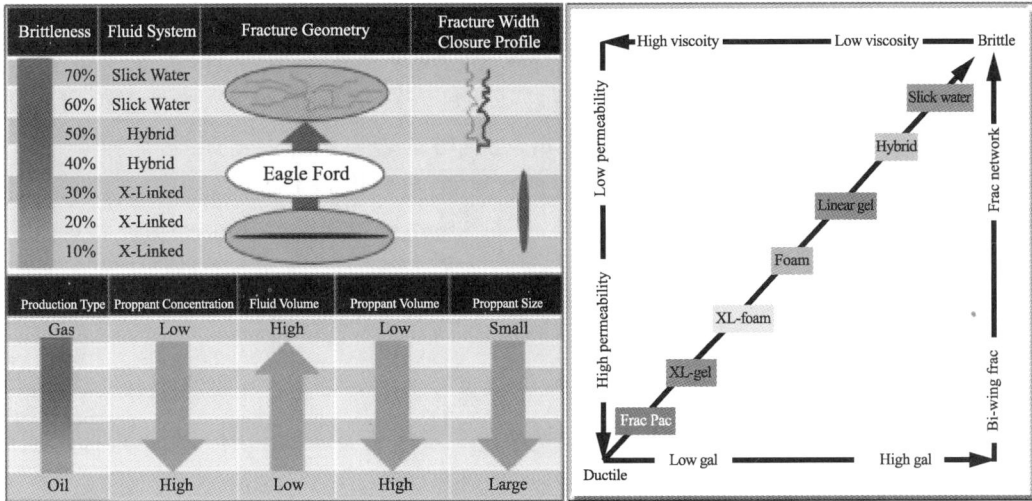

图 1-10　鹰滩页岩区块不同储层特性下压裂参数变化

鹰滩页岩区块的的压裂液类型与页岩脆性有很大关系：脆性指数在 40％～50％之间，用滑溜水＋胶液的混合压裂液体系；脆性指数大于 50％，主要用滑溜水体系；脆性指数小于40％，主要用交联冻胶体系。

近年来美国页岩油压裂技术发展趋势主要围绕降本增效的施工理念，采用中等排量、中等规模、支撑总量大、砂比高、支撑剂粒径大，形成高导流复杂裂缝压裂工艺（表 1-2）。

表 1-2　鹰滩页岩油区块压裂参数变化

项　　目	2008 年→2009 年→2010 年→2018 年	
井类型	单个井	井工厂
液体体系	滑溜水	混合压裂液、常规压裂体系
分段级数	8～10 级	15～20 级
施工排量	12.7～15.9 m³/min	6.4～9.5 m³/min
支撑剂总量（单井）	300～450 m³	900～1 800 m³
支撑剂类型	100 目、40/70 目	40/70 目、30/50 目、20/40 目
最大加砂浓度	120 kg/m³	360～480 kg/m³
总液量	26 000 m³	15 000 m³
段　　长	106～137 m	76～91 m

四、俄罗斯页岩油发展现状

俄罗斯页岩油资源主要赋存于西西伯利亚盆地巴热诺夫组和伏尔加-乌拉尔盆地的多玛尼克地层，其次为季曼-伯朝拉盆地的多玛尼克地层，东西伯利亚盆地的库阿纳姆地层、北高加索地区的哈杜姆地层，以及西西伯利亚地区的侏罗系秋明、白垩系阿奇莫夫等层系。西西伯利亚地台和东欧地台伏尔加-乌拉尔盆地的页岩油区地质条件优越，埋藏不深，且有机质含量高，可采资源总量大，具备大规模开发利用的基础设施和外部环境，是未来开发利用的重要潜力区。

巴热诺夫组是西西伯利亚盆地上侏罗统一套非常优质的轻源岩,主要埋深300~2 000 m,全盆地大面积广泛分布,地球物理特征明显,平均厚度约30 m,岩性上以泥质、钙质、硅质页岩或硅质放射岩为主,夹薄层火山灰、碳酸盐岩和放射虫化石;总有机碳平均为7%,有机质含量一般大于4%,以Ⅰ-Ⅱ型有机质为主,成熟度介于0.5%~1.1%,储层物性好,含油饱和度高,埋深适中,地层超压明显,石英等脆性矿物含量非常高,裂缝发育,储集空间主要为溶洞、晶间孔和有机质孔。

2016年,在西西伯利亚巴热诺夫—阿巴拉组中有146口直井生产,平均日产油10.8 t,其中平均日产油0~10 t的井数为89口,10~20 t的井数为35口,20~30 t井数为9口,30~40 t井数为10口,40~50 t井数为2口。布置部分水平井并进行分段压裂,有39口井初期日产油10~40 t,但后期压裂之后产量递减快且产量递减大,一般3年后便不再有产量。

第三节　国内页岩油技术现状

一、中国页岩油资源分布及地质特征

中国大多数含油气盆地均广泛发育陆相的富含有机质页岩,主要分布于准噶尔、鄂尔多斯、松辽、渤海湾、三塘湖、吐哈、南襄、江汉、苏北等多个盆地陆相地层中,为页岩油形成提供了物质基础。初步估计,我国陆相页岩油资源量约$1 500×10^4$ t,可采资源量为$(30~60)×10^4$ t。

陆相含油气湖相页岩广泛发育页岩油、致密砂岩油与致密页岩油。松辽、鄂尔多斯、四川等坳陷盆地及渤海湾盆地沉积了厚层湖相富有机质页岩、砂岩与泥岩。例如,松辽盆地嫩江组和青山组两套页岩十分发育,嫩江组稳定分布,中央坳陷区厚度超过250 m;青山组一段在中央坳陷区几乎全部为黑色页岩,厚度为60~80 m,Ⅰ-Ⅱ型干酪根,镜质体反射率为0.9%~1.8%。再如,鄂尔多斯盆地主要为深湖相沉积的延长组7段,分布着平均厚度20~40 m、面积超过$4×10^4$ km²的富有机质页岩,有机碳含量平均高达14%,Ⅰ-Ⅱ型干酪根,镜质体反射率为0.6%~1.2%。

二、中外页岩油储层特性对比

北美开采的页岩油储层主要形成于海相盆地的陆棚及半深海—深海环境,大面积连续分布,有机碳含量高(多数大于4%,一般介于3%~13%),脆性矿物含量较高(大多在50%以上,脆性矿物中硅质、钙质含量高,大多大于30%,Eagle Ford页岩大于60%),热演化程度较高(镜质体反射率一般为1.1%~2.1%,原油密度为0.76~8.3 g/cm³,埋深一般小于3 000 m,地层压力系数一般大于1.1。国内陆相页岩油主要形成于陆相断陷湖盆前三角洲及半深湖—深湖相,有机碳含量普遍小于北美海相地层(一般2%左右),脆性矿物含量较高(一般介于40%~50%,但其中硅质含量低,长石及钙质含量高),热演化程度较低(镜质体反射率为0.5%~1.1%),原油密度大都在8.5 g/cm³以上,埋深2 200~3 500 m,地层压力通常为正常压力(个别地区存在异常高压),储层储集空间主要发育有页岩裂缝、基质孔隙及有机孔隙等类型。

从中美页岩油储层参数对比(表 1-3)可以看出,美国页岩油属于海相沉积环境,而中国页岩油属于陆相,地质特征差别大,尤其是地化特征及原油性质。美国页岩油品质明显好于中国页岩油品质。中国页岩油储层条件与美国差别大,压裂模式不适宜照搬国外。

表 1-3　中美页岩油储层参数对比

| 国别 | 储层所在地 | 埋深/m | 地化特征 | | 物性特征 | | 原油性质 | | |
			有机碳含量/%	成熟度/%	孔隙度/%	渗透率/mD	黏度/(mPa·s)	含蜡量/%	油气比
美国	Williston	1 500	7.2~10.6	1.6~1.9	8~12	0.05~0.5	4~12	0	80~420
	Maverck	1 200~4 250	2.0~8.0	1.0~2.3	5~8	0.001~0.003	8~13		500~5 000
	Fortworth	1 989~2 600	5~8	1.6~2.1	4~14	0.02~0.2	6~8	0	470~879
中国	济阳坳陷	3 000~4 000	2~6	0.7~0.9	2~8	0.001	16~208	17~21	0
	泌阳凹陷	2 200~3 500	1.6~4.5	0.5~0.7	3.9~8.9	0.003 6~0.01	33.5	34.2	127
	鄂尔多斯盆地	2 600~3 700	2~6	0.8~1.1	4.5~8.7	0.02~0.3	6.1	15.9	0
	松辽盆地	1 800~2 500	0.6~2.6	1.0~2.0	4.0~12.0	0.06~0.3	17	21.7	0

三、中国页岩油压裂现状

中国陆相盆地发育多套富有机质页岩,蕴藏着丰富的页岩油资源。在以往常规油气勘探中,在中东部陆相含油盆地泥质页岩段见到了丰富的页岩油气显示,多口井获得高产页岩油气流。通过技术攻关,借鉴北美页岩油气勘探开发的成功经验,2010 年以来中石化在东部探区南襄盆地泌阳凹陷古近系核桃园组、济阳坳陷古近系沙河街组、南方探区四川盆地元坝地区中侏罗统千佛崖组多口井获得了工业油流。中国石油已在准噶尔盆地吉木萨尔凹陷二叠系、渤海湾盆地沧东凹陷古近系孔店组、鄂尔多斯盆地上三叠统延长组多口井获得了工业油流。

泌阳凹陷深凹区多口老井复查发现页岩均见连续气测显示。2010 年,中石化河南油田部署了泌阳凹陷安深 1 井。该井既是一口风险探井,也是一口兼探页岩油气的预探井。2010 年 8 月 28 日完钻,完钻井深 3 510 m,9 月 18 日完井,在古近系核桃园组二段核三上段共发现页岩 89 层 670 m,岩性主要为灰色、深灰色页岩,多套泥页岩见明显气测异常。2011年 1 月 23 日,对安深 1 井页岩井段 2 450~2 510 m 进行直井大型压裂,采用大排量、大液量、多个粉陶＋低密度支撑剂段塞注入工艺。设计排量 10 m³/min,总液量 2 008 m³,全部为滑溜水;支撑剂 60 m³,其中 100 目粉陶 10.0 m³,40/70 目陶粒 50.0 m³。实际施工历时171 min,施工排量 10 m³/min,实际入井液量 2 271.9 m³,加砂总量 75.2 m³。3 月 7 日,获得最高日产油 4.68 m³,为建立中石化陆相页岩油气勘探开发先导试验区及会战区奠定了基础。安深 1 井压裂施工曲线如图 1-11(彩图 1-11)所示。

泌阳凹陷泌页 HF1 井于 2011 年 4 月 23 日开钻,11 月 16 日完钻,完钻井深 3 722 m,侧钻点 1 903 m,水平段长 1 044 m,平均井径扩大率 3%,储层钻遇率 100%,井眼轨迹光滑,达到工程设计要求。施工中采用泵送可钻式桥塞＋分簇射孔联作分段压裂工艺。2011 年 12

月 27 日至 2012 年 1 月 8 日,历时 13 d 完成 15 级压裂,施工压力 46.5～65.7 MPa。2012 年 1 月 9 日开始放喷排液,1 月 19 日至 22 日用 8 mm 油嘴放喷,日产油 23.6 m³、日产天然气 900 m³。页岩油密度 0.863 9 g/cm³,黏度 13.6 mPa·s(70 ℃)。至 2012 年 6 月 5 日,共排出压裂液 8 596 m³,返排率 38.8%,共产油 589 m³,共产天然气 12 963 m³。但后期试采产量快速下降至工业油流以下,效果不佳。泌页 HF1 井设计参数与施工参数对比见表 1-4。

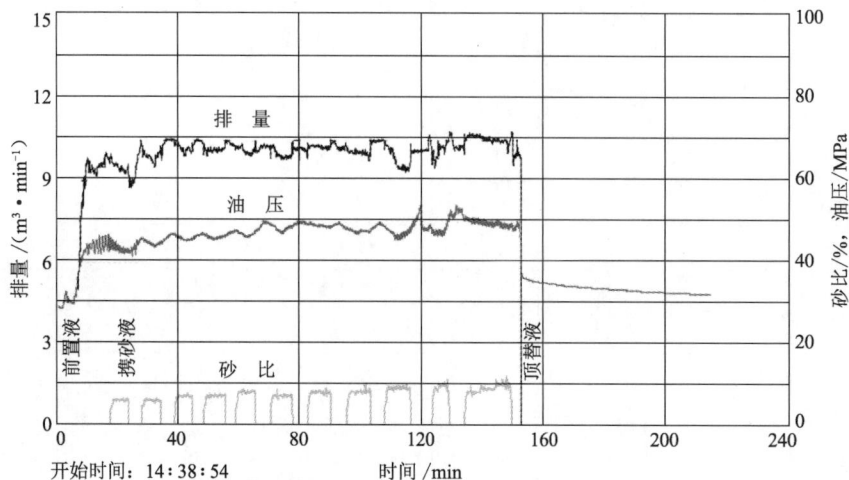

图 1-11   安深 1 井压裂施工曲线

表 1-4   泌页 HF1 井设计参数与施工参数对比

项 目	设计数据	实际数据
排 量	12 m³/min	8～12 m³/min
每段平均液量	1 586 m³(滑溜水 1 306 m³、线性胶 280 m³)	1 475 m³(滑溜水 660 m³、线性胶 815 m³)
每段平均砂量	92.6 t(70/140 目 11.2 t、40/70 目 81.4 t)	53.3 t(70/140 目 16.3 t、40/70 目 37 t)
一般砂比	10%～20%	4%～8%
施工压力	50～60 MPa	52～62 MPa

济阳坳陷渤页平 1 井是中石化胜利油田首口页岩油探井,于 2011 年 12 月 12 日顺利完钻,完钻层位沙三下,完钻井深 4 335 m,水平井段 559 m。技术人员分析该井第 1 段压后效果不理想的原因,从地质、钻井、工艺等方面进行了论证,最终决定采用光套管、大排量、高砂比的新方法实施缝网压裂,进行渤页平 1 井第 2 段大型压裂施工。加入液量 1 218 m³,加砂量 100 t,最高砂比 50%,平均砂比 20.6%,放喷出液 76 m³,但压后产量较低,未取得突破。2012—2016 年,优选沾化凹陷和东营凹陷沙四上—沙三下亚段,部署 L69 井等 4 口井进行系统取芯,总长度达 1 010.26 m,为济阳坳陷页岩油气的系统研究奠定了基础。在对页岩油形成条件进行研究的基础上,部署实施 BYP1 井、BYP2 井、BYP1-2 井、LY1HF 井 4 口页岩油专探井,用于评价不同类型页岩的储集性、含油气性、可压裂性及产能。4 口井均获得了低产页岩油流,但由于页岩热演化程度较低,页岩油密度大、可流动性差,工程工艺技术的适应性较差,未取得预期效果。

2015年,中石化南方勘探公司在四川盆地针对侏罗系千佛崖组二段部署实施了元页HF-1井,对1 051 m水平段分10段压裂,每段2簇射孔,试油获页岩油14 t/d,气0.72×10^4 m^3/d,共产油2 943 t,共产气305.32×10^4 m^3。

中石油新疆油田近年在准噶尔盆地吉木萨尔凹陷二叠系进行了页岩油勘探。吉木萨尔凹陷芦草沟组页岩油勘探开发历经了4个阶段。① 发现阶段(2011年):在吉25井的3 425～3 403 m井段(芦二段)分层加砂压裂、试油,抽汲日产油18.25 t,发现了芦草沟组页岩油。② 试验阶段(2012—2014年):开展直井分层压裂合层开采、水平井体积压裂提产试验,完钻投产水平井14口,其中吉172H水平井最大日产油78 m^3,证实了体积压裂水平井开发吉木萨尔凹陷芦草沟组页岩油的可行性。③ 突破阶段(2015—2017年):2016年,采用水平井+细分切割体积压裂工艺(缝间距15 m、加砂强度2.0 m^3/m、排量14 m^3/min),年累积产油量均突破万吨,形成了以"水平井+细分切割体积压裂"为主体的开发技术定型。④ 扩大验证阶段(2018年):开展200 m及260 m井距试验和压裂规模试验,其中JHW035井、JHW036井300 d累积产油量突破1.1×10^4 t,初步落实了200 m井距、2.5 m^3/m加砂强度、14 m^3/min排量和15 m缝间距的主体开发部署参数。

中石油大港油田沧东凹陷位于渤海湾盆地中部,是黄骅坳陷的一个次级构造单元,夹持于沧县隆起和徐黑凸起之间,勘探面积为1 800 km^2,是渤海湾盆地"小而肥"的富油凹陷之一。沧东凹陷古近系孔店组孔二段沉积时期为闭塞湖盆,岩性主要为深灰色块状泥岩及页理发育的油页岩,有机质类型好、丰度高、演化程度高,埋深为3 000～5 000 m,厚度为250～600 m,具有巨大的勘探开发潜力。沧东凹陷孔二段页岩油储层矿物成分主要包括长英质、碳酸盐和黏土矿物,脆性矿物高达75%以上,以长英质为主(34%),其次为白云石(26%)和方沸石(14%),黏土矿物含量较低;有效储集空间以基质孔为主,少量微裂缝储层孔隙度为1.0%～12.0%,渗透率为0.02～1.0 mD。孔二段岩性复杂、非均质性强、埋藏深、物性差、原油黏度较高,在压裂技术上更具挑战性。大港油田2018—2019年在沧东凹陷孔二段部署了GD1701H井、GD1702H井两口页岩油水平井,其中GD1701H井完钻井深5 465.49 m,垂深3 851.50 m,水平段长度1 474 m;GD1702H井完钻井深5 298 m,垂深3 930 m,水平段长度1 329.88 m。两口井水平井依据缝网指数模型优化射孔井段,优选射孔位置,采用细分切割体积压裂工艺,压裂液选择滑溜水+低伤害压裂液,配套石英砂+陶粒多级高效支撑工艺技术,采用大排量套管施工,施工排量为12～14 m^3/min。GD1701H井、GD1702H井两口页岩油水平井压后自喷超365 d,原油日产量稳定在20 m^3,官东地区已形成亿吨级增储规模,标志着渤海湾盆地率先实现了陆相页岩油的工业化开发。

四、松辽盆地页岩油压裂现状及难点分析

原国土资源部2013年数据显示,松辽盆地页岩油可采储量11.61×10^8 t,占中国页岩油可采储量的1/4。松辽盆地是一个陆相深湖—半深湖相沉积盆地,其中齐家—古龙凹陷青山口组是松辽盆地的主要生油层段,其页岩具有单层厚度大、分布范围广、有机碳含量高、热演化程度适宜、脆性矿物含量高、微孔隙微裂缝发育等特。尤其是青一、二段暗色泥岩是主力生油岩层,有机质丰度好、成熟度高。凹陷主体区厚度为200～300 m,埋藏深度为1 800～2 500 m,有效厚度为30～50 m,总有机碳含量为0.4%～2.6%,平均为2.1%,镜质体反射率为1.0%～2.0%,是页岩油勘探的重点层系。

大庆油田自 1984 年发现青山口泥页岩内有油气藏以来,至今已有 50 口井见到油、气显示,储集层段为裂缝,且伴有超压流体。1999 年以来,前期采用常规砂岩压裂模式,近年应用纤维转向、纤维携砂等技术。青山口组一段的泥页岩压裂后有 7 口井获得工业油流:英 29 井日产油 6.55 t,哈 16 井日产油 3.93 t,哈 18 井日产油 3.7 t,古 1 井日产油 2.39 t,英 18 井日产油 1.7 t。因产量低、递减速度快,停止了对青山口组一段泥页岩裂缝油的钻探。

2017—2019 年,中石化中原石油工程有限公司井下特种作业公司以高导流体积缝网改造为核心理念,在松辽盆地页岩油区块独立完成了 5 井次"压裂方案设计＋压裂施工"任务,取得了重大产量突破,其中 1 口井压后出现自喷。

表 1-5　2017—2019 年松辽盆地页岩油井压裂试油统计

井　号	压裂段数	排量/(m³·min)	压裂液量/m³	砂量/m³	日产油量/(m³·d⁻¹)	备　注
松页油 1 井	1	10～16.1	1 958	48	3.22	抽汲求产
松页油 2 井	1	10～14.4	1 987	98	4.93	抽汲求产
松页油 1HF 井	10	10～14.5	17 099	721	14.37	敞放自喷
松页油 2HF 井	10	10～14.4	15 963	713	10.68	抽汲求产
松页油 3 井	1	10～14.4	2 150	126	3.5	抽汲求产

压裂技术思路虽合理,但从压裂设计到现场施工仍存在诸多难题需要攻克。松辽盆地页岩油压裂难点主要有:

(1) 前期页岩油研究以裂缝型页岩为主,而松辽盆地目的层属基质型页岩,对该类型页岩未曾开展过可压性评价方法研究,压裂设计缺乏科学理论指导。

(2) 碱敏性储层且黏土矿物含量高,易受压裂液伤害。

(3) 水平应力差大,天然裂缝欠发育,难以形成体积缝网。

(4) 低孔低渗,压后压裂液返排困难。

(5) 原油蜡质、胶质含量高,流动性差。

(6) 地层偏塑性,形成缝宽窄,加砂难度大。

(7) 裂缝闭合后支撑剂嵌入程度高,降低裂缝导流能力。

第二章 松辽盆地泥页岩储层特征

第一节 区域地质概况

松辽盆地是中国较大的中—新生代陆相含油气盆地,盆地长轴呈北东向展布,长750 km,宽330~370 km,面积$26×10^4$ km²,是目前世界上已发现的油气资源最丰富的非海相沉积盆地之一。以肇源县松花江为界,分为北部(大庆油田)和南部(吉林油田)两个探区。

松辽盆地可划分为中央坳陷区、北部倾没区、西部斜坡区、东北隆起区、东南隆起区和西南隆起区6个二级构造单元(图2-1),油气主要分布在中央坳陷区的北部长垣凸起以及齐家、古龙、三肇凹陷和南部长岭凹陷内。

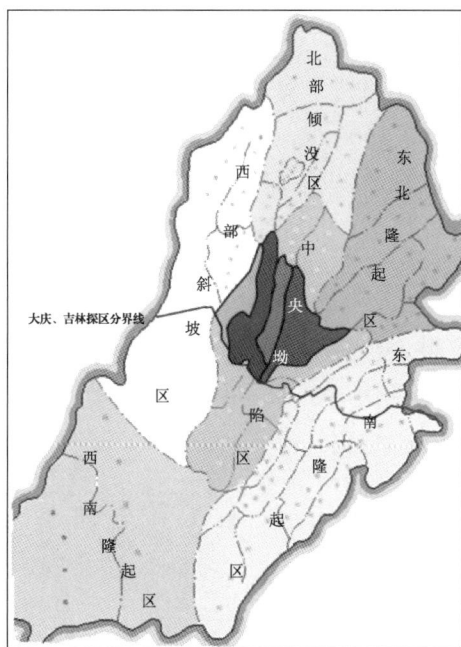

图 2-1 松辽盆地构造单元划分

松辽盆地的形成和发展经历了同裂陷、裂后热沉降和大规模构造反转3个发展演化阶段,形成了同裂陷层序和坳陷层序两套沉积层序。同裂陷层序经历了早白垩纪时期泉头组—火石岭组的火山喷发及沉积、沙河子组和营城组时期的断陷沉积作用、营城组末期的构造反转和抬升剥蚀以及其后沉陷作用、反转作用的改造。坳陷层序构造的发育过程经历了两大阶段、四个主要发展时期,即登娄库—嫩江组盆地整体沉降阶段,嫩江组中晚期到第三纪盆地收缩的反转阶段(包括嫩江末、明水末和早第三纪末 3 个主要构造运动时期)。反转期的构造运动对拗陷层的形成以及盆地内部的油气运移和聚集起了极为重要的作用。

盆地内发育的地层自下而上主要有下白垩统火石岭组、沙河子组、营城组、登娄库组;上白垩统泉头组、青山口组、姚家组、嫩江组、四方台组、明水组;第三系始—渐新统依安组、中新统大安组、上新统太康组和第四系,沉积岩最大厚度超过 10 000 m。

松辽盆地内油气总体上具有上油下气的分布特征,天然气主要发育在断陷期火石岭组、沙河子组(页岩气)、营城组,为陆相含煤火山碎屑岩建造,最大厚度达 8 000 m。石油主要发育在拗陷期登娄库组、泉头组、青山口组(页岩油)、姚家组、嫩江组、四方台组、明水组,为陆相碎屑夹油页岩建造,最大厚度约 5 000 m。

松辽盆地页岩油勘探层系主要在嫩江组和青山口组。盆地经历了两次较大的湖相沉积,在青一段和嫩一段沉积时期湖盆进入快速沉降阶段,形成两大套半深湖和深湖亚相泥岩。深湖和半深湖亚相位于浪基面以下水体较深部位,为缺氧还原环境,有利于沉积有机质的保存、聚积与转化。嫩江组和青山口组为区域生油层。嫩江组一段有机质丰度较好,但成熟度较低,主体凹陷区仅为 0.7%～0.8%,刚刚进入成熟阶段,是区域次要生油层。青山口组是主要生油层,尤其是青一、二段暗色泥岩是主力生油岩层,有机质丰度好,成熟度高,主体凹陷区为 1.0%～2.0%,青山口组一段成熟度高,是页岩油勘探的重点层系。松辽盆地北部青山口组泥岩见油气显示井 77 口,试油 40 口,获工业油流 9 口(6 口井位于古龙凹陷内,3 口井位于齐家凹陷内)。齐家—古龙凹陷是页岩油勘探成果最好的地区。

松辽盆地北部上白垩统青山口组页岩油勘探可分为几个重要阶段:1981 年,古龙凹陷英 12 井首获工业油流发现阶段;1988 年,英 18 井和哈 16 井获工业油流加强阶段;1999 年,古平 1 水平井部署油流提产阶段。2006 年,中国地质调查局实施的松科 1 井南孔在青山口组也见到良好的油气显示。2011 年,齐平 1 井(水平井)获工业油流,进入致密油勘探阶段。2017 年,按新标准定义为 I 类页岩油。2018—2019 年,在齐家—古龙凹陷针对青一段泥页岩优势甜点层部署松页油 1HF 和松页油 2HF 两口水平井,2019 年试油均获得工业油流,这是首次在纯页岩段水平井获得高产油流。同年,南部长岭凹陷吉页油 1 井针对青山口组一段上部优质泥页岩储层压裂试油,获得高产油流。综上表明,松辽盆地青山口组泥页岩具有较好的页岩油勘探前景。

第二节　松辽盆地泥页岩储层特征

松辽盆地青山口组自下向上分为青一段和青二、三段。青一段在盆地内分布广泛,但在盆地西部边缘分布不全,厚度一般为 0～80 m,最厚可达 130 m 以上,主要为一套深湖相沉积,在盆地中部、南部为黑色、灰黑色泥岩夹劣质油页岩,在盆地西部和北部相变为灰黑色、灰绿色泥岩和灰白色砂岩、粉砂岩互层,在南部、西南部变为红色泥岩和砂岩,边缘则变为砂岩、砾岩。青一段与下伏泉头组和上覆青二、三段主要为整合接触。青二、三段在盆地内分布较广,厚度一般为 250～550 m,在北部山—林甸一带和西部江桥—白城地区较薄,岩性主要为深灰色、灰色、灰绿色泥岩,有少量紫红色泥岩与灰、灰白色泥质粉砂岩、粉砂岩、细砂岩互层,夹薄层钙质粉砂岩。暗色泥岩主要分布在青一段和青二段下部,呈现出由周边向凹陷内部逐渐增厚的趋势。

一、岩性特征

松辽盆地上白垩统青一、二段岩性以泥岩为主,包括黑色泥(页)岩、灰黑色含介形虫泥岩及含粉砂泥岩。泥岩中的夹层有两种岩性类型:一种为砂质岩类,如泥质粉砂岩;另一种为钙质岩类,如介形虫层(图 2-2)。岩性组合表现为 3 种:泥岩夹砂质、介形虫条带或薄层,分布在古龙西侧;含介形虫泥岩夹薄介形虫层,分布在古龙东侧;纯泥岩、页岩层段,在全区均有分布。

松辽盆地北部 Y1 井、Y2 井不同岩性岩芯照片如图 2-2(彩图 2-2)所示。

(a)Y1 井,泥岩、粉砂质泥岩　　　　　　(b)Y2 井,粉砂质泥岩、灰黑色介形虫层

图 2-2　不同岩性岩芯照片

二、物性特征

对松辽盆地北部 Y1 井、Y2 井进行核磁物性分析(表 2-1)。青一段有效孔隙度为 6.3%～9.35%,渗透率为 0.04～0.53 mD。Y2 井青一段泥岩储层中含有微米级孔隙,以粒间溶蚀孔隙为主,随深度增加,孔隙度有增大的趋势。Y2 井青一段泥岩样品数字岩芯测试分析表明,泥岩样品孔隙较发育,孔隙类型主要以黏土矿物孔和缝及大的溶孔为主(图 2-3)。大量纳米级孔隙及少量微米级孔隙构成重要的油气储集空间,同时微裂缝的存在也改善了储层渗透性能。

表 2-1　核磁解释数据

井　号	解释层号	核磁总孔隙度/%	核磁有效孔隙度/%	可动流体孔隙度/%	核磁渗透率/mD
	85	13.99	8.49	4.13	0.53
Y1 井	86	11.70	6.30	2.91	0.12
	87	11.97	8.47	3.31	0.18

井　号	解释层号	核磁总孔隙度/%	核磁有效孔隙度/%	可动流体孔隙度/%	核磁渗透率/mD
Y2井	35	13.47	7.44	2.16	0.04
	36	12.83	8.01	2.06	0.04
	37	16.10	9.35	3.19	0.18

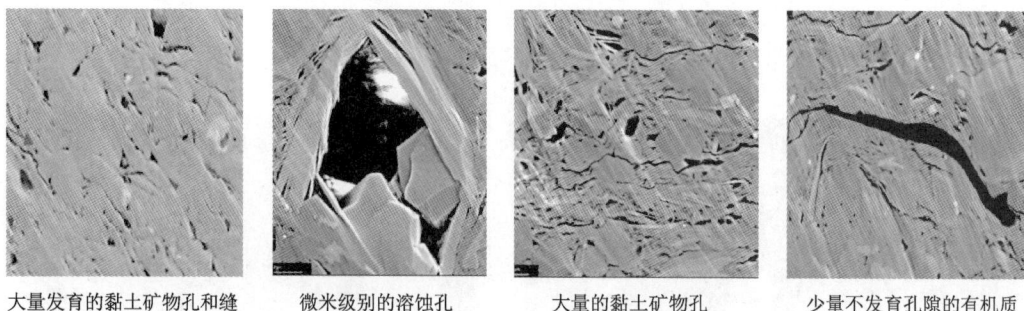

| 大量发育的黏土矿物孔和缝 | 微米级别的溶蚀孔 | 大量的黏土矿物孔 | 少量不发育孔隙的有机质 |

图 2-3　Y2井青一段泥岩孔隙类型

三、含油气性特征

(一)含油气性和气测显示

录井过程中,哈14井、英18井、哈16井、Y1井、Y2井等多口井在青一、二段岩芯样品上见含油显示(图2-4和彩图2-4)。钻井气测显示,泥岩段储层气测异常活跃区主要在齐家南—古龙凹陷。

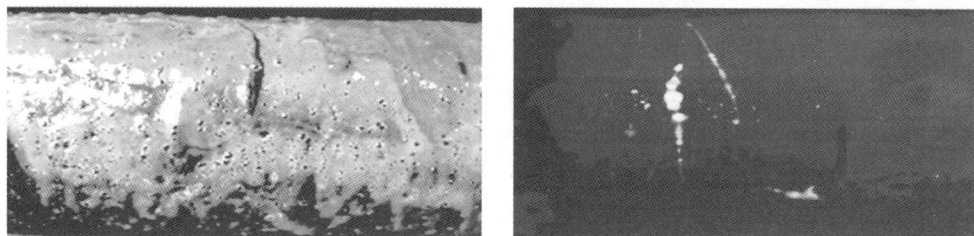

图 2-4　Y1井和Y2井青一段岩芯含油显示

(二)泥岩可溶烃含量特征

松辽盆地北部青一、二段泥岩可溶烃含量(S_1)呈现周边低、凹陷内部局部高的特征,S_1大于 2 mg/g 主要分布在古龙凹陷、长垣隆起及三肇凹陷。青一段泥岩 S_1 总体介于 1~4 mg/g 之间,其中古龙凹陷青一段泥岩 S_1 大于 2 mg/g 的面积约为 1 000 km²,长垣隆起青一段泥岩 S_1 大于 2 mg/g 的面积约为 820 km²,三肇凹陷青一段泥岩 S_1 大于 2 mg/g 的面积约为 1 250 km²。青二段泥岩 S_1 总体介于 0.4~1 mg/g 之间,其中古龙凹陷青二段泥岩 S_1 大于 1 mg/g 的面积约为 850 km²,长垣隆起青二段泥岩 S_1 大于 1 mg/g 的面积约为 290 km²,三肇凹陷青二段泥岩 S_1 大于 1 mg/g 的面积约为 110 km²。

四、烃源岩特征

(一)泥岩厚度

齐家凹陷面积为 2 225 km²,青一段厚度为 35~105 m,青二段厚度为 50~200 m;古龙凹陷面为 2 843 km²,青一段厚度为 40~85 m,青二段厚度为 110~230 m;三肇凹陷面积为 5 520 km²,青一段厚度为 40~75 m,青二段厚度为 70~200 m(表 2-2)。南部长岭凹陷青一段厚度在 100 m 左右。

表 2-2 松辽盆地北部青一、二段烃源岩特征数据

凹陷名称	层段	泥岩厚度/m	有机质丰度		有机质成熟度	
			TOC/%	TOC 大于 2.0% 的面积/km²	R_o	R_o 大于 1% 的面积/km²
齐家凹陷	青一段	35~105	1.5~3.0	1 788.4	0.6~2.0	864
	青二段	50~200	1.0~1.6	0	0.6~1.1	91.49
古龙凹陷	青一段	40~85	1.5~2.4	1 322.2	0.75~2.0	4 107
	青二段	110~230	1.0~2.3	147.5	0.6~1.4	1 492.27
三肇凹陷	青一段	40~75	2.0~3.5	5 462.0	0.6~1.2	514
	青二段	70~200	1.0~2.6	793.5	0.6~0.8	0

(二)有机质丰度(TOC)

受断陷期构造格局的影响,青一段沉降中心位于三肇凹陷和齐家—古龙凹陷。沉积中心控制有机质类型和丰度,齐家—古龙凹陷有机质类型以Ⅰ型为主,齐家凹陷青一段有机质丰度以 1.5%~3.0%为主,TOC 大于 2.0%的面积为 1 788.4 km²;青二段有机质丰度以 1.0%~1.6%为主,无 TOC 大于 2.0%的区域。古龙凹陷青一段有机质丰度以 1.5%~2.4%为主,TOC 大于 2.0%的面积为 1 322.2 km²;青二段有机质丰度以 1.0%~2.3%为主,TOC 大于 2.0%的面积为 147.5 km²;三肇凹陷有机质类型以Ⅰ型为主,青一段有机质丰度以 2.0~3.5%为主,TOC 大于 2.0%的面积为 5 462.0 km²,青二段有机质丰度以 1.0%~2.6%为主,TOC 大于 2.0%的面积为 793.5 km²。南部长岭凹陷有机质为Ⅰ型和Ⅱ型,TOC 普遍小于 3%,主要为 1%~2%,TOC 大于 2%的样品频率仅占 23%。

(三)有机质成熟度(R_o)

受构造演化影响,齐家—古龙凹陷持续埋藏时间长,构造抬升较晚,烃源岩演化程度明显高于长岭凹陷和三肇凹陷。齐家凹陷青一段 R_o 为 0.6%~2.0%,R_o 大于 1%的面积为 864 km²;青二段 R_o 为 0.6%~1.1%,R_o 大于 1%的面积为 91.49 km²。古龙凹陷青一段 R_o 为 0.75%~2.0%,R_o 大于 1%的面积为 4 107 km²;青二段 R_o 为 0.6%~1.4%,R_o 大于 1%的面积为 1 492.27 km²。三肇凹陷青一段 R_o 为 0.6%~1.2%,R_o 大于 1%的面积为 514 km²,青二段 R_o 为 0.6%~0.8%(表 2-2)。南部长岭凹陷 R_o 为 0.8%~1.3%,均处于成熟—高成熟阶段,但相对来讲,齐家—古龙地区成熟度最高,其次为长岭凹陷,三肇凹陷成熟度稍低。

五、脆性特征

松辽盆地北部地区青一段泥岩矿物成分以石英、长石、黏土矿物为主,钙质含量较低,平均含量为石英 37.7%、长石 17.9%、黏土矿物 37.5%、碳酸盐 3.1%;主要脆性矿物为石英和碳酸盐,含量总体在 33%~51% 之间,齐家—古龙凹陷内的含量达到 42% 以上。其中,古龙地区石英和碳酸盐含量分布在 42%~51% 之间,面积达 3 311 km²,含量超过 45% 的面积为 785 km²;在齐家凹陷的南部和北部地区,石英和碳酸盐的含量在 42%~45% 之间。

松辽盆地南部长岭凹陷青一段地层开展岩石学特征分析测试的结果显示,长岭凹陷青一段泥页岩石英和长石平均含量为 60.85%,黏土矿物平均含量为 26.69%(2.22%~57.02%),碳酸盐平均含量为 12.46%。

Y2 井岩石矿物组分如图 2-5(彩图 2-5)所示。

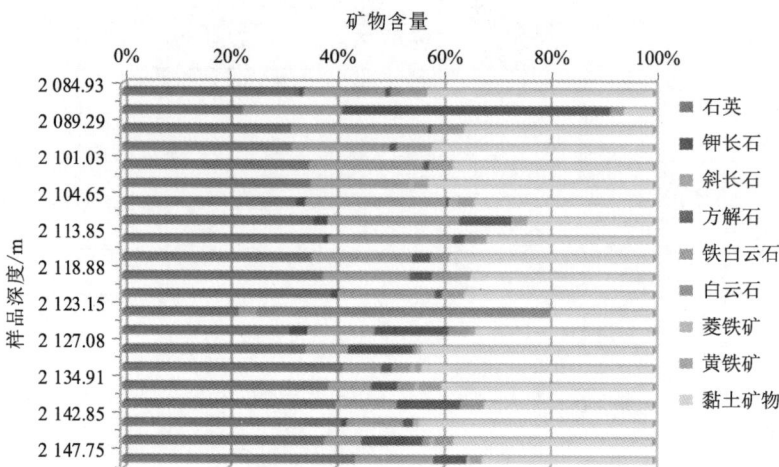

图 2-5 Y2 井岩石矿物组分

六、地应力特征

松辽盆地北部齐家凹陷、古龙凹陷及三肇凹陷最大主应力方向均为近东西向,整体与区域东西向挤压应力场方向一致。地应力分析实验结果(表 2-3)表明,水平最大主应力为 43.7~47.1 MPa,水平最小主应力为 35.1~40.0 MPa,水平应力差为 7.1~8.6 MPa。

表 2-3 地应力分析实验结果

井　号	测试井深/m	水平最大主应力/MPa	水平最小主应力/MPa	水平应力差/MPa
Y1 井	2 437.5	47.1	40.0	7.1
Y2 井	2 061	43.7	35.1	8.6

七、裂缝发育特征

区域泥岩中层理缝发育,部分区域微裂缝发育。岩芯观察裂缝如图 2-6(彩图 2-6)所示。

图 2-6 岩芯观察裂缝(层间裂缝、高角度裂缝、微裂缝、裂缝被方解石脉充填)

八、地层压力

受凹陷沉积演化过程影响,松辽盆地北部孔隙流体压力整体高于盆地南部。松辽盆地北部青山口组地层压力系数呈现由周边向凹陷内部逐渐增大的趋势。青一段地层压力系数总体介于 1.0～1.6 之间,青二段地层压力系数总体介于 1.0～1.5 之间,大于 1.2 的区域主要分布在古龙凹陷。

九、原油性质

成熟度控制原油性质,成熟度越高,页岩中游离态油含量越高,原油密度和黏度越小,油质越轻,易于高产。三肇凹陷 C-3 井青一段页岩 R_o 小于 0.9%,页岩油为黑油,密度为 0.85 g/cm³,不产气;齐家—古龙凹陷 C-2 井青一段页岩 R_o 为 1.3%,页岩油为轻质油,密度为 0.825 g/cm³,气油比为 70;A 井页岩的 R_o 为 1.69%,页岩油为凝析油,密度为 0.795 g/cm³。

Y1 井试油表明,原油为浅黄色,常温下呈不流动状态,凝固点高(31 ℃),动力黏度为 16.13 mPa·s,含水率为 13.8%,相对密度为 0.836 3,为常规油。从原油组成分析,油质含量为 71.58%,胶质沥青质含量为 28.42%,蜡质含量为 9.993%。

第三节 可压性评价

泥页岩储层的可压性评价对优选页岩压裂井段、优化开发方案和预测经济效益具有十分重要的意义。目前主要采用岩芯试验评价法和可压性系数评价法。考虑到泥页岩岩芯易破碎,试验测试值不确定性大,采用可压性系数评价法进行评价。综合考虑各类储层参数的影响,利用数学方法构建可压性评价模型,获得综合评价系数与储层的关系。

一、评价模型的建立

借助模糊数学系统理论建立模型,形成一种可压性评价的模糊综合评判方法。

（一）模糊分析基本原理

1. 样本集 R 的建立

待分类的事物称为样本。令 R 为 n 个样本的样本集，记为 $R=\{r_1,r_2,\cdots,r_n\}$；每个样本都有 m 个特征，记为 $r_i=\{r_{i1},r_{i2},\cdots,r_{in}\}$。这样，样本集可用一个描述事物特征的模糊矩阵来确定，记为 $\boldsymbol{R}=\{r_{ij}\}_{n\times m}$ $(i=1,2,\cdots,n;j=1,2,\cdots,n)$。

2. 数据特征的规范化

描述事物特征的物理量差异很大，但分类计算时只需从数量上分析，故必须消除物理量单位的干扰。因此，需要利用数据处理方法对描述事物的特征值进行规范化，建立规范矩阵 $\boldsymbol{B}$。

越大越优型指标的计算为：

$$b_{ij}=r_{ij}/(r_{ij})_{\max}$$

越小越优型指标的计算为：

$$b_{ij}=r_{ij}/[(r_{ij})_{\max}-r_{ij}]$$

式中，$(r_{ij})_{\max}$ 为第 i 个特征中 n 个样本的最大值。

3. 权重的确定

根据各特征的重要程度确定权重，得到权重矩阵 $\boldsymbol{W}$。各特征权重值总和为 1。

4. 模糊决策模型的建立

由上述求出的各指标的权重矩阵 $\boldsymbol{W}$ 和各指标的规范矩阵 $\boldsymbol{B}$ 建立各方案的综合评价值 E_i：

$$E_i=\sum w_j b_{ij} \quad (j=1,2,\cdots,n)$$

依据综合评价值 E_i 的大小与储层的关系确定评价决策标准。

（二）页岩油综合可压性评价模型的建立

依据模糊分析原理，首先选取建立样本集的参数。只有当页岩品质、完井品质及压裂品质三者都较好时，才能使页岩储层得到有效开发。据资料统计，要形成具备工业可采价值的页岩油，烃源岩 TOC 至少大于 2.0%。一般来说，形成页岩油的源岩成熟度不算太高，其 R_o 为 0.5%～1.1%，处于低成熟—成熟阶段。同时泥页岩中需发育孔隙和裂缝，这些孔缝一般是微纳米级的且连通性较好，可以形成良好的油气渗流通道和储集空间，供页岩油富集。而页岩能否被"打碎"，主要取决于 3 个关键因素，即储层脆性特征、天然裂缝及层理、应力特征。这些特征会影响改造形成的裂缝形态，对页岩压裂效果至关重要。

考虑到影响页岩压裂效果的参数众多，评价样本集模型参数重点选取影响裂缝形态的关键参数，即脆性指数（脆性矿物含量）、天然裂缝发育情况、水平应力差、应力各项异性系数。这些参数对压裂裂缝形态的影响程度复杂，利用多因素分析来初步确定各参数的权重。对数据进行规范化处理，利用综合可压性系数模型获得各层的评价值。

根据模型计算结果，初步建立不同裂缝形态下可压性综合系数与脆性指数关系（图 2-7），结果显示：形成网缝泥页岩层，可压性综合系数大于 0.65，可压性好；形成复杂缝泥页岩层，可压性综合系数为 0.45～0.65，可压性中等；形成单缝泥页岩层，可压性综合系数小于 0.45，可压性差。

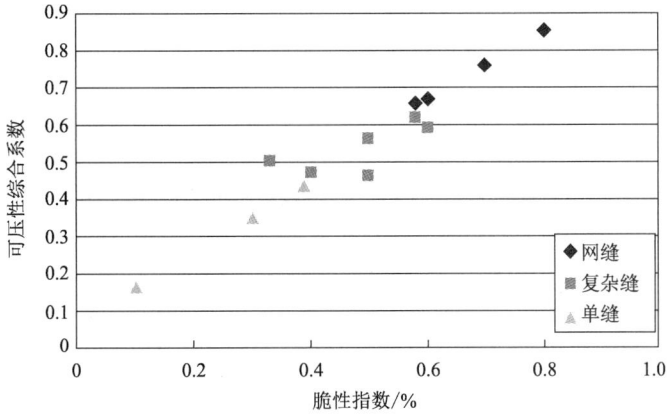

图 2-7　不同裂缝形态下可压性综合系数与脆性指数关系

二、松辽盆地北部可压性综合评价

松辽盆地北部主要页岩储层层位青一段的埋深为 1 800～2 500 m,岩性以泥岩为主,包括黑色泥(页)岩、灰黑色含介形虫泥岩及含粉砂泥岩,孔隙度为 8.2%～11.1%,渗透率为 0.04～0.53 mD,热解可溶烃含量 S_1 总体为 0.4～4 mg/g,有机质丰度为 1.0%～3.5%,有机质成熟度为 0.6%～2.0%,压力系数为 1.0～1.6,脆性矿物含量为 33%～51%,水平应力差为 7～8.6 MPa,应力差异系数为 0.17～0.25。将青一段页岩参数与评价指标对比可知,孔隙度、渗透率、有机质丰度、有机质成熟度等特征表明松辽盆地北部具有良好的页岩油勘探前景。对北部青一段下部泥页岩进行可压裂性分析表明,脆性矿物含量适中,泥质含量较高,裂缝局部发育,页理和层理较发育,水平地应力差适中,可压性综合系数为 0.5～0.61,可压性中等,具有形成复杂缝的基础和条件。

总体来看,松辽盆地北部泥页岩基本符合远景页岩开发标准。

第三章　高导流缝网压裂技术

压裂改造是实现页岩储层有效开发的主体技术,水平井与分段压裂技术相结合的方式可以最大限度地增大复杂裂缝网络与基质的接触面积,实现增产效果。对纳微米孔隙中页岩气的解吸、扩散、渗流等复杂渗流机理,国内外学者已进行广泛研究;对沟通基质和井筒的主要渗流通道复杂裂缝网络,由于脆性页岩压裂的不可控性,网络形态及渗流规律的实验室研究相对较少。本章将揭示页岩不同缝网条件下的渗流规律并建立相应数学模型,为缝网设计提供理论依据,最终指导缝网参数设计。

第一节　高导流缝网渗流理论

压裂缝网复杂程度(密度及分布)、压裂级数、水平井筒长度等因素对缝网渗流情况影响较大。目前多级压裂水平井渗流理论多采用现有的多重介质模型,未见基于不同储层考虑不同缝网形态的页岩渗流理论模型,不能判断裂缝网络复杂程度对导流能力的贡献,且页岩气藏压裂水平井筒变质量流动亦几乎未见报道。因此,页岩储层的多级压裂井理论亟待研究。在前人研究的基础上,建立考虑扩散、滑移、解吸的页岩储层水平井多级压裂渗流模型,将井筒内流体流动与气藏渗流进行耦合,并进行压裂缝网及裂缝干扰影响因素分析,最终确定页岩储层压裂最优参数,为页岩气的有效勘探开发提供坚实的理论基础和生产指导意义。

体积压裂技术通过对储层实施改造,在形成一条或多条主裂缝的同时,使天然裂缝不断扩张、脆性岩石产生剪切滑移,实现对天然裂缝、层理的沟通,形成天然裂缝与人工裂缝相互交错的裂缝网络,增大渗流面积及导流能力,提高初始产量和最终采收率。然而,目前缺少复杂裂缝网参数表征的方法,难以更好地描述或预测页岩压裂改造形成有效储层改造体积范围内裂缝的复杂性,因此需要通过页岩岩芯压裂实验来揭示微裂缝网条件下的气体渗流规律并建立相应数学模型。

一、基质-网状裂缝系统渗透率

基于 CT 扫描网状裂缝形态,利用页岩体积压裂对储层进行改造,在形成一条或多条主裂缝的同时,次生裂缝与天然裂缝会形成错综复杂的网络系统(图 3-1)。假设网状裂缝模型包含一系列同方向、同间距、同开度的裂缝组,将流体在单条裂缝中的流动简化为光滑平行板之间的流动,进而建立一组平行裂缝的渗透率 K_f:

$$K_f = \frac{W^3 \cos \gamma}{12X} \tag{3-1}$$

基质-网状裂缝系统为双重介质,所以一组裂缝渗透率可以表示为:

$$K_{fn} = f_m K_m + f_f K_f \tag{3-2}$$

其中

$$f_f = \frac{W}{W+X}$$

$$f_m = 1 - f_f = \frac{X}{W+X}$$

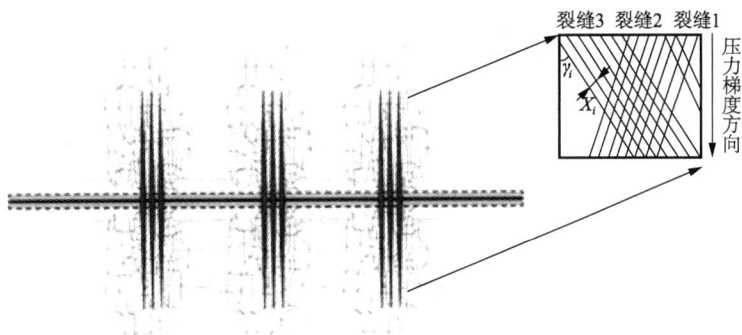

图 3-1 网状裂缝示意图

假设裂缝交点处流动影响较小,则基质-网状裂缝系统整体渗透率表示为:

$$K_{fn} = \sum_{i=1}^{n} \frac{W_i^4 \cos^2 \gamma_i}{12X(W_i+X)} + \sum_{i=1}^{n} \frac{X_i}{W_i+X_i} K_m \tag{3-3}$$

式中 K_{fn}——缝网渗透率,mD;

K_m——基质渗透率,mD;

f_f——缝网复杂程度;

W——裂缝的开度,m;

X——各系列裂缝的平均间距,m;

γ_i——压力梯度方向和各自裂缝方向所成的角度。

由图 3-2 可知:随着裂缝开度的增大和裂缝间距的减小,缝网渗透率逐渐增大。裂缝间距为 625 μm 时,裂缝开度由 300 μm 增大到 500 μm,渗透率增大了 20 倍。取岩芯实验中主

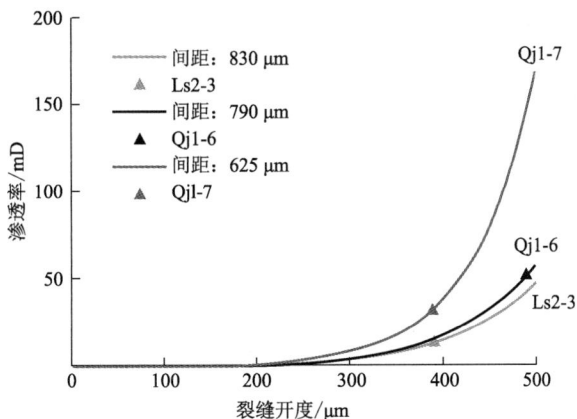

图 3-2 裂缝开度对缝网渗透率的影响

裂缝较为规整的 Ls2-3,Qjl-6 和 Qjl-7 共 3 块岩样,利用灰度处理提取主裂缝 3 条,岩样气测渗透率分别为 13.13 mD,50.06 mD 和 31.45 mD,利用式(3-3)的模拟计算公式进行裂缝开度分析,求得裂缝开度最大值分别为 385 μm,489 μm 和 387 μm。

页岩分段压裂水平井投产后,基质-微裂缝-压裂缝-井筒之间流体的交换形成了 4 个交错的渗流系统,均有不同的渗流规律。生产过程中各压裂缝区域间发生相互干扰,会进一步增加压后水平井渗流的复杂性。

二、页岩压裂水平井渗流物理模型

将页岩储层多级压裂水平井划分为井筒、重改造区、弱改造区、基质区、段间干扰区 5 个渗流区域(图 3-3),基于保角变换和等值渗流阻力法,建立水平井多簇裂缝同时生产时相互干扰的压裂水平井渗流预测模型。

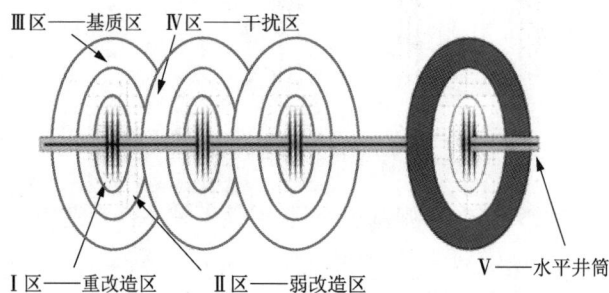

图 3-3 多级压裂水平井示意图

三、渗流模型

(一)重改造区

页岩储层水力压裂改造技术使裂缝相互交错贯通,在井筒周围形成大范围的裂缝网络,从而驱使气体流向井筒。将此区域定义为压裂重改造区。

压裂重改造区椭圆流动区域相当于圆形供给半径 $r_{fn} = \sqrt{a_{fn}b_{fn}}$,式中 a_{fn} 为重改造区压裂椭圆长半轴,b_{fn} 为重改造区压裂椭圆短半轴。

将地层厚度为 h、中心井径为 r_w 的气井代入网状裂缝渗透率模型式(3-3),得重改造区的流量 q_{scl} 为:

$$q_{scl} = \frac{\pi K_{fn} h Z_{sc} T_{sc}}{p_{sc} T \overline{\mu Z}} \frac{p_{fn}^2 - p_w^2}{\ln \dfrac{r_{fn}}{r_w}} \tag{3-4}$$

重改造区的阻力 R_1 为:

$$R_1 = \frac{p_{sc} T \overline{\mu Z}}{\pi K_{fn} h Z_{sc} T_{sc}} \ln \frac{r_{fn}}{r_w} \tag{3-5}$$

(二)弱改造区

随着压裂范围的扩大,裂缝连通程度逐渐降低,可引入渗透率变化函数,表征弱改造区裂缝网络改造程度的高低,由图 3-4 可以看出,随着动用半径的增大,渗透率逐渐减小且趋于基质渗透率。弱改造区(r_{fn},r_{mf})考虑压裂缝网程度随动用半径的变化,渗透率K_{mf}为半径r的函数:

$$K_{mf}=\frac{K_{fn}-K_m}{r_{fn}-r_{mf}}r+\left(K_{fn}-\frac{K_{fn}-K_m}{r_{fn}-r_{mf}}r_{fn}\right) \tag{3-6}$$

弱改造区的流量q_{sc2}为:

$$q_{sc2}=\frac{2\pi\frac{K_{fn}-K_m}{r_{mf}}hZ_{sc}T_{sc}(p_{mf}^2-p_{fn}^2)}{p_{sc}T\overline{\mu Z}\left(1-\frac{1}{\sqrt{\frac{2r_{mf}^2+\sqrt{4r_{mf}^2+a_{fn}^4}}{a_{fn}^2}}}\right)}+\frac{2\pi K_{fn}hZ_{sc}T_{sc}(p_{mf}^2-p_{fn}^2)}{p_{sc}T\overline{\mu Z}\ln\left(\frac{2r_{mf}^2+\sqrt{4r_{mf}^2+a_{fn}^2}}{a_{fn}^2}\right)} \tag{3-7}$$

式中 p_{fn}——第i簇缝网重改造区与弱改造区椭圆流动交界面处压力;

p_{mf}——弱改造区与基质区边缘交界面处压力。

弱改造区的阻力R_2和P_{sc}为:

$$R_2=\frac{p_{sc}T\overline{\mu Z}\left(1-\frac{1}{\sqrt{\frac{2r_{mf}^2+\sqrt{4r_{mf}^2+a_{fn}^4}}{a_{fn}^2}}}\right)}{2\pi\frac{K_{fn}-K_m}{r_{mf}}hZ_{sc}T_{sc}} \tag{3-8}$$

$$P_{sc}=\frac{p_{sc}T\overline{\mu Z}\ln\left(\frac{2r_{mf}^2+\sqrt{4r_{mf}^2+a_{fn}^4}}{a_{fn}^2}\right)}{2\pi K_{fn}hZ_{sc}T_{sc}} \tag{3-9}$$

渗透率变化如图3-4所示。

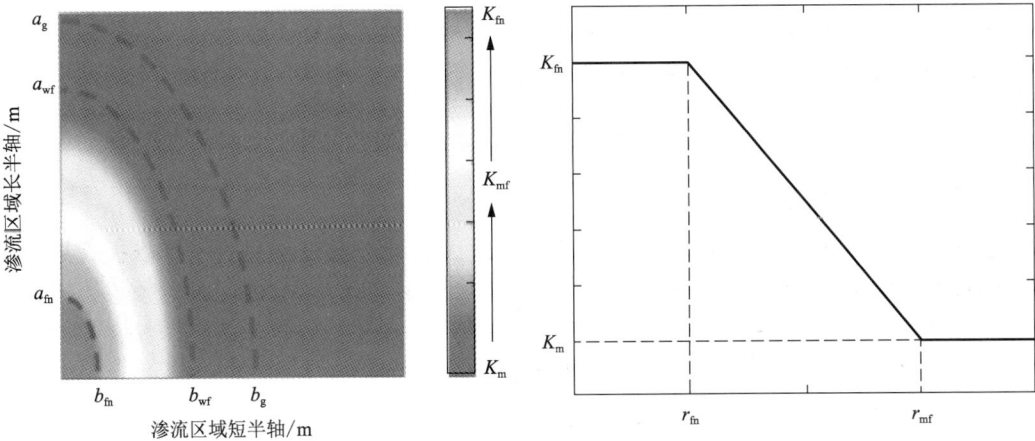

图3-4 渗透率变化

（三）未改造区

未改造区为压裂未波及的渗流区域,且具有复杂的纳微米级孔隙结构,渗流过程中存在扩散、滑移、解吸等微观尺度流动特性。朱维耀等对 Beskok-Kamiadakis 模型进行简化,建立了能够普遍适用于连续流、滑移流、过渡流和自由分子流的气体多尺度流动统一数学模型。

$$v = -\frac{K_n}{\mu}\left(1 + \frac{3\pi a}{16K_n}\frac{\mu D_k}{p}\right)\frac{\mathrm{d}p}{\mathrm{d}x} \tag{3-10}$$

式中　μ——气体黏度,mPa·s;

　　　a——与克努森数有关的修正系数;

　　　D_k——扩散系数,m²·s⁻¹;

　　　K_n——克努森数;

　　　p——储层压力,MPa。

修正系数 a 的取值为:$0 \leqslant K_n < 0.001$,则 $a = 0$;$0.001 \leqslant K_n < 0.1$,则 $a = 1.2$;$0.1 \leqslant K_n < 10$,则 $a = 1.34$。

由式(3-10)和气体状态方程经保角变换有,$a_e = a_{mf}\left[\dfrac{1}{2} + \sqrt{\dfrac{1}{4} + \left(\dfrac{r_e}{a_{mf}}\right)^4}\right]^{\frac{1}{2}}$,得到未改造区的流量 q_{sc3} 为:

$$q_{sc3} = \frac{4\pi K_m h Z_{sc} T_{sc}}{p_{sc} T \overline{\mu Z} \ln\left(\dfrac{2r_e^2 + \sqrt{4r_e^4 + a_e^4}}{a_e^2}\right)} \times \left[\frac{p_e^2 - p_{mf}^2}{2} + \frac{3\pi a\mu D_k}{16K_m}(p_e - p_{mf})\right] \tag{3-11}$$

未改造区的阻力 R_3 为:

$$R_3 = \frac{p_{sc} T \overline{\mu Z} \ln\left(\dfrac{2r_e^2 + \sqrt{4r_e^4 + a_e^4}}{a_e^2}\right)}{4\pi K_m h Z_{sc} T_{sc}} \tag{3-12}$$

基质解吸的流量 q_d 为:

$$q_d = \pi(r_e^2 - r_N^2)\rho_c h\left(V_m \frac{p_e}{p_L + p_e} - V_m \frac{\overline{p}}{p_L + \overline{p}}\right) - \pi(r_e^2 - r_N^2)h\phi_m \tag{3-13}$$

根据等值渗流阻力法,3 个区串联供气,考虑解吸量的贡献且交界面处压力相等,联立 3 个区的流动方程,得到水平井压裂为单段压裂改造时产量 q_{sci} 为:

$$q_{sci} = \frac{p_e^2 - p_w^2}{R_1 + R_2 + 2R_3} + \frac{2A(p_e - p_{mf})}{R_1 + R_2 + 2R_3} + \frac{2R_3 q_d}{R_1 + R_2 + 2R_3} \tag{3-14}$$

(四)段间干扰区

多段压裂改造区域同时生产时,缝间干扰有助于储层形成复杂裂缝网络以提高导流能力,但缝间干扰同时使渗流面积叠加、压力波及区域减小,从而影响储层改造效果。因此基于渗流叠加原理,建立考虑缝间干扰的页岩储层水平井产能数学模型,进一步研究裂缝干扰对水平井产能的影响,以优化水平井分段多簇压裂设计。

1. 各段改造区形成的段间泄流区域互不干扰

此时泄流的总流量为压裂改造区泄流量之和,页岩气储层水平井分段多簇压裂改造区互不干扰时的产量 Q 为:

$$Q = \sum_{i=1}^{n} q_{sci} \tag{3-15}$$

2. 各段改造区形成的段间泄流区域互相干扰

假设每个压裂改造区域控制椭圆长半轴和短半轴分别为 a_i, b_i,相邻两个椭圆相交面积(即干扰面积)为 S_i,采用面积流量的方法,当压裂改造区域引起的椭圆泄流区均相互干扰

时,页岩气储层水平井分段多簇压裂改造区互相干扰时的产量 Q 为:

$$Q = \sum_{i=1}^{n-1} q_{sci}\left(1 - \frac{S_i}{\pi a_i b_i}\right) + q_n \tag{3-16}$$

$$S_i = 2a_i b_i \arccos\left(\frac{l_i}{2\sqrt{a_i b_i}}\right) - l_i\sqrt{a_i b_i - l_i^2/4}$$

式中　S_i——干扰面积;

　　　a_i,b_i——分别为椭圆长半轴和短半轴长度;

　　　l_i——段间距。

第二节　高导流缝网形成机理与理论

页岩储层属于致密储层,渗透率极低,常规压裂方法很难达到经济化开采目的。提高页岩储层渗透率的主要方式是通过水力压裂方法沟通地层中分布的天然裂缝,形成复杂裂缝网络,提高储层的导流能力。目前水力压裂已成为页岩气开发的主要技术手段。本节介绍缝网压裂中水力裂缝扩展时缝间应力阴影相互干扰作用,并以 3 种不同的压裂方式(顺序压裂、交替时压裂和拉链式压裂)说明缝间应力干扰对压裂效果的影响,确定缝网形成机理。

一、缝网形成机理

(一)沿孔眼岩石本体起裂

假设天然裂缝位于主发育带上且走向和倾角都相同,忽略射孔完井中水泥环影响,在远场应力和井底流体压力共同作用下建立物理模型如图 3-5 所示。

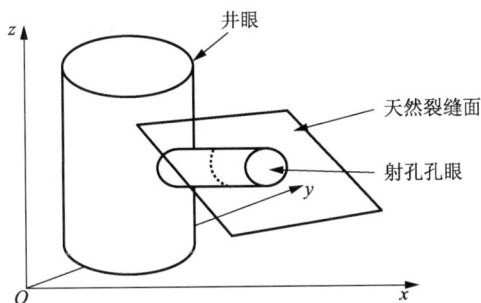

图 3-5　射孔直井含天然裂缝岩石破裂物理模型示意图

钻开井眼后,井眼围岩应力场分布为:

$$\sigma_r = \frac{r_w^2}{r^2}p_w + \frac{1}{2}(\sigma_H + \sigma_h)\left(1 - \frac{r_w^2}{r^2}\right) + \frac{1}{2}(\sigma_H - \sigma_h)\left(1 + \frac{3r_w^4}{r^4} - \frac{4r_w^2}{r^2}\right)\cos(2\theta) \tag{3-17}$$

$$\sigma_\theta = -\frac{r_w^2}{r^2}p_w + \frac{1}{2}(\sigma_H + \sigma_h)\left(1 - \frac{r_w^2}{r^2}\right) - \frac{1}{2}(\sigma_H - \sigma_h)\left(1 + \frac{3r_w^4}{r^4}\right)\cos(2\theta) \tag{3-18}$$

$$\sigma_z = \sigma_v - 2\nu(\sigma_H - \sigma_h)\left(\frac{r_w}{r}\right)^2\cos(2\theta) \tag{3-19}$$

$$\tau_{r\theta} = -\frac{1}{2}(\sigma_H - \sigma_h)\left(1 - \frac{3r_w^4}{r^4} + \frac{2r_w^2}{r^2}\right)\sin(2\theta) \tag{3-20}$$

$$\tau_{z\theta} = \tau_{rz} = 0 \tag{3-21}$$

式中 $\sigma_H, \sigma_h, \sigma_v$——分别为水平最大、最小主应力和上覆地层应力,MPa;

$\sigma_r, \sigma_\theta, \sigma_z$——分别为径向应力、周向应力和垂向应力,MPa;

$\tau_{r\theta}$——剪切应力,MPa;

p_w——井底流体压力,MPa;

r_w——井眼半径,m;

r——应力计算点井眼极坐标半径,m;

ν——泊松比;

θ——径向上最大地应力方向逆时针旋转的极坐标角,(°)。

进一步将水平井实际射孔孔眼简化为无限大平面的孔眼,按弹性力学理论得到在孔眼围岩应力和井底流体压力共同作用下孔眼壁面的应力分布(图 3-6):

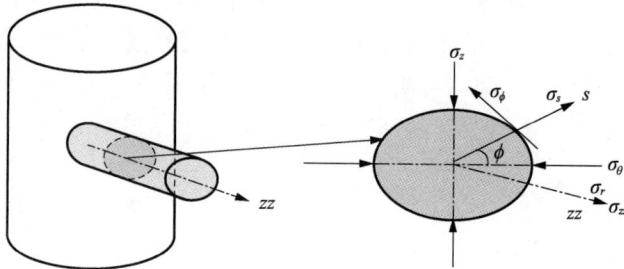

图 3-6 孔眼壁面受力分析示意图

$$\sigma_s = p_w - \phi(p_v - p_p) \tag{3-22}$$

$$\sigma_\phi = -p_v + (\sigma_\theta - \sigma_z) - 2(\sigma_\theta - \sigma_z)\cos(2\phi) + \left[\frac{\alpha(1-2\nu)}{1-\nu} - \varphi\right](p_v - p_p) \tag{3-23}$$

$$\sigma_{zz} = \sigma_r - 2\nu(\sigma_\theta - \sigma_z)\cos(2\phi) + \left[\frac{\alpha(1-2\nu)}{1-\nu} - \varphi\right](p_w - p_p) \tag{3-24}$$

$$\tau_{zz\phi} = 2\tau_{r\theta}\sin\phi \tag{3-25}$$

$$\tau_{s\phi} = \tau_{szz} = 0 \tag{3-26}$$

式中 $\sigma_s, \sigma_\phi, \sigma_{zz}$——分别为孔眼坐标系的径向应力、周向应力和为轴向应力,MPa;

$\tau_{zz\phi}, \tau_{r\theta}, \tau_{s\phi}, \tau_{szz}$——相应的剪应力,MPa;

p_p——孔隙流体压力,MPa;

φ——地层孔隙度;

α——有效应力系数;

ϕ——孔眼主应力 σ_θ 方向逆时针旋转的极坐标角,(°)。

根据弹性力学理论,最大拉伸应力为:

$$\sigma_{max} = \frac{(\sigma_\phi + \sigma_{zz}) + \sqrt{(\sigma_\phi - \sigma_{zz})^2 + 4\tau_{zz\phi}^2}}{2} \tag{3-27}$$

结合岩石拉伸破坏准则,考虑孔隙压力的影响:

$$\sigma_{max} - \alpha p_p \geqslant -\sigma_T \tag{3-28}$$

式中 σ_T——岩石抗拉强度,MPa。

满足式(3-28)的井底流体压力即岩体基质破坏的破裂压力,只能采用数值方法计算。

(二)沿天然裂缝张性起裂

由于天然裂缝与孔眼相交,井内流体将进入天然裂缝,当天然裂缝内流体压力(p_f)大于天然裂缝面上受的有效应力($\sigma_n - \alpha p_p$)时,沿天然裂缝张性起裂,即

$$p_f > \sigma_n - \alpha p_p \tag{3-29}$$

建立大地坐标系,假设天然裂缝走向是北偏东 Ne、倾角 Dip,最大水平应力方位为北偏东 Ha。射孔方位为水平最大地应力 σ_H 方向,为起点旋转角度 θ;天然裂缝与孔眼壁面相交点为主应力 σ_θ 方向,为起点旋转角度 ϕ。由此建立裂缝性地层沿天然裂缝张性起裂的破裂压力计算模型。

由复合应力理论,得到孔眼壁面上任意一点的 3 个主应力 σ_1,σ_2 和 σ_3 为:

$$\sigma_1 = \sigma_s \tag{3-30}$$

$$\sigma_2 = \frac{1}{2}\left[\sigma_\phi + \sigma_{zz} + \sqrt{(\sigma_\phi - \sigma_{zz})^2 + 4\tau_{zz\phi}^2}\right] \tag{3-31}$$

$$\sigma_3 = \frac{1}{2}\left[\sigma_\phi + \sigma_{zz} - \sqrt{(\sigma_\phi - \sigma_{zz})^2 + 4\tau_{zz\phi}^2}\right] \tag{3-32}$$

天然裂缝面上受到的正应力 σ_n 为:

$$\sigma_n = \sigma_1 \cos^2\beta_1 + \sigma_2 \cos^2\beta_2 + \sigma_3 \cos^2\beta_3 \tag{3-33}$$

其中

$$\cos\beta_i = \frac{\boldsymbol{n}_1 \cdot \boldsymbol{n}_2(\sigma_i)}{|\boldsymbol{n}_1| \times |\boldsymbol{n}_2(\sigma_i)|} \quad (i=1,2,3)$$

$$\boldsymbol{n}_1 = a_1\boldsymbol{i} + a_2\boldsymbol{j} + a_3\boldsymbol{k}$$

$$\begin{cases} a_1 = -\sin(Dip)\cos(Ne) \\ a_2 = \sin(Dip)\sin(Ne) \\ a_3 = \cos(Dip) \end{cases}$$

$$\boldsymbol{n}_2(\sigma_i) = b_1(\sigma_i)\boldsymbol{i} + b_2(\sigma_i)\boldsymbol{j} + b_3(\sigma_i)\boldsymbol{k} \quad (i=1,2,3)$$

$$\begin{cases} b_1(\sigma_1) = \cos(Ha+\theta)\cos\phi \\ b_2(\sigma_1) = \sin(Ha+\theta)\cos\phi \\ b_3(\sigma_1) = \sin\phi \end{cases}$$

$$\begin{cases} b_1(\sigma_2) = \sin(Ha+\psi+\theta)\sqrt{\cos^2\gamma + \sin^2\gamma\sin^2\phi} \\ b_2(\sigma_2) = -\cos(Ha+\psi+\theta)\sqrt{\cos^2\gamma + \sin^2\gamma\sin^2\phi} \\ b_3(\sigma_2) = -\cos\phi\sin\gamma \end{cases}$$

$$\psi = \arctan\frac{\sin\phi\sin\gamma}{\cos\gamma}$$

$$\begin{cases} b_1(\sigma_3) = \sin(Ha+\omega+\theta)\sqrt{\sin^2\gamma + \cos^2\gamma\sin^2\phi} \\ b_2(\sigma_3) = -\cos(Ha+\omega+\theta)\sqrt{\sin^2\gamma + \cos^2\gamma\sin^2\phi} \\ b_3(\sigma_3) = -\cos\phi\cos\gamma \end{cases}$$

$$\omega = \arctan\left(-\frac{\sin\phi\cos\gamma}{\sin\gamma}\right)$$

式中的 γ 为 σ_{ϕ} 和 σ_{zz} 在 ϕ-zz 平面内旋转得到 σ_2 和 σ_3 时的旋转角度,可由下式计算得到:

$$\tan(2\gamma) = \frac{2\tau_{zz\phi}}{\sigma_{\phi} - \sigma_{zz}} \tag{3-34}$$

根据式(3-30)、式(3-31)和式(3-32)计算出作用在天然裂缝面上的正应力,代入式(3-34)即可判断是否沿天然裂缝张性起裂。由于此计算模型中孔眼壁面的主应力是孔眼位置和井底流体压力的函数,因此不能直接得到沿天然裂缝张性起裂的破裂压力,可以通过试算法来计算破裂压力。

(三)沿天然裂缝剪切起裂

利用结构弱面模型,将天然裂缝考虑成相比岩石基质力学性质弱的结构面,当作用在天然裂缝面上的剪切应力大于天然裂缝的抗剪强度时,天然裂缝发生剪切破坏。结构弱面剪切破坏准则的表达式为:

$$\sigma_{\max} - \sigma_{\min} \geqslant \frac{2(S_0 + \mu\sigma_{\min})}{(1 - \mu\cot\beta)\sin(2\beta)} \tag{3-35}$$

式中 $\sigma_{\max}$,$\sigma_{\min}$——分别为作用在天然裂缝上的最大和最小主应力,MPa;

S_0——天然裂缝内聚力,MPa;

μ——天然裂缝摩擦系数;

β——天然裂缝的外法线方向与最大主应力方向夹角,(°)。

由式(3-35)可见,天然裂缝发生剪切破坏除与天然裂缝内聚力、天然裂缝摩擦系数这些自身力学性质相关外,还与最大主应力、最小主应力及天然裂缝与最大主应力之间的夹角有关。比较天然裂缝与孔眼壁面相交点的 3 个主应力 σ_1,σ_2 和 σ_3 的大小关系,可得到最大主应力和最小主应力为:

$$\begin{cases} \sigma_{\max} = \max\{\sigma_1,\sigma_2,\sigma_3\} \\ \sigma_{\min} = \min\{\sigma_1,\sigma_2,\sigma_3\} \end{cases} \tag{3-36}$$

当确定最大主应力后,可以确定天然裂缝外法线与最大主应力之间的夹角 β,再由结构弱面破坏准则可判定天然裂缝是否发生剪切破坏。通过试算法求得满足破坏条件时的井底流体压力,即沿孔眼天然裂缝剪切起裂的破裂压力。

综合以上分析,对于近井区域天然裂缝发育的射孔直井存在 3 种破裂模式,但对于特定的井,水力裂缝起裂形式只是其中的一种。假设沿孔眼岩石基质破裂压力为 p_f^b,沿天然裂缝剪切破裂压力为 p_f^s,沿天然裂缝张性破裂压力为 p_f^T,判别方法为:

$$p_f = \min\{p_f^b, p_f^s, p_f^T\} \tag{3-37}$$

(四)水力裂缝和天然裂缝及断层相互作用

水力压裂是提高储层采收率的重要手段之一,页岩在压裂施工过程中储层中存在的不连续体(如天然裂缝和断层)会对水力裂缝的扩展有显著影响。当储层没有天然裂缝分布而为均质体时,水力裂缝的走向一般受就地应力场控制。当有天然裂缝分布时,天然裂缝物性和储层基质物性差异很大,天然裂缝的抗张强度很低或为零。当缝内净载荷大于天然裂缝闭合压力时天然裂缝会被开启,水力裂缝遇到天然裂缝会发生偏转现象。

断层和弱面是另一个影响水力裂缝扩展走向的因素。如果地层中有断层和弱面分布,一般断层和弱面两侧储层物性或地应力场会有显著差异,水力裂缝遇到断层会偏离原来的方向。水力压裂的主要目的是沟通水力裂缝和天然裂缝,因此裂缝相交问题是水力压裂数值模拟中的重要问题之一。

页岩储层中存在很多天然裂缝,但是天然裂缝在储层条件下没有自然产能,只有通过水力压裂将其开启并与水力裂缝沟通形成裂缝网络才具有开采价值,因此认识水力裂缝和天然裂缝相互作用机理对页岩气开发具有重要意义。水力裂缝和天然裂缝相交是一个复杂的数学问题,涉及岩石变形断裂、缝中流体在交点处的流量分配、就地应力场对裂缝相交形态的影响。如图3-7所示,一般来说人工裂缝和天然裂缝相交后会出现4种形态:

(1)如果水力裂缝中压力较小,遇到天然裂缝时能量耗散在天然裂缝中,就会停止扩展。

(2)如果水力裂缝中压力较大,天然裂缝开启压力较小,水力裂缝中压裂液会偏转到天然裂缝,沿着天然裂缝扩展,如图3-7中B方向所示。

(3)如果水力裂缝中压力足够大时,天然裂缝将被穿透,水力裂缝继续沿着初始路径扩展,如图3-7中C方向所示。

(4)如果水力裂缝中压力足够大且天然裂缝容易被开启,则水力裂缝会沿着初始方向继续扩展,同时分支缝进入天然裂缝扩展,如图3-7中A方向所示。

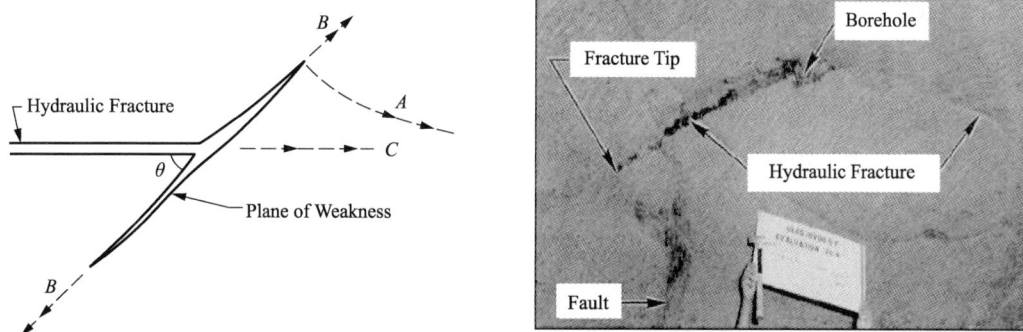

图3-7　天然裂缝与水力裂缝示意图

水力裂缝与天然裂缝相交力学作用示意图如图3-8所示。水力裂缝相交后出现何种形态,这受许多条件影响。缝内压力大小、裂缝相交角度、岩石物性参数、初始地应力分布都会对相交结果产生作用。

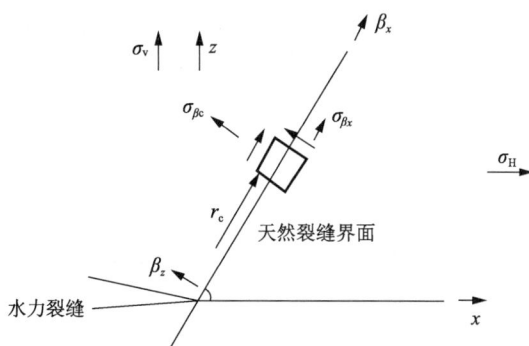

图3-8　水力裂缝与天然裂缝相交力学作用示意图

在水力压裂施工中,水力裂缝与结构弱面相交可能存在穿越结构弱面继续延伸或止裂于结构弱面而转向两种状态,受特定的地应力、岩石参数、天然裂缝性质、压裂液和泵注条件控制。判定水力裂缝能否穿过天然裂缝是压裂压力诊断分析的基础。

当水力裂缝尖端到达天然裂缝缝面时,液体前缘由于液体延迟滞后还未到达。在裂缝交汇处的液体压力可以视为0,但天然裂缝已经受水力裂缝产生的应力场的影响。

记水力裂缝与天然裂缝之间的逼近角为β,远场应力σ_H和σ_v与水力裂缝尖端应力场共同作用下形成的组合应力场为:

$$
\begin{cases}
\sigma_x = \sigma_H + \dfrac{K_I}{\sqrt{2\pi r}} \cos \dfrac{\theta}{2} \left(1 - \sin \dfrac{\theta}{2} \sin \dfrac{3\theta}{2}\right) \\[3mm]
\sigma_z = \sigma_v + \dfrac{K_I}{\sqrt{2\pi r}} \cos \dfrac{\theta}{2} \left(1 + \sin \dfrac{\theta}{2} \sin \dfrac{3\theta}{2}\right) \\[3mm]
\tau_{xz} = \dfrac{K_I}{\sqrt{2\pi r}} \sin \dfrac{\theta}{2} \cos \dfrac{\theta}{2} \cos \dfrac{3\theta}{2}
\end{cases}
\tag{3-38}
$$

水平主应力可以通过令$\theta = \beta$和$\theta = \beta - \pi$求得,要在界面另一边起裂,最大主应力σ_1必须达到岩石抗张强度T_0,即

$$
\sigma_1 = T_0 \tag{3-39}
$$

且满足天然裂缝不发生剪切滑移,有:

$$
|\tau_\beta| < S_0 - \mu \sigma_{\beta z} \tag{3-40}
$$

式中　　S_0——天然裂缝内聚力;

　　　　μ——天然裂缝摩擦系数;

　　　　$\tau_\beta, \sigma_{\beta z}$——分别为远场应力和水力裂缝尖端应力场共同作用下的天然裂缝上的剪应力和正应力。

由弹性力学可知:

$$
\frac{\sigma_H + \sigma_v}{2} + K + \sqrt{\left[\left(\frac{\sigma_H - \sigma_v}{2}\right) - K \sin \frac{\theta}{2} \sin \frac{3\theta}{2}\right]^2 + \left(K \sin \frac{\theta}{2} \cos \frac{3\theta}{2}\right)^2} = T_0 \tag{3-41}
$$

$$
K = \frac{K_I}{\sqrt{2\pi r_c}} \cos \frac{\theta}{2}
$$

式中　　r_c——对应的临界距离。

对式(3-41)变形得到:

$$
\cos^2 \frac{\theta}{2} K^2 + 2\left[\left(\frac{\sigma_H - \sigma_v}{2}\right) \sin \frac{\theta}{2} \sin \frac{3\theta}{2} - T\right] K + \left[T^2 - \left(\frac{\sigma_H - \sigma_v}{2}\right)^2\right] = 0 \tag{3-42}
$$

$$
T = T_0 - \frac{\sigma_H + \sigma_v}{2}
$$

令

$$
\begin{cases}
m = \cos^2 \dfrac{\theta}{2} \\[3mm]
n = 2\left[\left(\dfrac{\sigma_H - \sigma_v}{2}\right) \sin \dfrac{\theta}{2} \sin \dfrac{3\theta}{2} - T\right] \\[3mm]
j = T^2 - \left(\dfrac{\sigma_H - \sigma_v}{2}\right)^2
\end{cases}
\tag{3-43}
$$

得到关于 K 的简化方程：

$$mK^2+nK+j=0 \qquad (3-44)$$

作用在天然裂缝面上的剪应力和正应力为远场应力与水力裂缝尖端应力场共同产生，由弹性力学可得远场应力作用在天然裂缝面上的正应力 $\sigma_{r,\beta z}$ 和剪应力 $\tau_{r,\beta}$ 为：

$$\begin{cases} \sigma_{r,\beta z}=\dfrac{\sigma_H+\sigma_v}{2}-\dfrac{\sigma_H-\sigma_v}{2}\cos(2\beta) \\[2mm] \tau_{r,\beta}=-\dfrac{\sigma_H-\sigma_v}{2}\sin(2\beta) \end{cases} \qquad (3-45)$$

由断裂力学可得水力裂缝尖端应力场作用在天然裂缝面上的正应力 $\sigma_{tip,\beta y}$ 和剪应力 $\tau_{tip,\beta}$ 为：

$$\begin{cases} \sigma_{tip,\beta y}=K+K\sin\dfrac{\theta}{2}\sin\dfrac{3\theta}{2}\cos(2\beta)-K\sin\dfrac{\theta}{2}\cos\dfrac{3\theta}{2}\sin(2\beta) \\[2mm] \tau_{tip,\beta}=K\sin\dfrac{\theta}{2}\sin\dfrac{3\theta}{2}\sin(2\beta)+K\sin\dfrac{\theta}{2}\cos\dfrac{3\theta}{2}\cos(2\beta) \end{cases} \qquad (3-46)$$

根据式(3-45)和式(3-46)可得天然裂缝面上的正应力 $\sigma_{\beta y}$ 和剪应力 τ_β 为：

$$\begin{cases} \sigma_{\beta y}=K+K\sin\dfrac{\theta}{2}\sin\dfrac{3\theta}{2}\cos(2\beta)-K\sin\dfrac{\theta}{2}\cos\dfrac{3\theta}{2}\sin(2\beta)+\dfrac{\sigma_H+\sigma_v}{2}-\dfrac{\sigma_H-\sigma_v}{2}\cos(2\beta) \\[2mm] \tau_\beta=K\sin\dfrac{\theta}{2}\sin\dfrac{3\theta}{2}\sin(2\beta)+K\sin\dfrac{\theta}{2}\cos\dfrac{3\theta}{2}\cos(2\beta)-\dfrac{\sigma_H-\sigma_v}{2}\sin(2\beta) \end{cases}$$

$$(3-47)$$

如果令 $\beta=0$，考虑岩层界面内聚力与内摩擦角(摩擦系数)、抗张强度影响下的裂缝穿越判据简化表达式为：

$$\frac{C_o/\mu+\sigma_z'}{T_o+\sigma_x'}>\frac{1+\mu}{3\mu} \qquad (3-48)$$

式中　C_o——岩石内聚力，MPa；

　　　T_o——界面两侧材料的抗张强度，MPa；

　　　μ——岩石界面的摩擦系数，取 $0.1\sim1$。

令临界穿越应力比 $\lambda_{cr}=\dfrac{1+\mu}{3\mu}$，临界应力比 $\lambda=\dfrac{C_o/\mu+\sigma_{yy}'}{T_o+\sigma_{xx}'}$，则当 $\lambda>\lambda_{cr}$ 时水力裂缝将穿越岩层界面，当 $\lambda<\lambda_{cr}$ 时水力裂缝将在界面滑移。

（五）水平井压裂缝间相互干扰

水平井多段压裂技术是页岩储层改造的主要技术手段，是提高致密储层导流能力的重要途径。为进一步提高油气产量，近年来水平井压裂段和簇数不断增加，随之而来的是压裂缝间干扰问题。较大的缝间距离达不到储层改造目的，不能形成缝网系统，但是过小的缝间距离又会对裂缝周围应力场产生影响，形成过高的诱导应力，加大邻缝开裂的困难。合理的压裂段间距能影响裂缝几何形态，形成复杂缝网的同时减小压裂注入能量的需求。下面简要介绍缝间诱导应力和裂缝间距对储层改造影响的相关理论。

如图 3-9 所示，假设单缝长度为 h，空间任意一点 A 的坐标为 (x,y)，点 A 和裂缝端点以及中点夹角分别为 θ_1，θ_2 和 θ，距离分别为 L_1，L_2 和 L。根据 Sneddon 提出的半无限裂缝模型，单一裂缝附近任意一点的诱导应力为：

$$\begin{cases} \sigma_x = p_{net}\left\{1 - \dfrac{L}{\sqrt{L_1 L_2}}\cos\left(\theta - \dfrac{\theta_1 + \theta_2}{2}\right) - \dfrac{L}{h/2}\left(\dfrac{h^2/4}{L_1 L_2}\right)^{3/2}\sin\theta\sin\left[\dfrac{3}{2}(\theta_1 + \theta_2)\right]\right\} \\[3mm] \sigma_y = p_{net}\left\{1 - \dfrac{L}{\sqrt{L_1 L_2}}\cos\left(\theta - \dfrac{\theta_1 + \theta_2}{2}\right) + \dfrac{L}{h/2}\left(\dfrac{h^2/4}{L_1 L_2}\right)^{3/2}\sin\theta\sin\left[\dfrac{3}{2}(\theta_1 + \theta_2)\right]\right\} \\[3mm] \tau_{xy} = -p_{net}\dfrac{L}{h/2}\left(\dfrac{h^2/4}{L_1 L_2}\right)^{3/2}\sin\theta\cos\theta\left[\dfrac{3}{2}(\theta_1 + \theta_2)\right] \end{cases} \quad (3\text{-}49)$$

其中，$p_{net} = p - \sigma_n$，是缝内净压力。

根据平面应变假设和胡克定律，有：

$$\sigma_z = \mu(\sigma_x - \sigma_y) \quad (3\text{-}50)$$

则点 A 的诱导应力为 $(\sigma_x, \sigma_y, \sigma_z, \tau_{xy})$。

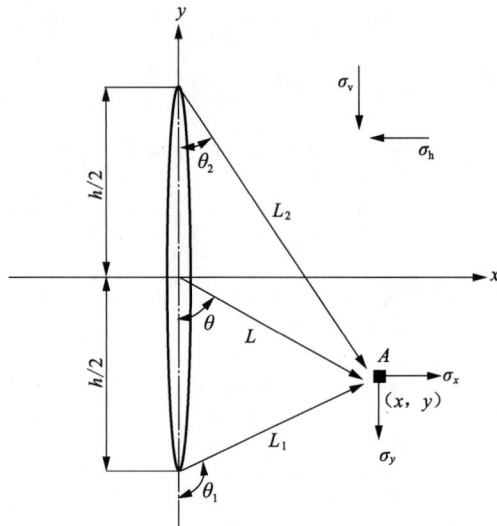

图 3-9　裂缝应力示意图

图 3-10 所示为单缝诱导应力分布，可见诱导的水平应力 σ_x 会随与缝面距离的增加而减小。当 $2x/h = 1.0$ 时 x 方向应力下降到缝内净压力的 65%，当 $2x/h = 2.0$ 时则下降到净压力的 28%。这表明水力裂缝开启所诱发的应力场影响范围有限，主要集中在裂缝附近区域。

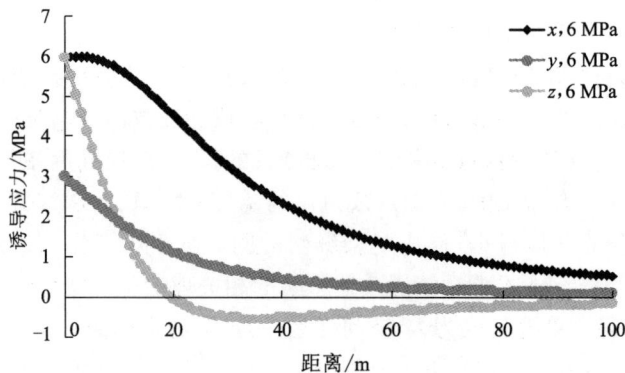

图 3-10　单缝诱导应力分布

如图 3-11 所示,考察空间多条裂缝在某一点的诱导应力。假设空间有 3 条裂缝分布,长度都是 h,间距为 d_1 和 d_2,空间点 P 到 3 条裂缝的距离分别为 $l_1^{(i)}$,$l_2^{(i)}$ 和 $l^{(i)}$,角度分别为 $\theta_1^{(i)}$,$\theta_2^{(i)}$ 和 $\theta^{(i)}$,根据叠加原理和式(3-49)可得点 P 的诱导应力为:

$$\begin{cases} \sigma_x = \sum_{i=1}^{3} \sigma_x^{(i)} \\ \sigma_y = \sum_{i=1}^{3} \sigma_y^{(i)} \\ \sigma_z = \sum_{i=1}^{3} \sigma_z^{(i)} = \mu \sum_{i=1}^{3} (\sigma_x^{(i)} + \sigma_y^{(i)}) = \mu(\sigma_x + \sigma_y) \end{cases} \quad (3\text{-}51)$$

如果点 P 的初始应力为$(\theta_v, \theta_h, \theta_H)$,则点 P 的总应力场是初始应力加上诱导应力:

$$\begin{cases} \sigma_x = \sigma_h + \sum_{i=1}^{3} \sigma_x^{(i)} \\ \sigma_y = \sigma_v + \sum_{i=1}^{3} \sigma_y^{(i)} \\ \sigma_z = \sigma_H + \mu(\sigma_x + \sigma_y) \end{cases} \quad (3\text{-}52)$$

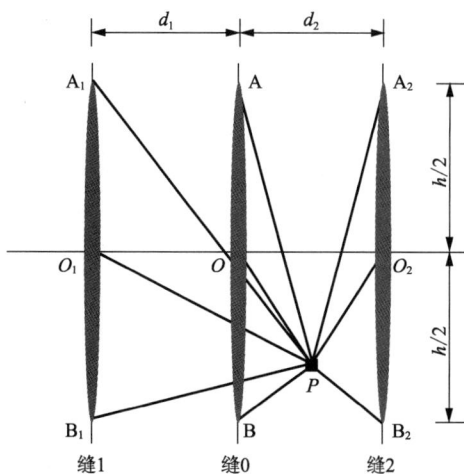

图 3-11　多缝应力阴影叠加示意图

图 3-12(彩图 3-12)所示为空间平行分布的 3 条裂缝空间诱导应力云图,缝内压力为 40 MPa,地应力在 x 和 y 方向都是 20 MPa,3 条裂缝间距范围为 5~100 m。可以看到,当 3 条裂缝间距较小时,缝内压力对地层应力影响区域主要集中在裂缝周围相互靠近区域,缝间干扰强烈;当裂缝间距逐渐增加时,应力影响区域逐渐向外围扩散,缝间干扰减弱;当裂缝间距增加到一定值后,应力影响出现间断区域,此时每条缝缝内压力主要影响自身周围的区域。3 条裂缝空间影响范围如图 3-13(彩图 3-13)所示。

裂缝间距不宜太大,也不宜太小。间距太小,相互干扰严重,应力影响的外围区域有限;反之,间距太大,则中间区域不受应力影响。因此,裂缝间距适中为好,选取 $2d/h$ 介于 2.0 和 5.0 之间。

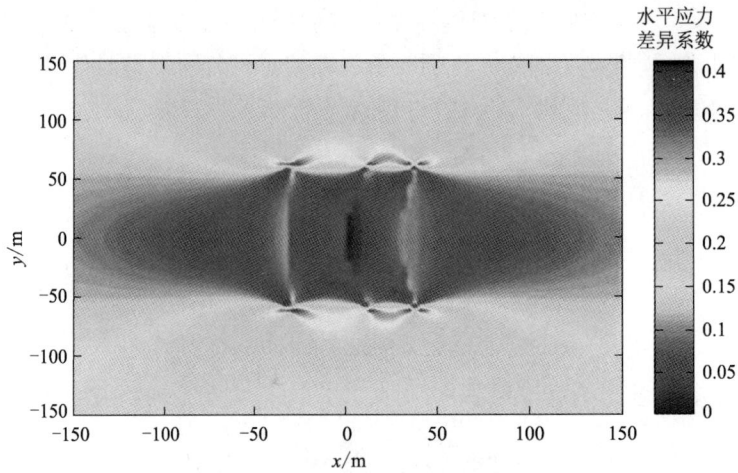

图 3-12　3 条裂缝空间诱导应力云图

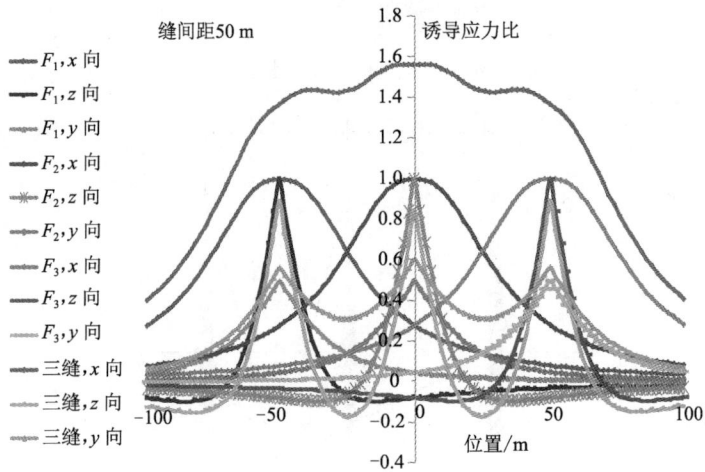

图 3-13　3 条裂缝空间影响范围

二、高导流形成机理

假设裂缝长度远大于裂缝宽度，裂缝沿缝长方向流动速度远大于裂缝在截面内流动速度，裂缝沿缝高方向上没有流动，缝内流体为牛顿流体，缝内流动方程可用一维 Poiseuille 定律表示：

$$v = -\frac{w^2}{12\mu}\frac{\partial p}{\partial l} \tag{3-53}$$

式中　v——流体流速；

　　　w——裂缝宽度，根据裂缝处不连续位移计算得到；

　　　p——缝内压力；

　　　μ——缝内流体的黏度；

　　　l——沿裂缝坐标。

$w^2/12$ 是裂缝缝内等效渗透率，可以根据实验或理论推导得到。

缝内微可压缩流体满足局部质量守恒方程：

$$\frac{\partial}{\partial l}(\rho w v) + \frac{\partial}{\partial t}(\rho w) + q_L = 0 \tag{3-54}$$

式中　ρ——缝内流体密度；

q_L——缝壁面的滤失量。

根据卡特滤失模型，可以得到滤失量表达式为：

$$q_L = \frac{2C_L}{\sqrt{t-\tau_0}} \tag{3-55}$$

式中　C_L——缝壁面滤失系数；

τ_0——流体质点到达滤失位置的时间。

将缝内速度公式代入质量守恒方程，得到缝内流动控制方程为：

$$\frac{\partial w}{\partial t} - \frac{\partial}{\partial l}\left(\frac{w^3}{12\mu}\frac{\partial p}{\partial l}\right) + \frac{2C_L}{\sqrt{t-\tau_0}} + \frac{w}{\rho}\frac{\partial \rho}{\partial t} = 0 \tag{3-56}$$

考虑流体可压缩性，流体密度变化可以用压力梯度表示：

$$\frac{\partial \rho}{\partial t} = \rho c_f \frac{\partial p}{\partial t} \tag{3-57}$$

式中　c_f——流体压缩系数。

将上式代入质量守恒方程，可得：

$$\frac{\partial}{\partial l}\left(\frac{w^3}{12\mu}\frac{\partial p}{\partial l}\right) = \frac{\partial w}{\partial t} + c_f w \frac{\partial p}{\partial t} + \frac{2C_L}{\sqrt{t-\tau_0}} \tag{3-58}$$

考虑到缝面摩擦的影响，流体流动过程中不仅有流体内部黏性耗散，还有缝面摩擦带来的摩擦耗散，因此流体黏度可以表示为：

$$\mu' = \mu + \mu_R \tag{3-59}$$

式中　μ'——等效黏度；

μ_R——摩擦黏度，可由缝壁面粗糙度计算得到。

此外，压裂液还需要满足总体质量守恒方程：

$$\int_0^l w(l,t) H \, \mathrm{d}l = \int_0^t q_0 \, \mathrm{d}t \tag{3-60}$$

式中　l——裂缝总长度；

q_0——井口位置注入速度。

初始条件和边界条件设置如下：初始时刻缝宽为 0，井口位置压力为 p_0，每个时刻裂尖缝宽为 0，流量为 0。

$$\begin{cases} w(l,0) = 0 \\ w(l,t) = 0 \\ p(0,t) = p_0 \\ p(l,t) = \sigma_n \\ q(0,t) = Q_0 \\ q(l,t) = 0 \end{cases}$$

下面通过二维水力压裂数值模拟，验证缝内流固耦合模型有效性并对比各流动参数对裂缝扩展的影响。模型假设为平面应力模型,示意图如图 3-14 所示。模型上、下、右 3 个边界为固支边界,约束 x 和 y 方向位移为 0,左边边界限制 x 方向位移为 0。模型区域尺寸高度 H 为 100 m,宽度 L 为 100 m,层厚为 40 m,初始裂缝长度为 10 m,左侧注入点为定压边界。网格数目为 201×201,网格单元尺寸为 0.5 m,整个模型离散后的四边形单元数目为 40 000。岩石的物性参数及压裂参数见表 3-1,整个区域有初始地应力分布,$\sigma_x = 4.0$ MPa,$\sigma_y = 4.0$ MPa。

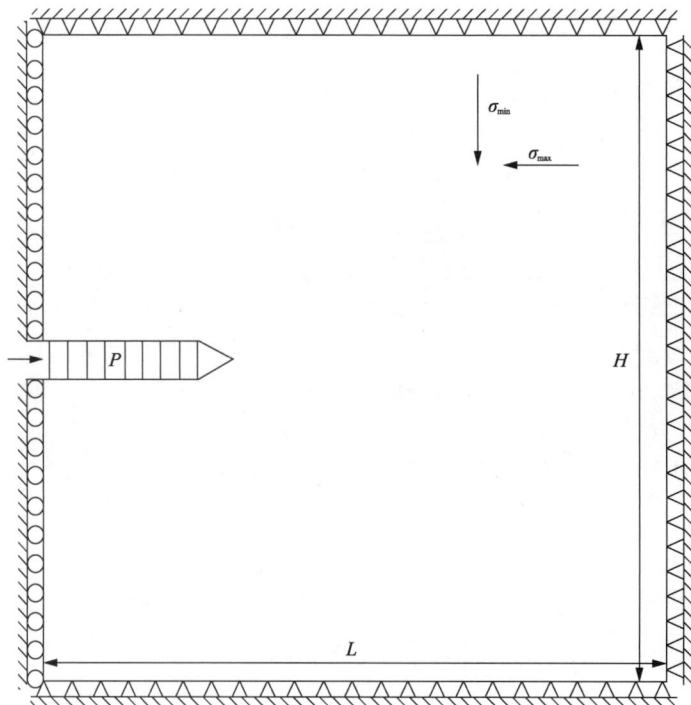

图 3-14　模型示意图

表 3-1　岩石物性参数及压裂参数

输入参数	参数值
杨氏模量	40 GPa
泊松比	0.3
岩石断裂韧性	1.0 MPa·m$^{0.5}$
压裂液黏度	0.1 Pa·s
井口注入压力	10 MPa
滤失系数	0.004 7 m/min$^{0.5}$
压裂液压缩系数	0.435×10^{-9} Pa^{-1}
缝面摩擦因子	0.05

　　不考虑壁面滤失摩擦和流体可压缩性,裂缝总的扩展长度为 40 m,考察缝内流动对裂缝扩展的影响。缝宽及流量分布如图 3-15(彩图 3-15)所示。

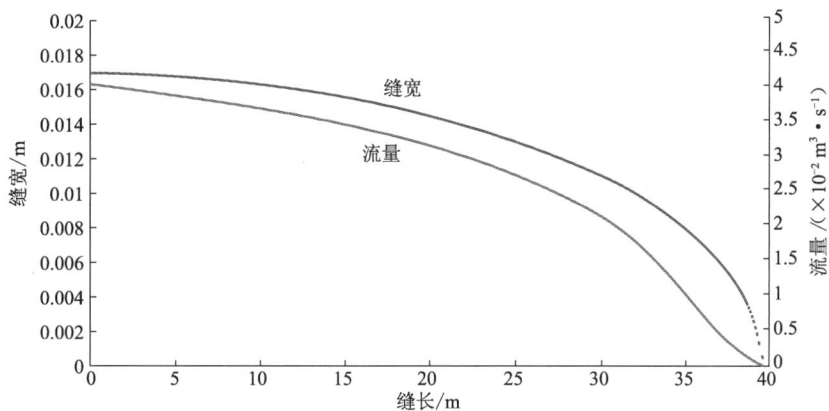

图 3-15 缝宽及流量分布

对比考察缝面摩擦和压裂液高压下可压缩性对裂缝生长的影响,缝面等效摩擦因子为 0.15,流体可压缩性为 0.435×10^{-3} MPa^{-1}。缝宽及缝内流量对比如图 3-16(彩图 3-16)所示。

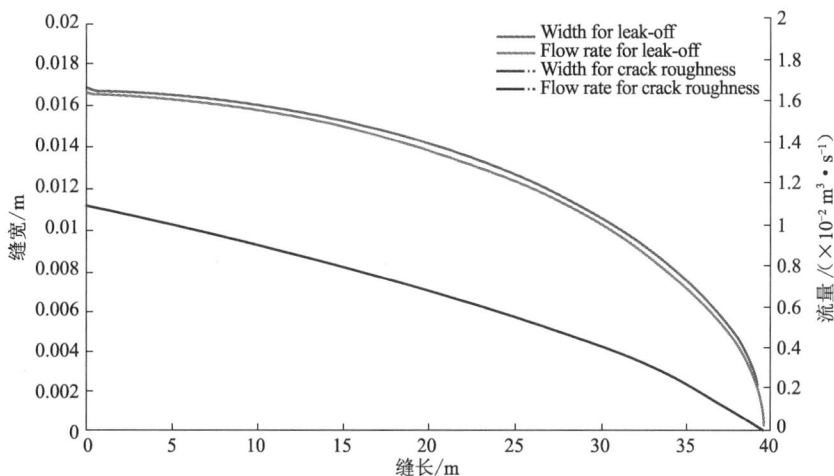

图 3-16 缝宽及缝内流量对比

第三节 高导流缝网压裂裂缝参数优化设计

针对松辽盆地页岩油井黏土矿物含量高、地层偏塑性、加砂难、缝宽小等特点,应用压裂软件模拟水力裂缝最优改造体积及裂缝导流能力,通过参数优化方法与压裂设计模拟结果进行对比,综合优选合适的施工规模、施工排量、加砂砂比等施工参数。

一、裂缝改造体积优化

裂缝改造体积和裂缝导流能力是控制页岩油压裂效果的两大要素。压裂裂缝既需要较大的缝网改造体积,又需要具备较高的导流能力,才能提高压后产能,所以要同时考虑裂缝改造体积和导流能力两个参数对产能的影响。设某页岩油井的地层参数见表 3-2。

表 3-2　页岩油井地层参数设计

设计井深	2 350 m	完井方式	射孔完井
产层岩性	泥页岩	产层厚度	57.6 m
孔隙度	8%	渗透率	0.3 mD
油气藏类型	油 藏	地层压裂系数	1.08
地层温度	85 ℃	压裂井段	2 082.20～2 148.00 m
滤失因子	1.5	裂缝因子	3

在表 3-2 地质模型参数的基础上,先设定裂缝导流能力为 20 D·cm,压裂裂缝改造体积分别为 80×10^4 m^3,90×10^4 m^3,100×10^4 m^3,110×10^4 m^3 和 120×10^4 m^3,模拟计算裂缝半长对 365 d 中每天的产油量和 1 年累积产油量的影响(图 3-17 和彩图 3-17,图 3-18 和彩图 3-18)。

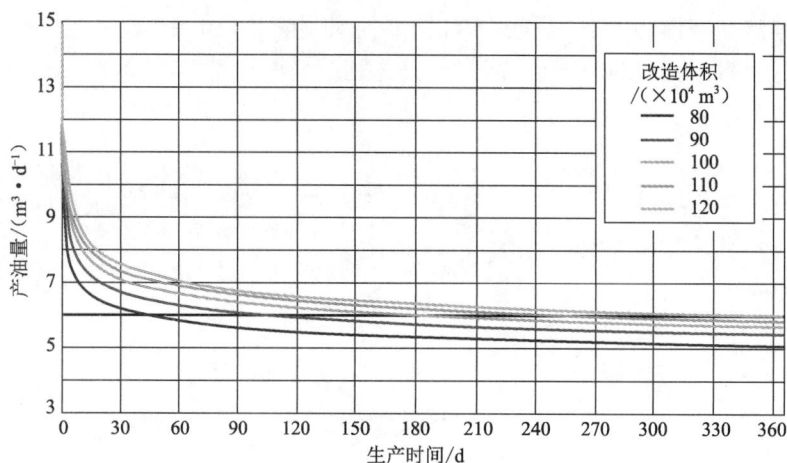

图 3-17　不同裂缝半长对产油量的影响

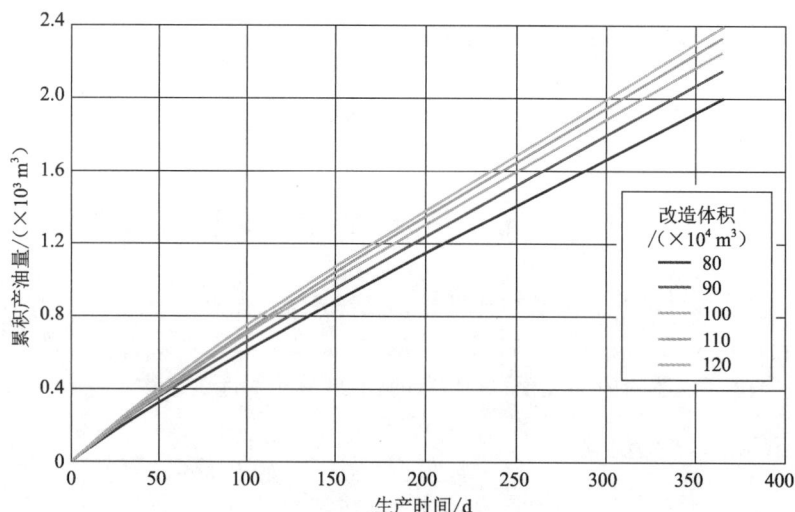

图 3-18　不同裂缝半长对累积产油量的影响

从图 3-17 和图 3-18 可以看出:

（1）在整个生产过程中，在投产初期的两个月内每天的产油量迅速下降，由 15 m³/d 下降到 6.5 m³/d 左右；在生产中后期，每天的产油量趋于稳定，降幅缓慢，稳定在 5～6 m³/d。

（2）在生产初期，随着裂缝改造体积的增加，初始产油量逐渐增加，并且随时间增加，产油量增加趋于相近。裂缝改造体积从 80×10^4 m³ 增加到 110×10^4 m³，初始产油量增加幅度最大，但随着裂缝改造体积由 110×10^4 m³ 增加到 120×10^4 m³，初始产油量和累积产油量增加幅度减小，说明最优裂缝改造体积为 110×10^4 m³。

分析原因，主要有：生产初期随裂缝改造体积的增加，近井筒附近的渗流渗流面积增大，改造体积越大，产量越高，但产量除与裂缝改造体积有关外，还与生产压差等参数有关；裂缝改造体积增加对日产油量和累积产油量增加幅度逐渐趋于平稳的原因是裂缝改造体积大，远端裂缝无限导流能力降低，造成部分改造体积成为无效改造体积。因此，从无限导流能力看，裂缝改造体积需要与油藏基质形成最佳匹配，这样才有较好的经济效果。

二、裂缝导流能力优化

为对油气井水力压裂增产效果进行评价，一般以增加裂缝导流能力作为压裂主要增产因素，用裂缝渗透率 K_f 与裂缝宽度 W_f 的乘积表示水力压裂裂缝导流能力 C_f：

$$C_f = K_f W_f \tag{3-61}$$

裂缝的导流能力与压裂效果密切相关。为增大油气井储层改造效果，通常从以下两个方面提高裂缝的导流能力：一是提高裂缝的渗透率或裂缝的宽度，这两个参数影响着裂缝导流能力；二是降低井筒附近污染程度，保持压后导流能力的连续性，提高裂缝的导流能力。前者可以通过提高压裂规模、在裂缝中填入支撑剂来实现，后者可以通过降低压裂液污染和提高返排率来实现。

在表 3-2 地质模型参数的基础上，先设定裂缝半缝长度为优化长度 240 m，压裂裂缝导流能力分别为 5 D·cm，10 D·cm，15 D·cm，20 D·cm 和 25 D·cm 时，模拟计算裂缝半长对 365 d 中每天产油量和 1 年累积产油量的影响（图 3-19 和彩图 3-19，图 3-20 和彩图 3-20）。

从图 3-19 和图 3-20 可以看出：

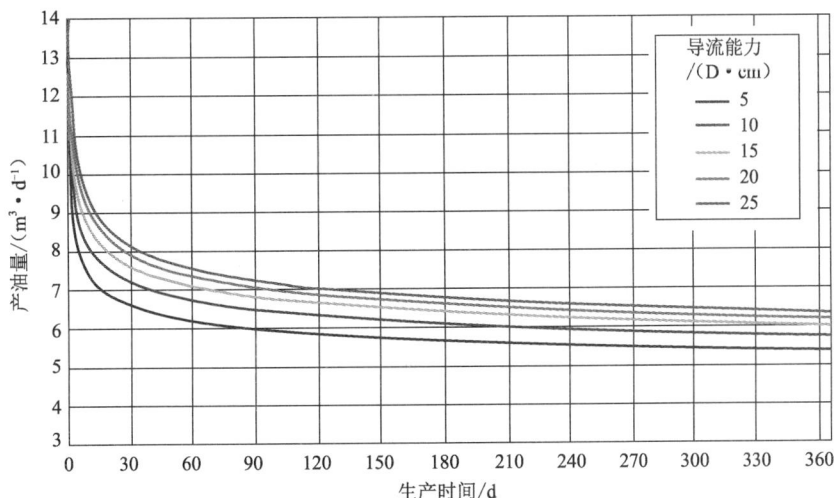

图 3-19 不同裂缝导流能力对产油量的影响

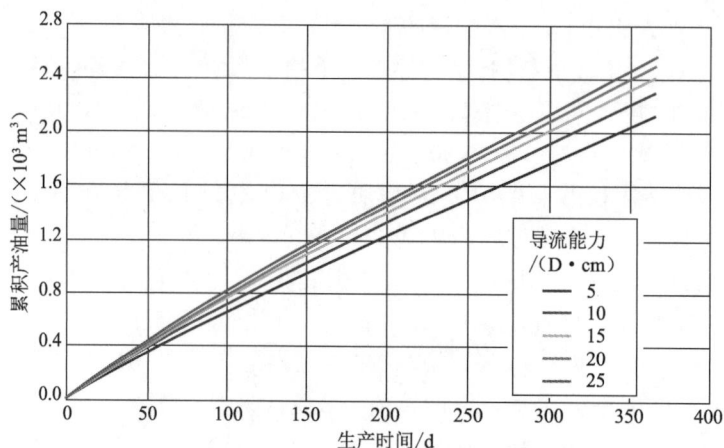

图 3-20　不同裂缝导流能力对累积产油量的影响

（1）在整个生产过程中，在投产初期的两个月内每天的产油量迅速下降，由 14 m^3/d 下降到 7 m^3/d 左右；在生产中后期，每天的产油量趋于稳定，降幅缓慢，稳定在 6～7 m^3/d。

（2）在生产初期，随着裂缝导流能力的增加，初始产油量逐渐增加，并且随时间增加，产油量增加趋于相近。裂缝导流能力从 5 D·cm 增加到 20 D·cm，初始产油量增加幅度最大，但随着裂缝导流能力由 20 D·cm 增加到 25 D·cm，初始产油量和累积产油量增加幅度减小并趋于相近，说明最优裂缝导流能力为 20 D·cm。

导流能力主要通过压裂液、支撑剂和压裂施工来控制。从压裂工艺上来说，只有导流能力达到最佳水平，页岩油压裂后产量才可以满足商业开发要求。

第四节　高导流缝网压裂施工参数设计

以前面裂缝参数优化中拟合的最优结果（最优裂缝改造体积 110×10⁴ m^3、最优裂缝导流能力 20 D·cm）为基础，研究各施工参数的变化对压裂施工产生的影响。首先通过 Meyer 软件模拟，获取最佳施工参数；然后指导施工井，选取合理施工参数。

一、排量优化

在施工规模、砂比等其他条件不变的情况下，应用软件模拟不同排量条件下改造体积变化（图 3-21 和图 3-22），考察裂缝的延伸形态及对储层改造体积的影响，确定最优排量。

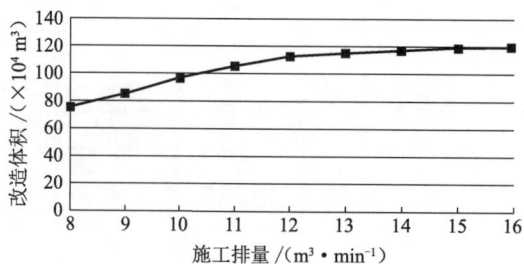

图 3-21　排量与改造体积关系曲线

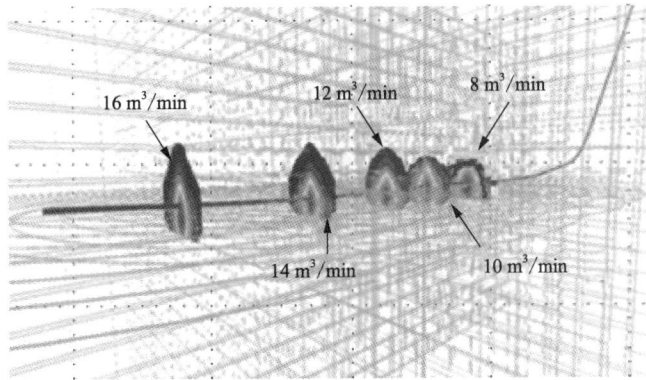

图 3-22 压裂软件模拟不同排量下的裂缝形态图

结果表明,当排量在 $8\sim12$ m^3/min 时,随着排量增加,改造体积的增长较为迅速,但当排量超过 12 m^3/min 后,随排量增加,改造体积的趋于稳定,增加很小。结合现场施工管柱摩阻,选择 $12\sim14$ m^3/min 为优选排量。

二、规模优化

应用压裂软件模拟施工规模分别为 1 200 m^3 总液量＋60 m^3 砂量、1 400 m^3 总液量＋70 m^3 砂量、1 600 m^3 总液量＋80 m^3 砂量、1 800 m^3 总液量＋90 m^3 砂量时支撑半缝长的变化。裂缝几何尺寸与规模的变化关系见表 3-3,模拟的裂缝形态如图 3-23 至图 3-26(彩图 3-23 至彩图 3-26)所示。

随着加施工规模的增加,支撑半缝长不断增加,但增加的趋势逐渐减缓。根据压裂优化半缝长 240 m,合理的施工规模为总液量 1 600 m^3＋砂量 80 m^3。

表 3-3 裂缝几何尺寸与规模的变化关系

序号	总液量＋砂量	动态半缝长/m	支撑半缝长/m	动态缝高/m	支撑缝高/m	平均缝宽/cm	改造体积/($\times10^4$ m^3)
1	1 200 m^3＋60 m^3	233.9	126.2	52.2	49.3	0.76	91.3
2	1 400 m^3＋70 m^3	248.4	218.7	67.4	53.1	0.77	100.8
3	1 600 m^3＋80 m^3	263.3	241.0	61.4	57.9	0.82	111.5
4	1 800 m^3＋90 m^3	284.9	263.7	65.2	61.6	0.83	120.4

三、平均砂比优化

平均砂比的选择不仅要考虑储层对裂缝导流能力的要求,还要考虑压裂设备能力和施工工艺水平。在施工排量为 $12\sim14$ m^3/min 和施工规模为总液量 1 600 m^3＋砂量 80 m^3 的情况下,应用压裂软件模拟平均砂比对裂缝导流能力的影响。计算结果见表 3-4,模拟剖面如图 3-27 至图 3-30(彩图 3-27 至彩图 3-30)所示。

结果表明,随着施工砂比的增大,缝宽、裂缝导流能力随之增加。再结合裂缝优化结果,表明最佳裂缝导流能力为 20 D·cm(200 mD·m),选用 14% 左右的平均砂比能满足上述导流能力的要求。该砂比在现场施工中可以实现,因此平均砂比的优选结果为 14% 左右。

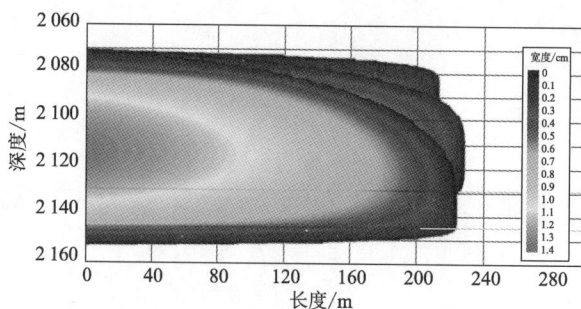

图 3-23　1 200 m³总液量＋60 m³砂量裂缝形态

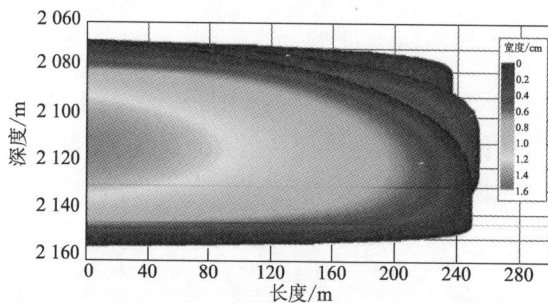

图 3-24　1 400 m³总液量＋70 m³砂量裂缝形态

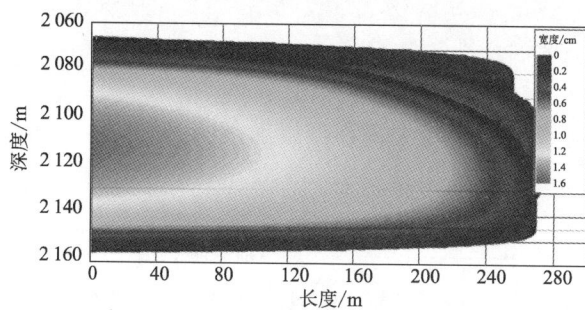

图 3-25　1 600 m³总液量＋80 m³砂量裂缝形态

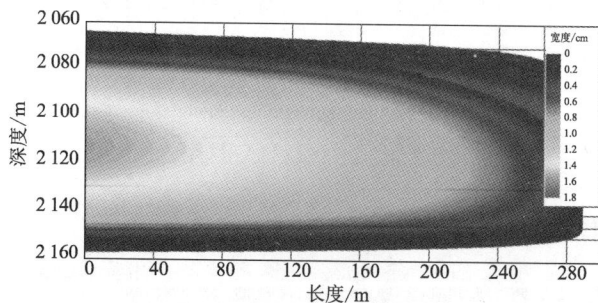

图 3-26　1 800 m³总液量＋90 m³砂量裂缝形态

表 3-4　裂缝参数与平均砂比的关系变化表

序号	平均砂比/%	动态半缝长/m	支撑半缝长/m	平均缝宽/cm	铺置浓度/(kg·m²)	平均导流能力/(mD·m)
1	10.3	154.8	226.5	0.740	1.91	74.6

序号	平均砂比/%	动态半缝长/m	支撑半缝长/m	平均缝宽/cm	铺置浓度/(kg·m²)	平均导流能力/(mD·m)
2	12.5	151.5	231.8	0.785	2.95	119.9
3	14.2	149.2	238.0	0.827	3.69	198.3
4	16.9	146.5	246.5	0.865	4.45	262.3

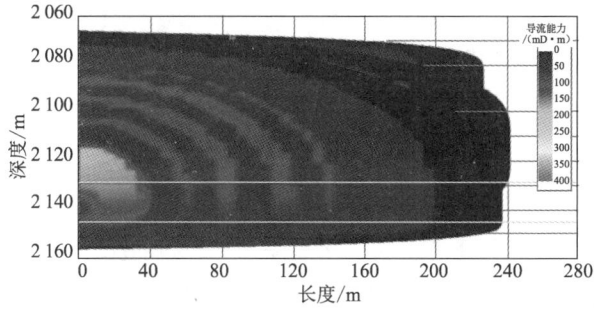

图 3-27　平均砂比 10.3% 导流能力剖面

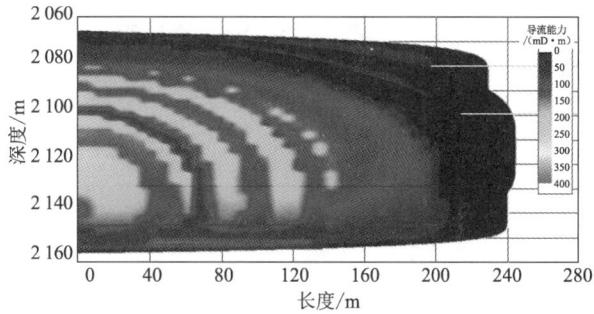

图 3-28　平均砂比 12.5% 导流能力剖面

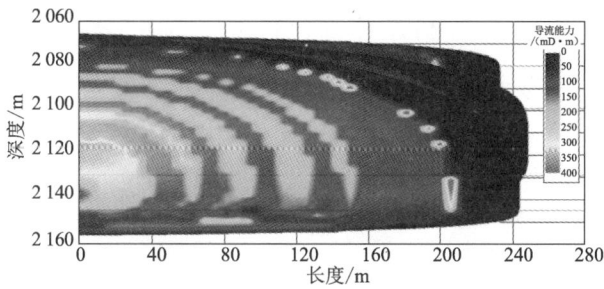

图 3-29　平均砂比 14.2% 导流能力剖面

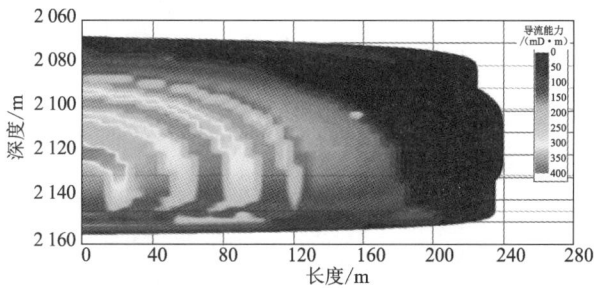

图 3-30　平均砂比 16.9% 导流能力剖面

四、泵注程序优化

采用组合压裂液体系:前面低黏滑溜水提高裂缝复杂度,后面冻胶携高砂比扩展主裂缝,末期采用大粒径支撑剂(30/50 目)保持近井裂缝高导流能力。

前置冻胶和滑溜水造缝加砂阶段加入 2~3 次冻胶液携砂段塞,以提升缝内净压力,拓宽压裂裂缝尺寸,为加砂创造条件。

加砂方式:优化小粒径支撑剂(15~20 m³)使用量,强化远端微裂缝支撑,采用中长段塞加砂模式(50~80 m³),提高加砂强度。

松页油井压裂泵注程序如图 3-31(彩图 3-31)所示。

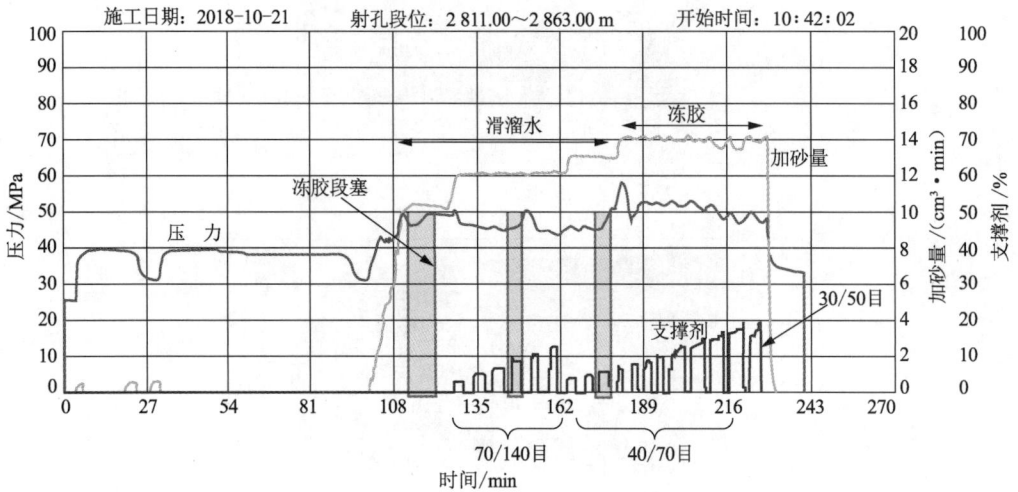

图 3-31　压裂泵注程序示意图

第四章 射孔技术

页岩油气藏水平井射孔方式不同于常规直井射孔。对页岩油气藏来说,因为储层的渗透率极低(渗透率一般都小于 0.001 mD),压裂时需获得更多的裂缝数量,以沟通更大的地层体积,所以页岩水平井射孔常采用簇式射孔方式,即在每一级压裂井段中采用多点射孔的方式,这样有利于产生更多的裂缝,以获得更高的产量。

第一节 "双甜点"优选射孔层段原则

射孔层段的选择是获得压裂增产的首要条件。分段多簇压裂应选择"甜点区"射孔,保证压裂后最大程度地实现各簇裂缝开启及缝网改造,实现改造增产目标。

"甜点区"通常用地质甜点和工程甜点两方面参数来综合表示。对于泥页岩储层射孔层段的确定应遵循以下原则,缺一不可。

一是选定的层段必须具有一定的物质基础,即地质甜点,以有机碳含量、含油量、气测显示、孔隙度、渗透率、天然裂缝、厚度来表示。它是压裂增产的基础。

(1)应选择在有机碳含量较高、含油量相对高的层段射孔。对非常规页岩地层开发来说,有机碳含量是物质基础,决定了一个储层是值得开采还是由于经济效益过低而选择放弃。松辽盆地页岩油勘探实践证实,有机碳含量大于 2%,游离烃大于 2 mg/g。

(2)选择在天然裂缝相对发育的部位射孔。页岩储层天然裂缝的发育程度直接与压后产量相关,储层中的天然裂缝不仅储藏着大量的流体(油),同时也是石油产出的通道。

(3)选择在孔隙度、渗透率高的部位射孔。孔隙度极大地影响着烃类的总含量,直接决定着储层中最终能开采的油气量;渗透率与孔隙度线性相关,决定着油气运移的难易程度。

(4)选择气测显示较高的部位射孔。气测是用一种直接的方法来显示储层中含油气量的多少,气测含油气量较高的部位应是储量、孔隙度、渗透率都较高的部位。

二是选定的层段必须具有一定的可压裂性,即工程甜点,以脆性矿物含量、脆性指数、应力值、天然裂缝来表示。它是体积压裂的工程基础。

(1)选择在脆性矿物含量高或脆性指数高的部位射孔。脆性指数表现岩石发生破裂前瞬态快慢变化(难易)程度,反映储层压裂后形成裂缝的复杂程度。脆性指数高的地层性质硬脆,能够迅速形成复杂的网状裂缝;反之,脆性指数低的地层易形成简单的双翼型裂缝,岩石脆性指数是储层压裂性必不可少的参数。一般脆性指数要大于 30%。

(2)选择在地应力水平低且水平应力差低,并考虑同一段内的应力平衡,射孔簇之间应力差应尽可能小的部位射孔。

三是选定的层段必须具有足够的地层压力,流体流动性好,以压力水平或压力系数的高低来衡量。它是压后生产的能量基础。

四是选定的层段必须具有合格的完井条件。选择固井质量好的部分,避开套管接箍,同时应考虑有利于实现压裂目的,减少施工难度,满足施工要求。

第二节　射孔参数优化

一、分簇限流射孔技术

分簇限流射孔是页岩体积改造技术应用的关键。各射孔簇有效开启是分段多簇射孔压裂追求的目标,选取合理的射孔数与射孔位置是保证压裂效果的关键。分簇限流射孔技术利用有限孔数产生的摩阻来实现对各条裂缝的开启,可以确保直井每个小层和水平井中每簇的有效开启和延伸,从而大幅度提高剖面动用率和改造效果。

受储层应力非均质性影响,分段多簇射孔压裂时同一压裂段内并非所有孔眼都会吸收压裂液,为使射孔簇有效开启并延伸,需要利用射孔摩阻平衡储层应力非均质性影响。

在实施分簇射孔压裂时,如果簇数或孔数设计不合理,可能导致有的簇不能有效开启,或不能有效进液和携砂。在孔数优化中,通过限流原理来实现各簇有效开启和均匀进液,其关键在于保持合适的孔眼摩阻(分簇限流)。

孔眼摩阻计算公式为:

$$p_{perfs} = \frac{22.45Q^2\rho_f}{N_p^2 d_f^4 C_d^2}$$

式中　p_{perfs}——孔眼摩阻,MPa;

　　　Q——施工排量,m^3/min;

　　　ρ_f——液体密度,g/cm^3;

　　　N_p——有效孔眼数;

　　　d_f——孔眼直径,cm;

　　　C_d——孔眼流量系数,一般取0.8~0.9。

压裂施工排量以及孔流量、孔数和孔径等射孔参数直接影响孔眼摩阻的大小,压裂过程中的射孔孔眼摩阻也是影响压裂施工压力的重要因素之一。

二、射孔参数优化

选取合适的孔流量、射孔孔径和孔数等射孔参数是分簇压裂技术成功和获得好的压裂效果的关键。

利用上述公式计算模拟各参数与孔眼摩阻的关系模板,优化射孔参数,计算参数选取为:孔眼流量系数0.8,液体密度1.03 g/cm^3。

(一)孔眼尺寸与单孔流量

分簇限流压裂时,射孔孔眼尺寸决定了孔眼摩阻。选用不同射孔孔径时,模拟计算出单孔流量与孔眼摩阻关系(图4-1)。结果显示,在单孔流量相同时,小直径的孔眼有利于增加孔眼摩阻,提高井底压力。在低孔流量下孔径对孔眼摩阻的影响相对较小,高孔流量下孔眼摩阻增加幅度增大,利于压开全部射孔层。分簇限流压裂为保证最后一簇在开启时其余的已开启簇仍可产生一定孔眼摩阻(2~3 MPa),必须保证一定的孔流量,力图使各射孔簇有效开启。例如,当泥页岩储层压裂选用射孔孔径为 10 mm 时,单孔流量至少要 0.25 m³/min 才能确保孔眼摩阻超过 2 MPa,以保证各簇均匀压开达到改造目的。

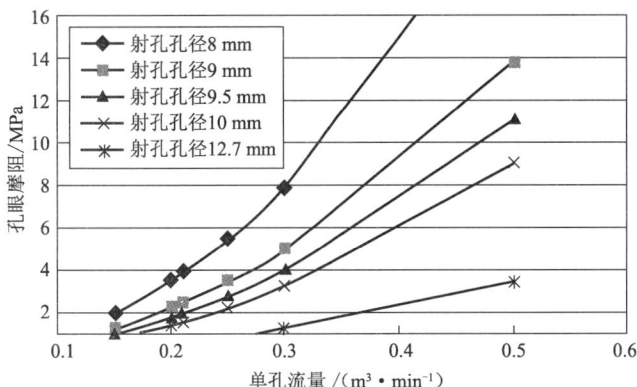

图 4-1 不同射孔孔径下单孔流量与孔眼摩阻关系

(二)总孔数与排量

选用孔眼直径(10 mm)模拟时,不同射孔数与孔眼摩阻的关系表明(表 4-1、图 4-2),当射孔数为 10 孔时,2 m³/min 排量下可产生一定节流摩阻,从而起到限流作用。在目前的分簇射孔中,可以根据总排量不同分簇数来确定总的孔眼数,以保证最后一簇在开启时其余的已开启簇仍可产生一定孔眼摩阻(2~3 MPa),所有的簇开启后总孔眼摩阻基本为 0。模拟结果表明,在高排量(12 m³/min)的体积改造中,总孔数不大于 50 孔是实现各簇能够有效开启的关键。同时在一定总孔数情况下,压裂液排量越高,射孔孔眼的限流作用越好,段内各裂缝发育越均匀。因此,在工程条件允许的情况下,建议尽可能提高压裂液排量以促进压裂段内各裂缝均衡发育。

表 4-1 不同排量下总孔数与孔眼摩阻关系(孔眼直径 10 mm)

总孔数	孔眼摩阻/MPa						
	排量 2 m³/min	排量 5 m³/min	排量 8 m³/min	排量 10 m³/min	排量 12 m³/min	排量 14 m³/min	排量 16 m³/min
10	1.45	9.05	23.18	36.21	52.14	70.97	92.70
20	0.36	2.26	5.79	9.05	13.04	17.74	23.18
30	0.16	1.01	2.58	4.02	5.79	7.89	10.30
40	0.09	0.57	1.45	2.26	3.26	4.44	5.79
50	0.06	0.36	0.93	1.45	2.09	2.84	3.71
60	0.04	0.25	0.64	1.01	1.45	1.97	2.58

Somanchi 等提出的极限限流压裂技术通过更大程度地分簇限流达到多簇同时开启和均匀扩展的目的。这种技术采用的极限限流射孔孔数更少,会导致节流阻力过高(超过 8 MPa),相对于常规限流压裂,极限限流压裂每簇进砂量更加均衡,射孔簇效率提高 33%。同时,可大幅增加井口使用压力,限制排量的提升,在压力低的区块可进行试验应用。

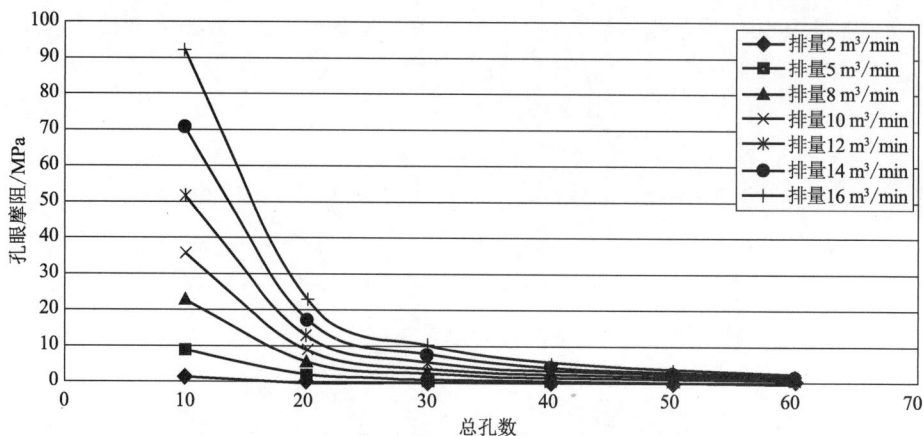

图 4-2　不同排量下总孔数与孔眼摩阻关系图

第三节　桥塞射孔联作技术

一、工艺原理

水力泵送桥塞-射孔联作工艺技术采用水力泵送的方式将多级射孔与桥塞联作工具串推送至井下预定位置，先坐封易钻复合桥塞，封堵下部地层，然后上提射孔工具串，在上部目的层位置进行分级射孔，射孔后起出射孔枪串进行压裂作业。

桥塞-射孔枪泵送示意图如图 4-3 所示，桥塞坐封、封隔及射孔示意图如图 4-4 所示。

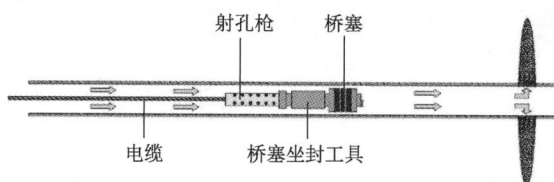

图 4-3　桥塞-射孔枪泵送示意图

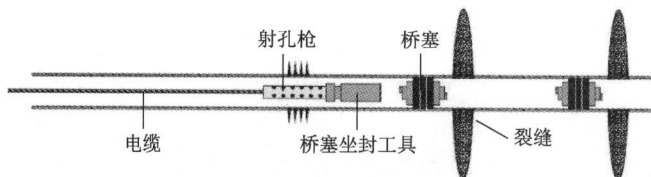

图 4-4　桥塞坐封、封隔及射孔示意图

二、技术特点

水力泵送桥塞-射孔联作工艺技术特点如下：

（1）采用水力泵送电缆输送的方式输送作业工具串，具有起下速度快、效率高的优点，但其也在作业过程井口带压、施工难度相对较大的缺点，需做好完备的密封工作。

（2）一次下井可连续完成桥塞封堵作业和多簇分级射孔,施工效率高。

（3）封堵使用的速钻桥塞采用复合材料制作,易钻磨,易返排,有利于后续作业。

（4）确定起爆位置时,采用电缆跟踪接箍测量的方式校深,作业深度更加准确。

（5）整个施工过程需要射孔队、压裂队、试油队等多方配合,对作业安全程度高,需要各方相互了解、认真沟通并密切配合。

（6）一般整个水平井的施工周期比较长,要求现场配备较多的设备与器材,同时能够保证进行作业工具的维修、保养以及作业人员的后勤保障工作。

三、桥塞分段工具

桥塞技术是实现分段压裂的一项关键技术。近年来在页岩气改造中,采用的压裂封堵桥塞包括易钻复合桥塞、大通径免钻桥塞和可溶桥塞。此三类桥塞均可采用配套的电缆坐封工具或液压坐封工具进行坐封。

（一）易钻复合桥塞

易钻复合桥塞是以硬质复合材料为主而开发的一类低密度、高强度、完全可钻的非金属材料桥塞。它包括常规的铸铁卡瓦复合桥塞和全复合桥塞两类。铸铁卡瓦复合桥塞是卡瓦为铸铁材料,其他为复合材质为主的一类桥塞;全复合桥塞是卡瓦部分采用高强度复合材料和相关硬质卡齿的一类复合桥塞。

目前采用的复合桥塞多数为铸铁卡瓦复合桥塞,主要包括球笼（单向）式、投球式和全封堵式复合桥塞。球笼式复合桥塞采用了内置"单向"金属球,实现"正向"压裂的良好封堵作用,"反向"可返排泄压。投球式复合桥塞在桥塞坐封后,通过井口投入配套的压裂球实现压裂封堵。压裂球包括不可溶的树脂类压裂球和可溶材料类的压裂球,可满足二次或多次泵送,是目前水平井应用最多的复合桥塞。全封堵式复合桥塞是桥塞内液体通道被完全堵住的一类复合桥塞,压裂完成之后全部钻磨掉,进行生产。

作为水平井分段压裂重要的分段工具,复合桥塞的主要技术特点包括:

（1）可钻性好。桥塞主要采用复合材料制成,可采用连续油管进行快速钻除,与普通桥塞相比复合桥塞更易于磨铣,不会在井筒中留下大块碎屑而导致卡钻,小钻压下即可完成钻塞作业。单个桥塞的钻磨时间一般为 $30\sim60$ min。

（2）密封性好、坐封可靠。桥塞密封单元和保护套的弧面结构设计,可增大密封单元的接触面积,提高密封承压能力。卡瓦结构和特殊的齿合机理使桥塞坐封可靠,同时能够防止钻磨桥塞时桥塞打转,实现井内多个桥塞坐封和钻磨。

（3）残留物少,易返排。桥塞坐封后无剪切销钉等遗留,没有铜环或者碳化钨镶齿阻碍磨铣,磨铣后产生的碎屑小,容易循环带出到地面。

（4）可实现迅速返排和投产。桥塞内置液体通道以便液体进出,可实现压后迅速返排和投产（全封堵桥塞除外）。

（5）耐温、耐压性好,适用性强。复合桥塞耐温可达 150 ℃,耐压差 70 MPa/105 MPa,各型复合桥塞适用于 $114.3\sim177.8$ mm 的各类套管井作业。

（二）大通径免钻桥塞

大通径免钻桥塞是采用大通径结构技术与配套可溶球暂时封堵技术的一类桥塞。它具有通径大、免钻的基本特点。桥塞内部具有较大的流通通道,压裂改造时需投入可溶球进行暂时封堵桥塞内通道。该桥塞采用了单卡瓦结构,坐封时在桥塞内部安装通芯式应力丢手工具进行桥塞丢手坐封。

该桥塞与配套可溶球技术在水平井的开发中具有明显的技术优势和特点,主要包括:

(1)采用可溶球技术。桥塞坐封后,投入可溶球进行压裂改造的暂时封堵,可溶球以金属铝、功能合金、强化合金等为原料,与周围介质发生反应并逐步溶解。有效封堵时间长(一般大于 10 h),可溶于清水、盐水(氯化钙、氯化钾)等多种液体。

(2)桥塞内通径大、可免钻。桥塞内通径一般为 55～75 mm,可满足直接完井投产的要求,同时也能满足生产测井的要求。

(3)可钻磨打捞。如果要实现全通径井筒,需要对桥塞进行钻磨并打捞。由于桥塞锁紧装置在上部,可用连续油管带捞矛磨铣掉上部锁紧装置,捞矛即可抓住桥塞,起出剩余部分,节约钻磨周期且井下不会留下残余部件。但是该桥塞如果只靠纯钻磨掉而保持井筒全通径,则难度很大,最好采用钻磨打捞。

(4)提高时效、降低风险、节约成本。压裂完成后可溶球溶解,可直接防喷、排液、求产,免除连续油管钻塞的作业成本和风险,缩短作业周期,单井节约总成本 15%～20%。

(5)耐温、耐压性好,适用性强。可应用于 114.3～177.8 mm 的各型套管内坐封,耐温150 ℃、耐压差 70 MPa。另外,特别适用于不易钻除、钻磨难度大的深井及长水平段井分段。

(三)可溶桥塞

可溶桥塞是采用高强度的可溶材料研制的可在井内逐渐溶解的一类桥塞(包括胶筒、本体等均可溶)。该桥塞可代替常规的压裂桥塞,压裂完成后无需钻塞,可直接投产,另外需要采用配套可溶球进行压裂时桥塞内通道的封堵。

可溶桥塞具有如下特点:

(1)可溶解性强,残留物少。桥塞的本体、胶筒以及压裂球均可溶解,压裂完成后随着时间和温度的共同作用桥塞本体和胶筒自动溶解,一般完全溶解的时间在 30 d 以上。桥塞溶解后残留物少,主要以黏稠状物,部分碎屑颗粒物为主,易于循环或返排出井口。

(2)适用于多种液体体系。可溶于清水、滑溜水、盐水等各种液体,在酸性液中溶解速度加快。如果桥塞管串在井筒内发生遇卡,可向井内注入酸液加快桥塞溶解即可快速解卡。

(3)根据需要可钻磨。可溶桥塞的可钻性强,需要钻磨时可进行快速钻除。

(4)实现井筒全通径。桥塞自动溶解后可以实现压裂与投产的无缝连接。

(5)经济时效性高。无需钻磨,可降低连续油管钻塞的风险和成本,节约完井作业时间。

(6)耐温、耐压性好。最高耐温 150 ℃,耐压差 70 MPa。

根据松辽盆地井况实际情况,压裂施工分段工具选用技术成熟的球笼可钻式桥塞,具体技术参数见表 4-2,结构示意图如图 4-5 所示。

该工具具有以下特点:

(1)下入方式:第 1 段为连续油管输送,水平段依靠水力泵送下放。

(2)耐压 70 MPa。

表 4-2　桥塞作业工具技术参数

名　称	尺　寸			工作压力 /MPa	工作温度 /℃
	长度/m	外径/mm	内径/mm		
球笼可钻式桥塞	0.438	109.2	38	70	149

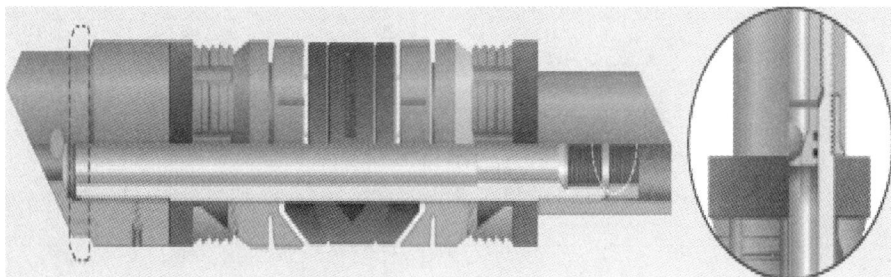

图 4-5　球笼可钻式桥塞结构示意图

四、桥塞射孔联作施工工艺

射孔方式:第 1 段连续油管传输射孔,后续各段采用泵送桥塞＋电缆传输分簇射孔联作工艺。

联作施工中,在垂直段利用射孔枪自身重量下放,在水平段采用泵送方式下放电缆。通过地面泵压推动桥塞管柱下行,下放过程中根据套管短节实时校深,到达预定位置后,在先点火座封桥塞的同时丢手,封隔已压裂段。上提电缆到指定射孔位置,按照每段设计簇数分簇点火射孔,提出电缆后进行压裂。通过上述方式对各段进行施工,施工完成后,进行合层测试。

1. 电缆射孔方案及桥塞坐封位置

桥塞坐封位置及射孔参数根据该井完钻后钻、录、测、固的基础资料进行分析确定。

2. 电缆射孔工具串

射孔枪串结构(自上而下)为:马笼头＋CCL＋多级射孔接头＋射孔枪＋多级射孔接头＋射孔枪＋多级射孔接头＋桥塞坐封工具＋桥塞。

射孔枪技术参数见表 4-3,电缆射孔与下桥塞井下工具串总成如图 4-6 所示。

加重杆数量根据工具方提供的加重杆重量而定,原则为电缆射孔与下桥塞井下工具串总成的重力大于上顶力。CCL 下面的加重杆和桥塞座封工具上的加重杆数量应均匀分布。

表 4-3　射孔枪技术参数(3 簇)

工具名称	外径/mm	长度/m	质量/kg
磁定位	73.00	1.35	26.90
安全防爆装置	89.00	0.35	8.55
转换接头	89.00	0.09	5.40
加重枪	89.00	1.64	75.00
容线仓	89.00	0.16	4.00

工具名称	外径/mm	长度/m	质量/kg
3 号枪	89.00	1.35	30.30
3 号多级装置	89.00	0.32	15.35
2 号枪	89.00	1.35	30.30
2 号多级装置	89.00	0.32	15.35
1 号枪	89.00	1.45	31.30
1 号多级装置	89.00	0.32	15.35
桥塞点火头	89.00	0.35	15.00
桥塞座封工具	97.00	1.90	68.35
桥塞座封推筒	105.00	0.56	16.80
桥　塞	109.2	0.438	2.63
工具串总长度或总质量	—	11.948	360.58
3 簇桥塞射孔联作工具串带加重(预计)			

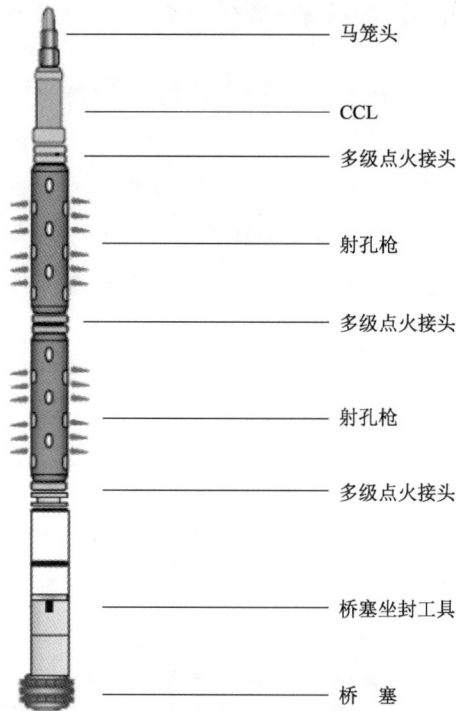

图 4-6　电缆射孔与下桥塞井下工具串总成(以 2 簇射孔枪为例)

第五章　压裂液设计

压裂液是压裂施工的关键性环节之一,素有压裂"血液"之称。它的性能除直接影响水力压裂施工的成功率外,还会对压后油气层改造效果产生很大的影响。压裂液在施工时应具有良好热稳定性和流变性能,较低的摩阻压降,优秀的支撑剂输送和悬浮能力,而在施工结束后又能够快速彻底地破胶返排,残渣低,并且进入地层的滤失液与油气层配伍性好,对储层造成的潜在性伤害应最小,从而获得较理想的施工效果。压裂液设计应从对储层造成的潜在性伤害尽可能低、压裂液的综合性能满足压裂工艺的要求两方面着手,设计出高效、低伤害、适合储层特征的优质压裂液体系。

第一节　压裂液伤害机理

在水力压裂过程中,压裂液侵入储层会改变储层原有的平衡条件,对储层造成伤害,导致储层渗透率下降。对于低孔低渗的页岩油储层,在充分研究和分析压裂液对储层伤害机理的基础上,优选压裂液体系和添加剂,将压裂液对储层的伤害降到最低显得尤为重要。

压裂液对储层造成的伤害有两种形式,即裂缝穿透地层的伤害(地层基质伤害)和裂缝本身内部的伤害(支撑裂缝伤害)。对于低渗透油藏,这两种伤害对油藏渗透率的影响是不同的,压裂改造之后,随着油藏渗透率的增加,支撑裂缝伤害逐渐变成主要伤害因素,但是地层基质伤害也不能忽视。这两类伤害可以通过压裂液和支撑剂的优化降低到最低程度。

一、地层基质伤害

（一）压裂液在地层中滞留产生液堵

在压裂施工中,压裂液沿缝壁渗滤入地层,改变地层中原始油水饱和度分布,使水的饱和度增加,并产生两相流动,流动阻力加大。毛细管力作用致使压裂后返排困难和流体流动阻力增加。如果地层压力不能克服升高的毛细管力,水被束缚在地层中,则出现严重和持久的水锁。水锁效应是油气开发过程中钻完井液、压裂液等外来流体入侵储存后,造成近井地带渗透率降低的现象。页岩油藏作为低孔、特低渗的非常规油气层,一旦有流体在井壁周围形成了阻止流体进入井筒的液体屏障,减小或封闭了储层流体向井筒渗流的通道,就会造成不可逆的储层伤害,从而使油井产量降低,甚至失去经济开发价值。水锁效应产生的本质是毛细管力产生的附加表皮压降所致,尤其是对层理裂缝发育的页岩储层,当两相流体处于储层裂缝间时,此时的毛细管力与裂缝宽度成反比,既裂缝宽度越小,毛细管力越大,发生水锁的可能性越大。

压裂液滞留的地层保护措施有:

(1) 降低压裂流体的表面张力;

（2）注入二氧化碳或氮气帮助排液；

（3）改善压裂液破胶性能，减少压裂液在地层中流动的黏滞阻力，加快压裂液在地层中破胶；

（4）强制排液，减少压裂液在地层的滞留时间。

（二）地层黏土矿物水化膨胀和分散运移产生的伤害

黏土矿物与水基压裂液接触会产生膨胀，使流动孔隙减小；松散黏附于孔道壁面的黏土颗粒与压裂液接触时会分散、剥落，随压裂液滤入地层或沿裂缝运动，在孔喉处被卡住，形成桥堵，降低渗透率，从而引起伤害。

由于黏土颗粒的迁移，它们可能架桥在狭窄的孔隙喉道上，严重降低渗透率。黏土膨胀和颗粒迁移而使地层伤害的敏感性取决于如下特征：

（1）黏土含量；

（2）黏土类型；

（3）孔隙尺寸和粒度分布；

（4）胶结物质。

使用黏土稳定剂可以抑制黏土膨胀、分散和运移，降低伤害。常用的黏土稳定剂有无机盐类黏土稳定剂、阳离子表面活性剂类黏土稳定剂、有机聚合物类黏土稳定剂等。

最常用的无机盐类黏土稳定剂是 KCl，因 K^+ 离子的直径为 2.66 Å（1 Å＝1×10^{-10} m），与蒙脱石层间六角环网格的直径（2.5 Å）相接近，K^+ 离子可以嵌入其中，使蒙脱石层间因电荷引力作用晶格膨胀受到抑制。这对蒙脱石含量较高的地层是一种较好的无机盐类黏土稳定剂，但 KCl 几乎起不到抑制颗粒运移的作用。

阳离子表面活性剂在水中可以解离出阳离子，这些阳离子在黏土表面吸附，中和电性，抑制黏土的水化膨胀，并主要通过阳离子在黏土表面的吸附使黏土颗粒表面产生水湿到油湿的润湿反转。由于水不再润湿黏土，水分子不易进入晶层之间，所以水化膨胀和分散受到抑制。黏土表面带负电，阳离子活性剂在黏土上的吸附能力很强，其他离子很难与之发生交换，对黏土的稳定有良好的持久性。

当储层中高岭石含量较高时，在地层保护方面应主要以抑制黏土运移为主，因此应采用有机黏土稳定剂。在压裂液中使用最多、效果最好的是阳离子聚合物，如聚季胺盐、聚季磷酸盐、聚季硫酸盐。此类聚合物分子链上众多的季胺、季磷、季硫的阳离子与黏土表面产生强烈的吸附，同时聚合物链束对黏土有覆盖和包被作用。由于阳离子聚合物在黏土表面吸附作用非常强而成为不可逆，具有长效性，同时也不存在润湿反转问题，所以是压裂液中较为广泛采用的黏土稳定剂类型。但是，由于阳离子聚合物分子链较长，吸附于黏土表面可能会产生孔隙喉道堵塞，因而对特低渗透率的地层，应慎用此类型的黏土稳定剂。

（三）压裂液与原油乳化造成的地层伤害

用水基压裂液压裂时，压裂液的流动具有搅拌作用，原油中有天然乳化剂如胶质、沥青和蜡等，当油水在地层孔隙中流动时就形成了油水乳化液。原油中的天然乳化剂附着在水滴上而形成保护膜，使乳化液具有较高的稳定性。乳状液的黏度能从几毫帕秒到几千毫帕秒不等，如果在井眼附近产生乳化，就可能出现严重的生产堵塞。

如果不能有效地预防或者消除压裂施工过程中形成乳状液，势必会给施工后的返排带来很大的困难,导致压裂液长时间滞留在地层,对地层造成严重伤害,影响压裂改造效果。在压裂施工结束开始返排液体时要求地层液体不能以乳状液的形式存在,这就需要在压裂液中添加防乳化剂。加入的防乳化剂能强烈地吸附于油水界面,顶替原来牢固的保护膜并使界面膜强度大大降低,保护作用削弱,有利于破乳;另外,还要使用优质压裂液,彻底破胶,减少压裂液残渣,降低破胶液黏度以及防止地层"微粒"生成,消除油水界面稳定因素。

(四)润湿性发生反转造成的伤害

当岩石表面存在两种不相混流体时,其中某种流体有沿固体表面延展或吸附到固体表面的倾向性,此时称岩石能被该种流体所润湿。如果水能沿着岩石表面延展,说明岩石具有亲水性,或称被水润湿。岩石的润湿性既取决于岩石的矿物组成,又与原油中所含极性物质的成分多少有关。岩石的润湿性实际是岩石与流体相互作用的结果。

如果表面活性剂使用不当,使润湿性发生反转,即将亲水性转为亲油性,则油相渗透率将大大降低。正常是水润湿的地层变成油润湿后,一般会降低油相渗透率40%,因此要根据储集层的性质正确使用表面活性剂,对所用表面活性剂的性质和数量、对岩石润湿性的影响等进行判断和分析。

(五)压裂液对储集层的冷却效应造成储集层伤害

压裂液进入储集层,会使储集层温度降低,从而使原油中的蜡、胶质及沥青质等析出,造成储集层伤害。此伤害取决于储集层原油的性质、储集层原始温度、储集层降温幅度及储集层渗透率等因素。原油含蜡量高,降温幅度大,储集层渗透率低和储集层原始温度低的油层,"冷却效应"引起的储层伤害就大。Suttin 等认为,当油层原始温度低于 80 ℃(一般石蜡溶点)时,如果压裂后关井时间小于 8 h,冷却效应将造成严重的伤害;当储集层温度高于 80 ℃时,一般不会造成永久性的储集层伤害。

二、支撑裂缝伤害

(一)压裂液残渣对支撑裂缝的伤害

压裂液残渣主要是压裂液基液或稠化剂的不溶物、降滤剂或支撑剂中的微粒、压裂液对地层岩石浸泡而脱落下来的微粒,以及化学反应沉淀物等固相颗粒。一方面,压裂液残渣形成滤饼后可阻止滤液侵入地层更远处,提高压裂液效率,减少对地层的伤害;另一方面,压裂液残渣又会堵塞地层及裂缝内孔隙和喉道,增强乳化液的界面膜厚度而难以破乳,降低地层和裂缝渗透率。压裂液残渣对地层的污染与残渣含量、粒径大小及分布规律有关,与地层岩石和裂缝孔隙参数共同决定其污染程度。压裂液对低渗透储层基质的伤害主要由滤液引起。

配制压裂液时应加强质量控制,优先选用低水不溶物稠化剂和易降解破胶的交联剂,尽可能使用大粒径支撑剂等以减小固相造成的污染。

(二)压裂液滤饼和浓缩对支撑裂缝的伤害

压裂液的不断滤失和裂缝闭合导致交联聚合物在支撑裂缝内的浓度提高(即浓缩)。支撑剂铺置浓度对压裂液浓缩因子影响较大。随着铺砂浓度降低,压裂液浓缩因子提高,此时不可能用常规破胶剂用量实现高浓缩压裂液的彻底破胶,形成大量残胶而严重影响支撑裂缝导流能力。

提高破胶剂用量有利于减轻压裂液浓缩引起的地层污染,但将严重影响压裂液流变性,甚至失去压裂液造缝携砂功能。胶囊破胶剂可解决此问题,或者在压裂施工结束后以小排量挤入滤饼溶解剂。

第二节　储层对压裂液性能要求

不同储层特征和不同压裂工艺目的对压裂液的性能要求亦不相同,总体而言,所选用压裂液应对储层的伤害最小。

一、黏土矿物类型及含量分析

对青山口组岩芯样品进行自然伽马能谱分析黏度矿物成分,结果表明这两口井黏土矿物含量偏多,绝对总量在40%～50%,平均值为42%。松页油1井的黏土矿物以伊利石为主,占70%～80%,其余为绿泥石与伊/蒙混层(均小于20%)以及少量的绿/蒙混层。松页油2井的黏土矿物以伊利石为主,占40%～80%,其余为绿泥石与伊/蒙混层(均小于20%)以及不足10%的绿/蒙混层。

伊利石主要呈丝发状、针叶状、不规则片状及絮状等产状吸附于颗粒表面或填充于颗粒之间,部分伊利石在孔隙内形成黏土搭桥结构(图5-1a,b)。其中,针叶状、不规则片状及絮状伊利石在孔隙中交替分布,把原始孔隙分割成大量细微孔隙,从而增加孔喉迁曲度,极大降低储层渗透率;丝发状伊利石在外来流体的冲击作用下容易被冲断带走,堵塞孔隙和喉道,降低渗透率,是速敏性的重要因素。此外,伊利石遇到低矿化度流体也会发生一定程度的水化膨胀,缩小或堵塞孔喉,导致储层发生水敏、盐敏伤害。

绿泥石主要呈针叶状填充在孔隙或贴附于颗粒表面(图5-1c),部分呈绒球状存在,在孔隙中的胶结方式有孔隙衬垫、孔隙充填,并且多见石英、伊利石和绿泥石共生。针叶状绿泥石多呈孔隙衬垫胶结贴附于颗粒表面,少量充填于粒间空岛,而绒球状绿泥石只在颗粒表面有少量发现。绿泥石可由黑云母、角闪石、蒙脱石等矿物转化而来,自生绿泥石一般富含高价铁离子,与碱性物质接触后易产生氢氧化铁胶体沉淀,导致储层渗透率下降,是储层碱敏因素之一。

伊/蒙混层是最常见的黏土矿物混合类型,它是蒙脱石向伊利石过渡的产物,兼具蒙脱石和伊利石的储层特点,多呈棉絮状、蜂窝状、半蜂窝状等产状并充填于孔隙或附着于粒表(图5-1d,e),吸水性较强,从而导致黏土矿物水化膨胀,堵塞孔喉,降低储层渗透率,是储层水敏性影响因素之一。

由上述分析可知,松辽盆地北部青山口组青一段页岩油储层黏土矿物含量偏高,黏土矿物水化膨胀对储层的伤害是储层伤害的主要因素。依据黏土矿物组分分析,储层有碱敏倾向,应优选合适的压裂液体系,将压裂液对储层的伤害降至最低。

二、储层敏感性实验分析

速敏、水敏、酸敏、碱敏和盐敏称为"五敏"。通过实验评价五种不同状态对储层的伤害程度,以为确定压裂液类型进一步指明方向。

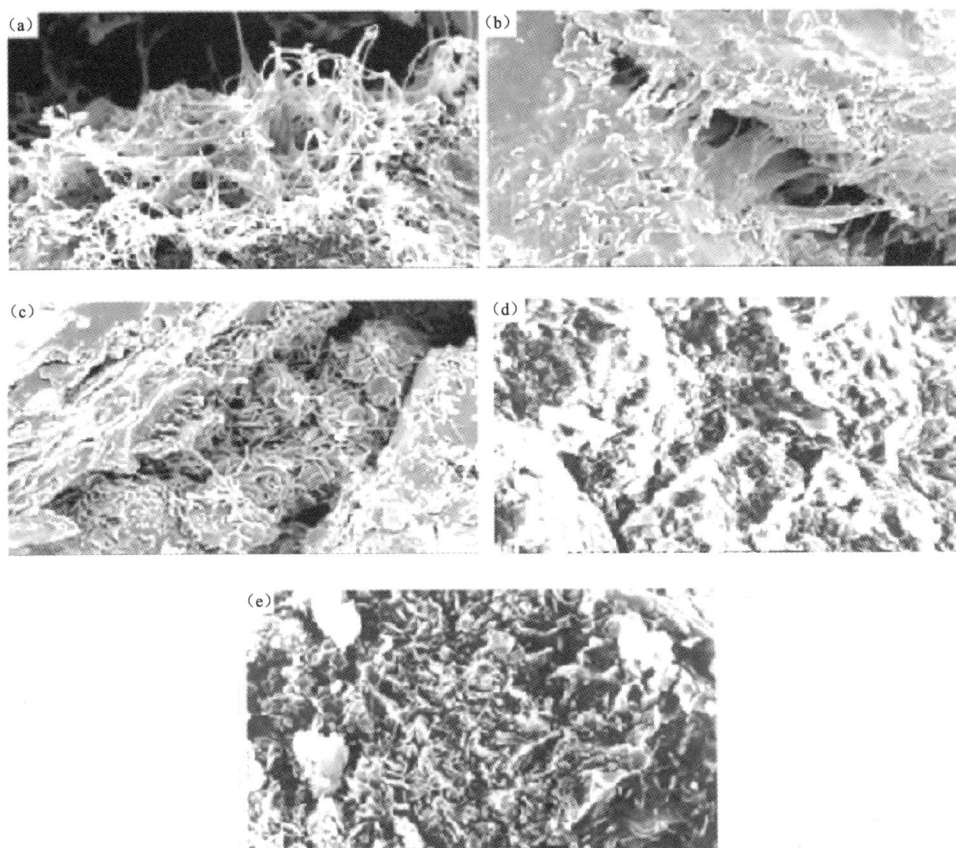

图 5-1　松页油 1 井青山口组油层黏土矿物扫描电镜特征

（一）速敏性评价

在地层中不同程度地存在着非常细小的微粒,这些微粒未被岩石中的天然胶结物牢牢胶结在固定的位置,有时甚至以松散的颗粒形式处于孔壁或基岩颗粒内。它们可以随着流体在孔隙中运移,并在孔隙窄(喉道)处堆积,从而造成堵塞,使地层渗透性降低。大量实验证明,微粒运移程度随岩石中流体流动速度的增加而增加,但不同岩石中的微粒对速度增加的反应不同,有的反应甚微,我们称此岩石对速度不敏感。反之,有的岩石当流体流速增大时表现出渗透率明显下降。在速敏实验中,引起渗透率明显下降时流体流动速度称为该岩石的临界速度。此临界速度可为下一步开展水敏、碱敏和酸敏实验以及其他各种伤害评价实验提供合理的实验流速参考。

实验方法:以不同的注入速度向岩芯中注入实验液体,并测定各注入速度下岩芯的渗透率,从注入速度与渗透率的变化关系上判断岩芯对流速的敏感性。因泥页岩岩样渗透性太小,无法直接驱替,故采用人造裂缝技术增加渗透能力,岩样的气测渗透率在 0.08～0.1 mD。

实验条件:岩芯为黑色油迹泥岩,孔隙度为 1.9%,气测渗透率为 0.09 mD,注入水矿化度为 6 000 mg/L。

速敏实验数据见表 5-1,速敏实验曲线如图 5-2 所示,可知速敏指数为 46%,速敏程度为中等偏弱。

表 5-1　速敏实验数据

驱替速度/(mL·min⁻¹)	渗透率/mD
0.05	0.011
0.1	0.012
0.25	0.013
0.5	0.014
0.75	0.015
1	0.016
1.5	0.017
2	0.018
3	0.019
4	0.02

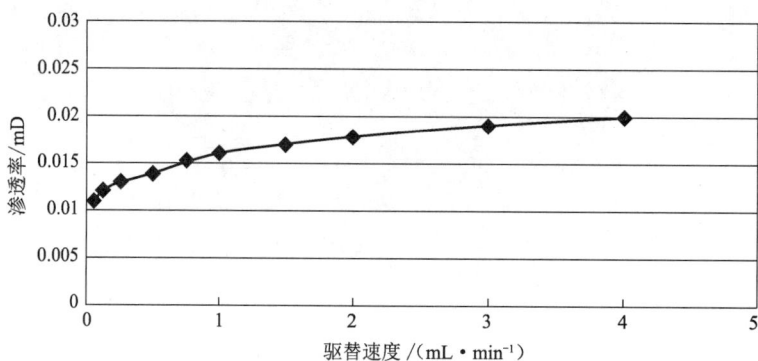

图 5-2　速敏实验曲线

（二）水敏性评价

在地层被压开之前,黏土矿物与地层水达到膨胀平衡,当盐水的化学成分改变或矿化度改变时可能破坏这种平衡而引起黏土膨胀。水敏性是当与地层不配伍的外来流体进入地层后引起黏土膨胀、分散和运移,从而导致渗透率不同程度降低的现象。水敏性评价实验的目的是了解这一膨胀、分散、运移的过程及最终使储层渗透率下降的程度。其结果还可以为盐敏性评价实验选定盐度范围提供参考依据。

实验方法:先用地层水(或模拟地层水、标准盐水)流过岩芯,再用矿化度为地层水 1/2 的盐水(称次地层水或次标准盐水)流过岩芯,最后用去离子水(或蒸馏水)流过岩芯,测定三种不同水对岩石渗透率的定量影响,并由此分析岩芯的水敏程度。

实验条件:岩芯为黑色泥岩,孔隙度为 1.86%,气测渗透率为 0.09 mD,注入的标准盐水矿化度为 6 000 mg/L。

水敏实验结果如图 5-3 所示,可知出水敏指数为 43.5%,水敏程度为中等偏弱。

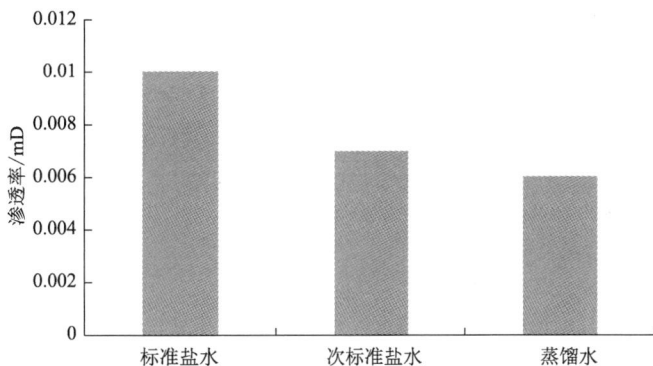

图 5-3　水敏实验结果

（三）碱敏性评价

碱敏评价实验地层水一般呈中性或弱碱性。高 pH 值流体进入储层会造成油气层中黏土矿物和硅质胶结物的结构破坏，释放微粒堵塞油层，新的硅酸盐沉淀和硅凝胶体生成，导致油气层渗透率下降，这种现象称为油气层的碱敏感性。碱敏评价实验的目的是确定临界 pH 值以及由碱敏引起油气层伤害的程度。

实验方法：通过往入不同 pH 值的地层水并测试其渗透率，根据岩芯的变化来评价碱敏伤害程度，并找出临界 pH 值。

实验条件：岩芯为黑色泥岩，孔隙度为 1.52%，气测渗透率为 0.10 mD。

碱敏实验结果如图 5-4 所示，可知碱敏指数为 68.5%，碱敏程度为强，临界 pH 为 9。

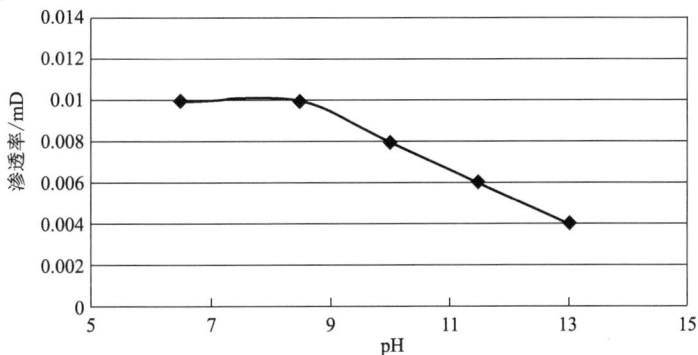

图 5-4　碱敏实验结果

（四）酸敏性评价

若酸化中使用的酸液与油气层不配伍，则会与油气层中的某些矿物、流体反应生成沉淀物或释收出微粒，对孔喉造成堵塞，使酸化达不到预期效果，甚至使油气层渗透率下降。酸敏感性包括对盐酸和土酸的敏感性。

实验方法：测定注酸前、后岩芯渗透率的变化，根据渗透率的变化来评价酸敏伤害程度。

实验条件：岩芯为黑色泥岩，孔隙度为 1.62%，气测渗透率为 0.09 mD。

酸敏实验结果如图 5-5 所示，可知酸敏指数为 17.6%，酸敏程度为弱。

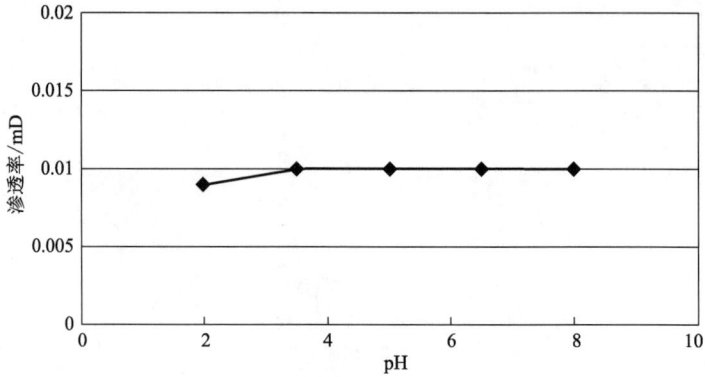

图 5-5　酸敏实验结果

（五）盐敏性评价

盐敏性评价是了解地层岩样在地层水或现场用盐水的盐度不断下降的条件下渗透率变化的过程，从而找出渗透率明显下降的临界浓度。

实验方法：按自行制定的矿化度等级配制不同矿化度的盐水，由高矿化度到低矿化度的顺序将其注入岩芯，并依次测定不同矿化度盐水通过时的渗透率值。

实验条件：岩芯为黑色泥岩，孔隙度为 2.2%，气测渗透率为 0.11 mD。

盐敏实验结果如图 5-6 所示，可知盐敏指数为 38.5%，盐敏程度为中等偏弱，临界盐度为 2 000 mg/L。

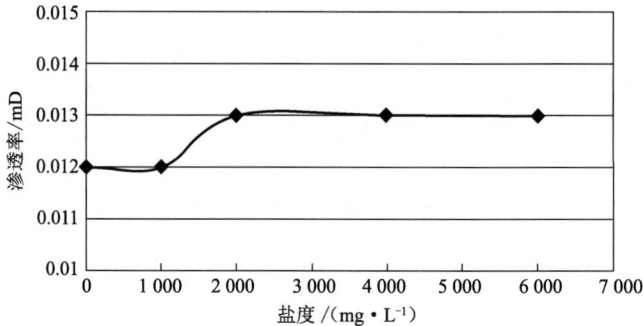

图 5-6　盐敏实验结果

综合五敏实验结果（表 5-2），表明：松辽盆地北部青山口组青一段页岩油储层岩芯水敏、速敏、盐敏为中等偏弱，酸敏为弱，碱敏为强。

表 5-2　页岩油储层岩芯五敏实验结果

项　目	检测结果	结　论
水　敏	水敏指数为 43.5%	中等偏弱
速　敏	速敏指数为 46%	中等偏弱
盐　敏	盐敏指数 38.5%	中等偏弱
酸　敏	酸敏指数 17.6%	弱
碱　敏	碱敏指数为 68.5%	强

（六）岩芯膨胀实验

将松页油 1 井目的层岩芯进行研磨并过 70/140 目筛子,分别称取 1 g 并加入盛有常规碱性压裂液、酸性压裂液、滑溜水以及煤油的防膨管中,静置 6 h 后观察岩芯粉末的体积,如图 5-7(彩图 5-7)所示。

从表 5-3 可以看出,储层在碱性压裂液中浸泡后,岩芯体积从 1.3 mL 增加到 2.5 mL,膨胀增加了约 92%,具有强碱敏特性。

由岩芯五敏和膨胀实验可以看出,该泥页岩储层为碱敏地层。

图 5-7 岩芯膨胀实验(从左到右依次为煤油、碱性压裂液、酸性压裂液、滑溜水)

表 5-3 岩芯膨胀实验对比

液体类型	常规碱性压裂液(pH=12)	酸性压裂液(pH=5)	滑溜水(pH=7)
煤油中岩芯体积/mL	1.3	1.3	1.3
膨胀后体积/mL	2.5	1.5	1.5
膨胀体积/mL	1.2	0.2	0.2

第三节 压裂液综合性能及评价

压裂液性能关系到压裂施工的成败及作业效果的好坏。压裂液性能测试和评价可为配制和选用压裂液提供依据,为压裂设计提供参数。

一、压裂液滤失性能测定

压裂液向油层内的渗滤性决定了压裂液的压裂效率。压裂液的压裂效率和在裂缝内的漏失量用滤失系数来衡量。压裂液滤失系数与液体特性、油层岩性及油层所含流体的特性有关。压裂液滤失系数越低,说明在压裂过程中其滤失量也越低,因此在同一排量条件下可以压出较大的裂缝面积,并将滤失伤害降到最低。

（一）受黏度控制的压裂液滤失系数

这种压裂液的滤失量主要受黏度制约,其黏度大大超过油层内原有流体的黏度,因而在一定压力梯度下,它在地层内的流动性比层内原有流体小得多,渗滤量也少得多。

$$C_v = 0.171 \left(\frac{K \Delta p \phi}{\mu} \right)^{1/2}$$

$$\Delta p = g_f H - p_0$$

式中　C_v——受黏度控制的压裂液滤失系数，$\mathrm{m}/\sqrt{\min}$；

　　　K——油层渗透率，$\mu \mathrm{m}^2$；

　　　Δp——裂缝面压差，MPa；

　　　ϕ——油层孔隙度，%；

　　　μ——油层条件下压裂液黏度，mPa·s；

　　　g_f——破裂压力梯度，MPa/m；

　　　H——油层深度，m；

　　　p_0——油层压力，MPa。

受黏度控制的压裂液滤失系数的压裂液在油层内的滤失取决于油层孔隙度、渗透率、裂缝面所承受的压差和压裂液在油层条件下的黏度。

（二）受油层流体压缩性控制的压裂液滤失系数

受油层流体压缩性控制的滤失系数的压裂液具有低黏度，它接近或基本接近油层流体的物理特性。采用本油层油或水而不混掺添加剂的压裂液都属于这一类。这种压裂液存在漏失量较大的缺点，常可因其与油层流体物性相近而得到补偿。这时它的滤失受其压缩性和油层本身流体黏度所控制。当油层内饱和某流体时，如不受压缩，就不能再容纳多余的同类流体，因而虽压裂液黏度较低，但其滤失量也是有限的。这种压裂液适用于接近饱和压力下采油的油井。

$$C_c = 5.262\ 7 \times 10^{-3} \Delta p \left(\frac{K C_f \phi}{\mu} \right)^{1/2}$$

式中　C_c——受油层流体压缩性控制的压裂液滤失系数，$\mathrm{m}/\sqrt{\min}$；

　　　C_f——油层流体压缩系数，MPa^{-1}。

（三）受造壁性能控制的压裂液滤失系数

这种压裂液内由于添加了降滤失剂，压裂时在裂缝面上可形成暂时滤饼，能防止压裂液继续渗滤。由于滤饼渗透率低，通过滤饼即产生压降，因而根据达西定律可以求出通过滤饼进入油层的液体滤失量。

$$C_w = 0.005 \frac{M}{A}$$

式中　C_w——受造壁性能控制的压裂液滤失系数，$\mathrm{m}/\sqrt{\min}$；

　　　M——滤失曲线斜率；

　　　A——滤失面积，cm^2。

（四）滤失性的测定与计算

1. 岩芯滤失性测定

根据岩芯渗透率大小，选定挤入压差，一般用 5.5 MPa 压差将压裂液挤过岩芯，记录挤入时间为 1 min，4 min，9 min，16 min，25 min 和 36 min 时通过岩芯的滤失量 Q。

2. 滤纸滤失性测定

在滤失测定仪上用 35 MPa 压差将压裂液挤过滤纸，记录挤入时间为 1 min，4 min，9 min，16 min，25 min 和 36 min 时通过滤纸的滤失量 Q。

3. 滤失性计算

以压裂液在岩芯或滤纸上测得的滤失量 Q 为纵坐标,以时间的平方根为横坐标,在直角坐标上作 $Q-\sqrt{t}$ 关系曲线。

(1)过滤黏度 μ 与黏度滤失系数 C_v。

如果绘制的 $Q-\sqrt{t}$ 关系曲线是一条过原点的直线,则可用下式计算过滤黏度:

$$\mu = \frac{10K_1 A \Delta p}{QL}$$

式中 μ——过滤黏度,mPa·s;

K_1——岩芯渗透率,μm^2;

Δp——岩芯进出口间的压差,MPa;

Q——通过岩芯的压裂液滤液体积流量,mL/s;

L——岩芯轴向长度,cm;

A——岩芯横截面积,cm^2。

得到过滤黏度 μ,可计算出受黏度控制的压裂液滤失系数 C_v。

(2)滤失曲线斜率 M、受造壁性能控制的压裂液滤失系数 C_w、滤失速度 v_c 和初滤失量 V_{sp}。

如果绘制的图是一条不过原点的近似直线,设该线的斜率为 M,截距为 h(图 5-8)。用斜率 M 可计算出受造壁性能控制的压裂液滤失系数 C_w,用 C_w 及时间 t 的平方根可计算滤失速度 v_c:

$$v_c = \frac{C_w}{\sqrt{t}}$$

用截距 h 及滤失面积 A 可计算出初滤失量 V_{sp}:

$$V_{sp} = \frac{h}{A}$$

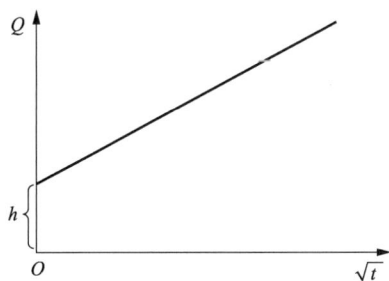

图 5-8 滤失量与时间平方根关系

(3)综合滤失系数。

压裂液的综合滤失系数 C 可用下式求出:

$$C = \frac{1}{C_v} + \frac{1}{C_c} + \frac{1}{C_w}$$

式中的 C_v,C_c,C_w 也常分别用 C_1,C_2,C_3 表示。

二、压裂液对基质渗透率的伤害

在压裂改造油气层的同时,压裂液也可能会造成油气层渗透率的伤害。以单一压裂液添加剂或整体压裂液通过岩芯前后的渗透率变化来评价添加剂保护油层的效果及压裂液对油层的伤害程度,用来指导压裂液的配制和选择。

（一）岩芯渗透率的测定

按照相关标准准备好岩芯。首先在岩芯气体渗透率测定仪上测试岩芯的气体渗透率,作为岩芯渗透率的定性参数。之后测定和计算孔隙体积和孔隙度,最后测定和计算岩芯渗透率。

将岩芯用 10 倍于孔隙体积的盐水进一步饱和。参照岩芯气体渗透率的大小选定实验压差,将煤油挤入岩芯。驱替岩芯孔隙中的盐水。待盐水驱替完毕,煤油流量稳定后,准确测定煤油流量。岩芯渗透率为:

$$K_{油} = \frac{10^{-1} Q \mu L}{A \Delta p}$$

式中　$K_{油}$——煤油通过岩芯的渗透率,μm^2;

　　　Q——煤油的体积流量,mL/s;

　　　μ——煤油黏度,mPa·s;

　　　L——岩芯轴向长度,cm;

　　　A——岩芯横截面积,cm^2;

　　　Δp——岩芯进出口间的压差,MPa。

（二）压裂液对岩芯伤害的测定及计算

在模拟地层的条件下,将压裂液从与进盐水和煤油相反的方向挤入岩芯。挤入压差视岩芯渗透率及压裂液黏稠状态而定,一般在 5.5 MPa 上下调整。在油层温度下恒温,使压裂液与岩芯作用,并破胶水化。

按前述测定和计算岩芯渗透率方法再次测定通过压裂液后的岩芯渗透率。

$$K'_{油} = \frac{10^{-1} Q \mu L}{A \Delta p}$$

式中　$K'_{油}$——煤油通过被压裂液作用后的岩芯渗透率,μm^2。

压裂液对岩芯渗透率的伤害率为:

$$\eta_d = \frac{K_{油} - K'_{油}}{K_{油}} \times 100\%$$

式中　η_d——渗透率伤害率,%。

（三）压裂液的流变性

1. 基液黏度

压裂液基液指准备增稠或交联的液体。压裂液基液包括各种高分子稠化水溶液、矿物油或成品油。基液黏度代表基液的品质和稠化剂溶解速度,可作为稠化液配制或进一步增稠的依据。

基液一般属于牛顿流体或黏塑性非牛顿流体。对于黏性基液,可用各种黏度计在任何剪切速率下测定出在给定温度下的黏度 η。对于用稠化剂增稠的基液,可用各种黏度计在 $170\ s^{-1}$ 下测定并绘出给定温度下的稠化剂溶解增稠曲线,如图 5-9 所示。由图可以给出稠化剂充分溶解的时间 t' 和稠化液的表观黏度 η_a。

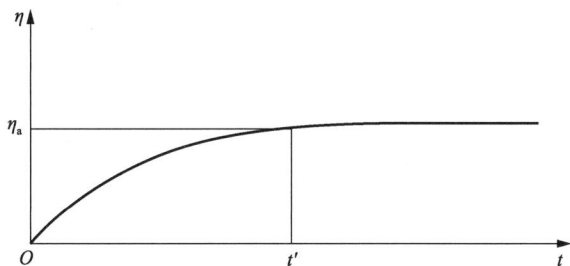

图 5-9 增稠剂溶解时间与黏度关系示意曲线

2. 压裂液初始黏度

初始黏度是基液开始进一步增稠或交联 15 s 至 2 min 内的黏度变化范围。它代表压裂液在混砂罐内的携砂黏度,也反映压裂液延缓交联或增稠的性能。

初始黏度和交联的压裂液流动特性是变化的,但基本上属于黏塑性非牛顿流体。可利用各种黏度计测定出在地面温度下 $170\ s^{-1}$ 时的表观黏度值,压裂液初始黏度一般控制在 $100\sim200\ mPa\cdot s$。

3. 压裂液的流变性

压裂液指已充分增稠或交联的用以携砂的液体,其试样不含支撑剂。

压裂液的品种繁多,流变性各异。一般情况下,水基和油基高分子增稠性压裂液属于黏塑性非牛顿流体,并且具有"抗剪切"的触变特性和较好的黏弹性,一般均以测定其黏流性质为主。而水基和油基冻胶压裂液则属于黏弹性非牛顿流体,同时具有黏性和弹性,并表现出程度不同的"不抗剪切"的触变特性,需进行黏流性和黏弹性的测定。

(1)用黏度计测定压裂液室温至油层温度下的流动曲线,如图 5-10 所示。用该图可以计算得出压裂液在不同温度下的稠度系数 K' 和流态指数 n'。

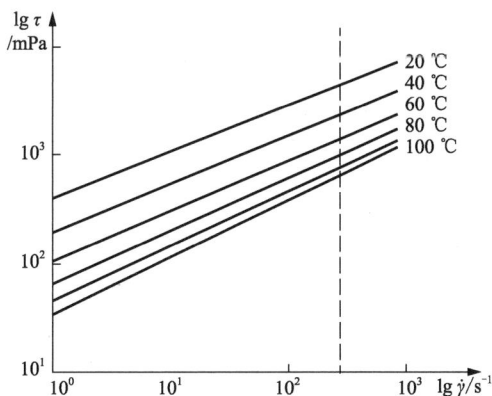

图 5-10 压裂液在不同温度下的流动曲线

(2)压裂液的温度稳定性。将图 5-10 中 $170\ s^{-1}$ 下的表观黏度与温度的关系绘成图 5-11,可得到压裂液的温度稳定性曲线(黏温曲线)。

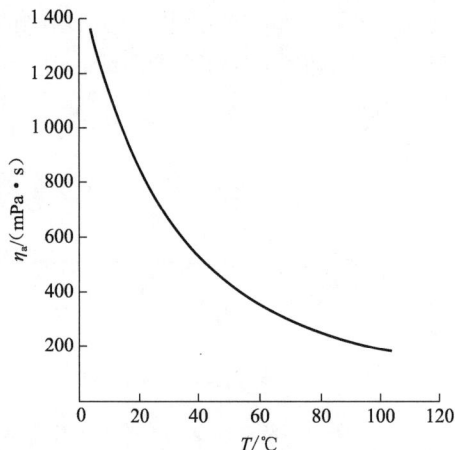

图 5-11 压裂液黏温曲线

（3）压裂液的剪切稳定性。评价压裂液的剪切稳定性实际上是测定压裂液的黏时关系。

测定压裂液在 $170~s^{-1}$ 下的表观黏度 η_a 与剪切时间曲线（图 5-12），并测定压裂液受剪切作用开始，相隔一定时间及结束时的流动曲线，得到压裂液受剪切后表观黏度 η_a、K' 和 n' 的下降程度。

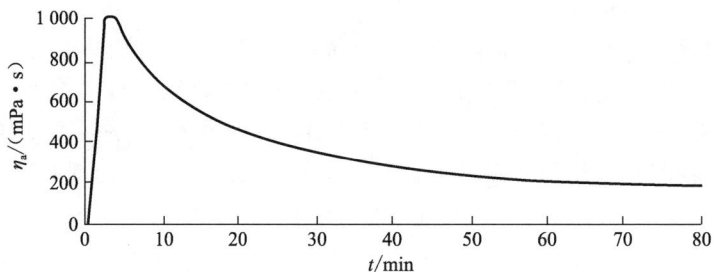

图 5-12 压裂液黏度与剪切时间关系

（4）压裂液的黏时、黏温叠加效应。在设计的压裂作业时间内，压裂液的温度从地面温度升高至油层温度，在继续恒温的条件下观察压裂液在 $170~s^{-1}$ 下的黏度与剪切时间、黏度与温度的叠加效应。这是对压裂液在作业过程中黏度变化的模拟实验考察，绘出的黏度变化曲线如图 5-13 所示。

（5）压裂液的管路流动特性及摩阻压降。在备有不同管长 L、不同管径的管路流动仪上，测定不同压差 Δp、不同时间 t 的压裂液流量 Q。计算并绘制成图 5-14 所示的压裂液管路流动特性。

管路流动仪的剪切速率范围在 $1\sim10^5~s^{-1}$ 间，测得的冻胶压裂液流动曲线是一条多段折线，每段直线求得的压裂液的 K' 和 n' 各不相同，表明压裂液结构在剪切作用下发生了变化。而稠化液压裂液的流动曲线仅是一条直线，只有一定的 K' 和 n'。

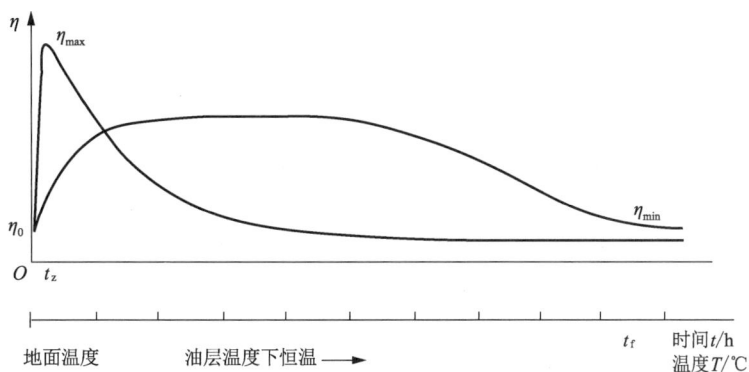

图 5-13　压裂液黏温和黏时曲线

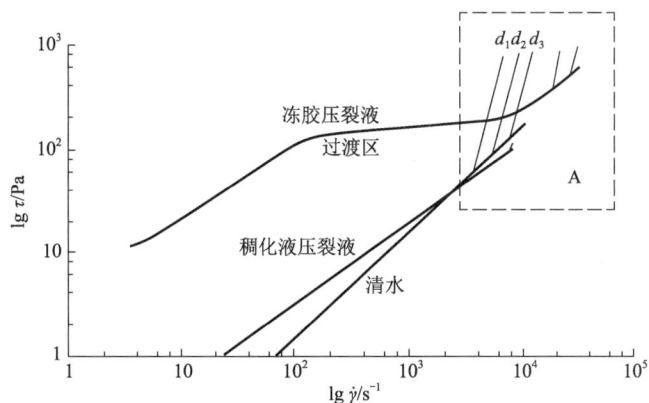

图 5-14　压裂液管路流动特性

图 5-14 中的虚线框图 A 表明压裂液湍流减阻现象，一般发生在剪切速率为 $2\times10^3\sim$ 1×10^4 s^{-1} 范围内。冻胶压裂液在某一管径中流动的"湍流"降阻率实际上是在同一剪切速率下清水的湍流摩擦压降与冻胶过渡区的摩擦压降的比值。根据现场施工的管径和排量计算，其剪切速率为 $2\times10^3\sim3\times10^3$ s^{-1}，以此速率为基准计算压裂液的降阻率。

由计算和图 5-14 可给出压裂液在不同剪切速率区内流动曲线的 K' 和 n'、压裂的摩擦系数 f、压裂液与清水相比的降阻率。

（四）压裂液的破胶性能测定

施工结束后，压裂液在油层温度条件下与破胶剂发生作用而破胶降黏。破胶液黏度可用来衡量压裂液破胶的彻底性，这是关系到破胶液的返排率及对油层伤害程度的参数。其测定方法是在油层温度条件下，将压裂液密封恒温静置 16 h，用毛细管黏度计或其他黏度计测定破胶液黏度。在 30 ℃时破胶液黏度应小于 10 mPa·s。

（五）压裂液的表/界面张力与润湿性能测定

用表/界面张力仪测定压裂液破胶液的表/界面张力，用接触角测定仪测定破胶液与岩样表面的接触角，为优选适用的表面活性剂提供参考。

（六）压裂液残渣含量的测定

残渣是压裂液破胶液中残存的不溶物质。压裂液中的残渣含量应尽量低，以减小对地层和支撑裂缝的伤害。其测定方法是将破胶液离心分离,弃去上清液,将下面的残渣烘干、恒重、称重,计算残渣含量。

（七）压裂液与地层流体的配伍性测定

测定压裂液破胶剂与地层原油和地层水能否产生乳化及沉淀,以便采取措施减少对地层的伤害。

与原油的配伍性测定是将原油与压裂液破胶液按一定比例混合,高速搅拌形成乳状液,在油层温度下静置一定时间,记录分离出的水量,计算破乳率。破乳率应大于90%。

与地层水的配伍性是将压裂液破胶液与地层水按一定比例混合,观察是否产生沉淀。

第四节　低伤害压裂液体系

依据页岩油储层特征与压裂工艺的要求,采用不同类型的压裂液。利用滑溜水低黏的特性,有利于脆性岩石的破裂与天然裂缝的延伸,有助于沟通更多的裂缝系统;采用复合压裂液体系,更有利于陆相页岩的压裂;利用线性胶或交联液携砂能力强的特性,有利于提高施工砂比,建立更高导流通道。根据岩石脆性指数(表5-4)选择压裂液体系,其中滑溜水压裂液因其性能能够满足页岩储层地质和工艺要求,且具备配置简单和价格相对低廉的优势,是页岩储层使用最多的一种压裂液,复合压裂液和冻胶液次之。

表 5-4　岩石脆性指数与压裂液体系的对应

脆性指数	液体体系	可能产生的裂缝几何形状
70%	滑溜水	多裂缝及扭曲裂缝
60%	滑溜水	大范围网络缝
50%	复合(滑溜水＋线性胶)	大范围网络缝
40%	线性胶	网络缝、多翼缝
30%	泡沫压裂液	双翼缝
20%	交联瓜尔胶	双翼缝
10%	交联瓜尔胶	双翼缝

一、滑溜水压裂液体系

滑溜水是针对页岩储层改造而发展起来的一种新的液体体系,它是以水作为分散介质,并添加降阻剂和其他助剂配制而成的一种压裂液。滑溜水也叫减阻水,是目前页岩储层使用最广泛的压裂液体系。

降阻剂是滑溜水压裂液中最重要的添加剂,其性能的好坏对页岩储层压裂的成败有直接影响。目前国内外应用最普遍的是由一种或两种不同的单体共聚生成的聚丙烯酰胺类降阻剂,降阻率可以达50%～70%。

（一）降阻剂的研究

在滑溜水压裂技术总体遥遥领先其他国家的美国,最普遍使用的降阻剂为油基乳液降阻剂。这种降阻剂常常由于胶体稳定性差导致在室温静止存放时就发生严重分层现象,即上层为轻质的分散相,而底层为含有大量分散质的胶体颗粒相。国内目前普遍使用的是固体粉末降阻剂。生产厂家为了提高固体粉末的溶解速度而加入表面活性剂,虽然表面活性剂的使用会提高粉末降阻剂的水溶性,但一个副作用是会产生大量的气泡。气泡的存在会严重影响施工上水设备的正常运转,所以必须额外添加消泡剂。消泡剂的存在并不能完全解决起泡的问题,且会进一步增加已经由于添加表面活性剂而成本提高的固体粉末降阻剂的成本。

在对当前各种降阻剂存在的问题进行全面分析以后,从分子结构设计开始,在成分中去除对环境有害的物质,如烷基酚聚氧乙烯醚(APE)、壬基酚聚氧乙烯醚(NPE)和其他与压裂液不相容成分。通过反应过程、工艺与配方的持续优化与调整,合成出全面针对压裂现场施工中亟待解决的各种问题而设计的高效液体降阻剂 ZJ-Ⅱ(表 5-5 和图 5-15),并完成中试、商业化大规模生产,已进入推广阶段。

表 5-5 高效液体降阻剂 ZJ-Ⅱ 物性参数

形 态	颜 色	气 味	pH	水溶性	密 度
微黏性液体	乳白色	无	6～8(1%溶液)	溶于淡水/盐水,溶解速度小于 10 s	1.05～1.26 g/cm³

图 5-15 高效液体降阻剂 ZJ-Ⅱ

（二）降阻剂的性能评价

1. 降阻性能

降阻剂的功能是减缓压裂液的紊流程度,从而提高流体到达井底的动能。紊流程度是由无量纲参数雷诺数 Re 决定的。雷诺数的大小与流体的体积流速 Q 成正比,与管子内径 D 成反比($Re \propto Q/D$)。在压裂现场施工中,比较普遍使用的排量为 14 m³/min,而管径为 5 in(1 in＝25.4 mm),这种条件流体的雷诺数大于 2 000 000。原则上讲,只有在实验室模拟出雷诺数 2 000 000 以上的紊流来评价降阻剂的性能才最接近实际,但是目前在实验室内很难模拟这种状态。因此,实验室的降阻数据只有一定的参考意义,还要通过现场试验来检验和评价滑溜水能否进行现场大规模应用。

降阻率计算参照石油天然气行业标准 SY/T 5107—2016《水基压裂液性能评价方法》,测量不同流体在一定剪切速率下流经一定长度和直径的管路时产生的压差,由此计算流体的摩阻性能。

样品溶液降阻率为：

$$\eta = (P_水 - P_样)/P_水$$

式中　η——流体对清水的降阻率，％；

　　　$P_水$——清水在剪切速率为 10 000 s^{-1} 时产生的摩阻，kPa/m；

　　　$P_样$——样品在剪切速率为 10 000 s^{-1} 时产生的摩阻，kPa/m。

将 ZJ-Ⅱ高效液体降阻剂和取得的 7 个降阻剂样品分别配制浓度为 0.1％的溶液，室内使用 SY-MZ 管路摩阻测试仪（图 5-16 和彩图 5-16）对液体降阻性能进行测试，实验结果见表 5-6。

图 5-16　SY-MZ 管路摩阻测试仪

表 5-6　不同降阻剂溶液降阻率实验结果

序号	样品名称	外　观	加量/％	基液黏度/(mPa·s)	分散时间	摩阻/(kPa·m⁻¹)	降阻率/％
1	清　水					92.48	
2	ZJ-Ⅱ	白色乳状液	0.1	1.2	小于 10 s	25.80	72.1
3	HB	白色乳状液	0.08	1.6	20～30 s	24.23	73.8
4	SLBX	白色乳状液	0.1	2.0	20～30 s	25.06	72.9
5	FRAC	白色粉末	0.1	4.1	5～7 min	28.85	68.8
6	DFBL	白色粉末	0.1	1.9	3～5 min	24.36	73.6
7	FET	白色粉末	0.1	3.9	4～7 min	28.84	68.8
8	SDF-2	白色乳状液	0.1	1.7	60～120 s	44.20	52.2
9	KL-1	白色乳状液	0.1	1.3	60～120 s	27.59	70.2

根据实验结果，ZJ-Ⅱ降阻剂的降阻性能能够达到目前国内外同类产品的较高水平，在降阻率大于 70％的 5 个样品中，ZJ-Ⅱ降阻剂的降阻率虽然略小于 HB 和 SLBX 两个美国进口样品，但其分散性能明显优于其他样品，10 s 之内能快速分散均匀（图 5-17 和彩图 5-17），更适宜页岩气大规模液量现场混配工艺。

图 5-17 分散性能(从左到右依次为 ZJ-Ⅱ,KL-1,HB,DFBL 和 SLBX)

2. 耐盐性能

滑溜水压裂液对水的需求量是巨大的。为了满足对淡水的需要及节约成本,人们采用各种水处理技术,利用化学剂及机械措施将返排水中的固体和杂质去除,然而现有技术难以将返排水中的溶解盐及硬度成分去掉。作为滑溜水压裂液中最主要的添加剂,降阻效果的好坏对压裂液施工而言至关重要。通过将降阻剂在盐水中的降阻效果与在清水中的降阻效果进行比较,可以评价含盐量对降阻剂降阻效果的影响,从而优选抗盐效果好的降阻剂。

室内配制浓度为 0.1% 的 HB,SLBX,DFBL,KL-1 和 ZJ-Ⅱ 溶液,分别加入 6%,8% 和 10% 的 $CaCl_2$,依次测量其降阻率。实验数据见表 5-7。

表 5-7 降阻剂耐盐性评价实验数据

样品名称	清水溶液降阻率/%	6% $CaCl_2$溶液降阻率/%	8% $CaCl_2$溶液降阻率/%	10% $CaCl_2$溶液降阻率/%
ZJ-Ⅱ	72.1	72.2	71.9	72.4
DFBL	73.6	71.4	69.3	64.5
KL-1	70.2	69.1	63.8	52.1
HB	73.8	73.6	72.14	70.3
SLBX	72.9	70.5	67.8	63.9

根据表 5-7 实验数据,随溶液中 Ca^{2+} 浓度的增加,降阻剂 SLBX,DFBL,KL-1 和 HB 的降阻率呈明显递减趋势。降幅最大的是 KL-1,约为 25%;HB 降阻率略有下降,约为 5%;ZJ-Ⅱ 溶液降阻率无明显变化,与清水相比不降反略微升高,表现出良好的耐盐性能。

3. 在现场返排液/海水中的降阻性能

页岩压裂施工中滑溜水使用了大量的淡水资源,但是压裂后又有 1/10 至 3/4 的水会回流到地表,而这些返排水中往往包含有毒的化学药品。如果将这些返排水回收,用于下次水力压裂,对于节约水资源和充分开发页岩气资源具有重大的现实意义。另外,在淡水资源匮乏的地区,可能可以较容易地获取海水。目前所使用的各种化学助剂中很多对水质的要求很高,往往只有采用清水才能使施工顺利进行。然而在很多情况下,如我国四川地区和中东沙漠地区的阿曼,淡水资源非常有限。这导致压裂施工的技术要求与有限淡水资源之间的巨大矛盾,因此研制一种适用于压裂液返排液和海水的降阻剂极具理论和现实意义。

评价降阻性能的现场返排液取自焦页 10-HF。该返排液的相对密度为 $1.04~\mathrm{g/cm^3}$,pH 为 6.5,总矿化度为 57 249 mg/L,属于氯化钙水型。水的离子组成见表 5-8。

表 5-8　现场返排液的离子组成

项　目	Ca^{2+}	Mg^{2+}	$Na^+ + K^+$	Cl^-	SO_4^{2-}	HCO_3^-
离子含量/(mg·L^{-1})	1 202.28	158.84	20 879.64	34 421.17	61.732	525.34

分别使用该返排液配制浓度为 0.1% 的 SLBX,DFBL,HB,KL-1 和 ZJ-Ⅱ 溶液,测量其降阻率,并与清水中的降阻率进行比较。实验数据见表 5-9。

表 5-9　降阻剂样品在返排液和清水中的降阻性能对比

样品名称	ZJ-Ⅱ	DFBL	KL-1	HB	SLBX
清水降阻率/%	72.1	73.6	70.2	73.8	72.9
返排液降阻率/%	71.9	67.1	65.6	70.5	69.3

根据实验数据,5 种降阻剂在返排液中的降阻率均有一定程度的下降,但 ZJ-Ⅱ 下降幅度最小,表现出较强的抗污染能力。

海水离子组成和含量与地表水和地层水均有较大不同,室内配制总矿化度为 35 000 mg/L、pH 为 8.0 的模拟海水(模拟海水的离子组成见表 5-10)进行样品的降阻性能评价。实验结果见表 5-11。

表 5-10　模拟海水的离子组成

项　目	Ca^{2+}	Mg^{2+}	Na^+	K^+	Cl^-	SO_4^{2-}	HCO_3^-
离子含量/(mg·L^{-1})	410	1 310	10 900	390	19 700	2 740	152

表 5-11　降阻剂样品在海水和清水中的降阻性能对比

样品名称	ZJ-Ⅱ	DFBL	KL-1	HB	SLBX
清水降阻率/%	72.1	73.6	70.2	73.8	72.9
海水降阻率/%	72.0	64.8	60.5	68.4	67.1

根据实验数据,ZJ-Ⅱ 在海水中的降阻率几乎没有变化,而其他 4 个样品均有明显降低。

4. 岩芯基质渗透率伤害评价

滑溜水压裂液所造成的储层伤害一直是页岩气开发中应当首要关注,但是目前并没有得到广泛的研究。有研究表明页岩压裂后的油气日产量大大低于预期,而压裂液选择不当导致的储层伤害极有可能是产生这一现象的关键因素。

在 5 个降阻率较高的样品中选择一个粉末状降阻剂 DFBL、一个美国进口降阻剂 HB 和 ZJ-Ⅱ 进行岩芯渗透率恢复实验。表 5-12 至表 5-14 是各种滑溜水的液测渗透率恢复值。可以看出,在达到 84 倍的驱替缝隙体积时,粉末降阻剂 DFBL 仍有高达 77% 的岩芯渗透率伤害。在驱替 504 倍的缝隙体积时,乳液降阻剂 HB 对岩芯的伤害依然高达 99% 左右。与之相比,ZJ-Ⅱ 滑溜水在驱替只有 20 倍缝隙体积时,渗透率恢复就达到 80%,远远超过 70% 的恢复值标准。

表 5-12　DFBL 样品的液测岩芯渗透率恢复（渗透率恢复标准：≥70%）

岩芯编号：55 渗透率 $K_a = 46 \times 10^{-3} \mu m^2$		驱替体积/PV	渗透率恢复/%	结　论
驱替 1 h	K_1/K_0	20	17.57	不合格
驱替 8 h	K_1/K_0	60	21.29	不合格
驱替 24 h	K_1/K_0	84	23.49	不合格

表 5-13　HB 样品的液测渗透率恢复（渗透率恢复标准：≥70%）

岩芯编号：2-9 渗透率 $K_a = 134 \times 10^{-3} \mu m^2$		驱替孔隙体积/PV	渗透率恢复/%	结　论
驱替 1 h	K_1/K_0	28	0.5	不合格
驱替 2 h	K_1/K_0	57	0.78	不合格
驱替 19 h	K_1/K_0	504	1.4	不合格

表 5-14　ZJ-Ⅱ样品的液测渗透率恢复（渗透率恢复标准：≥70%）

岩芯编号：2-11 渗透率 $K_a = 161 \times 10^{-3} \mu m^2$		驱替孔隙体积/PV	实测值/%	结　论
驱替 1 h	K_1/K_0	20	79.50	合　格
驱替 8 h	K_1/K_0	225	81.52	合　格
驱替 24 h	K_1/K_0	610	99.35	合　格

表 5-15 至表 5-17 是各种滑溜水的气测渗透率恢复值。可以看出，与粉末降阻剂 DFBL 和乳液降阻剂 HB 造成分别高达 92.6% 和 99.8% 的岩芯渗透率伤害相比，ZJ-Ⅱ造成的岩芯渗透率伤害只有 0.8%（几乎没有任何伤害）。

表 5-15　DFBL 样品的气测岩芯渗透率恢复（渗透率恢复标准：≥70%）

岩　芯	渗透率 K_a /($\times 10^{-3} \mu m^2$)	原始渗透率 /($\times 10^{-3} \mu m^2$)	污染后渗透率 /($\times 10^{-3} \mu m^2$)	恢复值/%	结　论
2-20	121	172.7	12.76	7.4	不合格

表 5-16　HB 样品的气测渗透率恢复（渗透率恢复标准：≥70%）

岩　芯	渗透率 K_a /($\times 10^{-3} \mu m^2$)	原始渗透率 /($\times 10^{-3} \mu m^2$)	污染后渗透率 /($\times 10^{-3} \mu m^2$)	恢复值/%	结　论
2-12	132	166.3	0.5	0.25	不合格

表 5-17　ZJ-Ⅱ样品的气测渗透率恢复（渗透率恢复标准：≥70%）

岩　芯	渗透率 K_a /($\times 10^{-3} \mu m^2$)	原始渗透率 /($\times 10^{-3} \mu m^2$)	污染后渗透率 /($\times 10^{-3} \mu m^2$)	恢复值/%	结　论
2-23	118	147.7	146.5	99.2	合　格

5. 降阻剂生物毒性测试

由于压裂液潜在与地层中的饮用水或者农田灌溉水有接触的可能,所以公众对此提出了极高的环保要求。滑溜水压裂液的生物毒性也因此关系国计民生,意义重大。表 5-18 列出了三种代表性降阻剂的生物毒性。其中 ZJ-Ⅱ 为无毒,而与之相对应的乳液降阻剂 HB 和粉末降阻剂 DFBL 分别为微毒和重毒。

表 5-18　降阻剂的生物毒性

样品名称	检测结果	
	$EC_{50}/(mg \cdot L^{-1})$	毒性分级
粉末降阻剂 DFBL	63.27	重　毒
美国乳液降阻剂 HB	1 129	微　毒
乳液降阻剂 ZJ-Ⅱ	1.89×10^6	无　毒

测定方法见标准 Q/SY 111—2007《油田化学剂、钻井液生物毒性分级及检测方法　发光细菌法》。毒性分级标准见表 5-19。

表 5-19　毒性分级标准

$EC_{50}/(mg \cdot L^{-1})$	毒性分级
<1	剧　毒
$1 \sim 100$	重　毒
$101 \sim 1 000$	中　毒
$1 001 \sim 25 000$	微　毒
$>25 000$	无　毒

在对国内外降阻剂产品进行调研和评价基础上研发的滑溜水压裂液中的关键添加剂——降阻剂 ZJ-Ⅱ 全面针对页岩气井现场施工过程中亟待解决的问题而设计,与同类产品相比,具有以下优异的性能:

(1) 对储层渗透率几乎没有任何损害;

(2) 对水质要求低,抗盐、抗钙,适用于各种水质包括返排水和海水;

(3) 无毒,成分中去除了对环境有害物质,与其他产品相比更加环保;

(4) 溶解速度快,适用于压裂液现场混配。

该产品具有独特性和革命性,在滑溜水压裂液领域处于国际最前列。

(三) 滑溜水压裂液性能评价

在室内对高效乳液降阻剂 ZJ-Ⅱ、助排剂、黏土稳定剂进行滑溜水配方实验,并对配方的降阻性能、表面活性、防膨性能、伤害评价结果进行对比,以确定滑溜水的最佳配方。

1. 降阻剂与其他添加剂配伍性实验

根据各添加剂室内评价实验数据,确定滑溜水配方为:0.1%ZJ-Ⅱ+0.10%助排剂+0.30%黏土稳定剂。

配制滑溜水 1 000 mL,分为两份(各 500 mL),其中一份在 70 ℃水浴中放置 2 h,另一份在室温下放置 24 h,均未观察到有沉淀、分层、悬浮现象,证明各种添加剂配伍性良好,可以继续进行其他性能评价。

2. 降阻性能、表面活性、防膨性能评价

参照 NB/T 14003.1—2015《页岩气 压裂液 第 1 部分:滑溜水性能指标及评价方法》,测试滑溜水配方的 pH、运动黏度、降阻率、表面张力、界面张力、配伍性、破乳率。实验结果见表 5-20,滑溜水摩阻曲线如图 5-18 所示。

表 5-20 滑溜水性能检测结果

序号	项 目	标准指标	评价结果
1	pH	6~8	7
2	运动黏度/(mm^2·s^{-1})	≤5	1.65
3	表面张力/(mN·m^{-1})	≤28	23.5
4	界面张力/(mN·m^{-1})	≤2	0.5
5	破乳率/%	≥95	98.2
6	配伍性	室温和储层温度下无絮凝现象,无沉淀产生	30 ℃和 120 ℃下无絮凝现象,无沉淀产生
7	降阻率/%	≥70	72.1

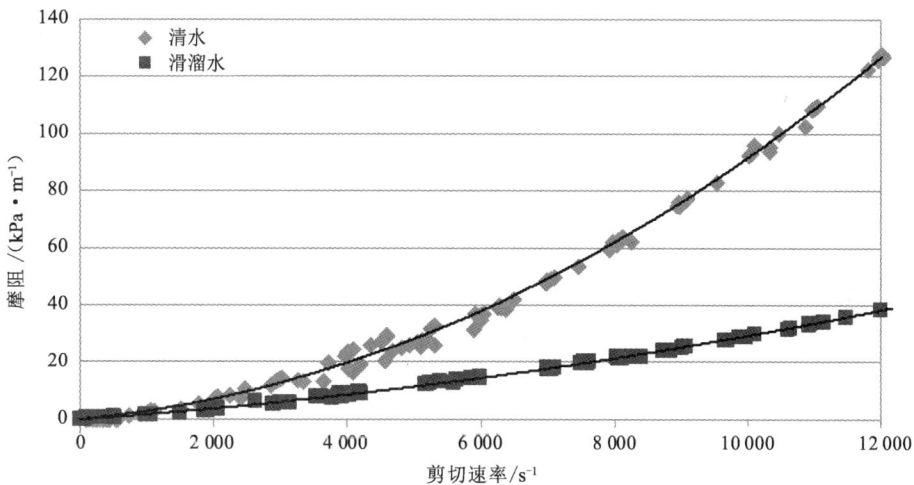

图 5-18 滑溜水摩阻曲线

由实验数据可知,该滑溜水配方具有较高的降阻率,能够满足大排量施工技术要求;具有良好的表面活性和防膨性能,有利于压裂液返排率的提高;降阻剂分散速度快,能够满足现场混配工艺技术要求。

3. 支撑裂缝导流能力伤害评价

水力压裂引起的伤害存在两种形式,即裂缝本身内部的伤害(支撑剂充填伤害)和裂缝穿透地层的伤害(裂缝面伤害)。第一种伤害通常是因为压裂液残渣引起的,第二种伤害是因为过度滤失引起的。这两种伤害对油藏渗透率影响是不同的。对于低渗透率或超低渗透率的页岩储层,支撑剂充填伤害为主要伤害因素,选择低残渣低伤害的添加剂是克服这些问题的关键。

（1）实验原理。

实验原理可用达西定律表示：

$$K = \frac{Q\mu L}{A\Delta p}$$

式中 K——支撑裂缝渗透率，μm^2；

$\quad\quad Q$——裂缝内流量，cm^3/s；

$\quad\quad \mu$——流体黏度，$mPa\cdot s$；

$\quad\quad L$——测试段长度，cm；

$\quad\quad A$——支撑裂缝截面积，cm^2；

$\quad\quad \Delta p$——测试段两端的压力差，kPa。

按照 SY/T 6302—2009《压裂支撑剂充填层短期导流能力评价推荐方法》进行操作，支撑剂充填层渗透率及导流能力计算公式如下：

支撑剂充填层渗透率 K：

$$K = \frac{99.998L\mu Q}{WW_f\Delta p}$$

式中 W——导流室支撑剂充填宽度，cm；

$\quad\quad W_f$——支撑剂充填厚度，cm。

支撑剂充填层导流能力 C：

$$C = KW_f = \frac{99.998L\mu Q}{W\Delta p}$$

分别测得清水流经支撑剂充填层的导流能力和样品流经充填层的导流能力，则样品残渣对支撑裂缝导流能力伤害率按下式计算：

$$\varepsilon = \frac{C_0 - C}{C_0}$$

式中 ε——残渣对支撑裂缝导流能力伤害率，$\%$；

$\quad\quad C_0$——清水流经支撑剂充填层的导流能力，$\mu m^2\cdot cm$；

$\quad\quad C$——样品流经充填层的导流能力，$\mu m^2\cdot cm$。

（2）实验方法。

实验采用某公司生产的低密度 50/70 目陶粒，铺砂浓度为 10 kg/m²，压力范围为 10～80 MPa。首先测量清水流经支撑剂充填层的导流能力，之后用滑溜水污染支撑剂，测量伤害后的导流能力，取导流能力的平均值计算伤害率。实验结果见表5-21。

表 5-21　滑溜水对支撑剂充填层伤害实验结果（实验温度：14 ℃）

导流能力 /($\mu m^2\cdot cm$)	10 MPa	20 MPa	30 MPa	40 MPa	50 MPa	60 MPa	70 MPa	80 MPa	均值	伤害率/%
清　水	8.370	8.616	4.94	5.304	3.653	2.584	2.563	2.018	4.756	
滑溜水	8.151	8.104	4.315	4.863	3.026	2.066	2.309	1.614	4.306	9.483

由实验数据可知，该滑溜水配方对支撑剂充填层导流能力伤害率小于10%，处于业内较

高的水平。

通过室内实验和优选评价,完成了高效乳液降阻剂 ZJ-Ⅱ 的合成,优选了助排剂和黏土稳定剂,形成了滑溜水体系的配方。通过对配方的性能评价可知,该滑溜水体系具有低摩阻、低伤害、易返排、易配制的特点,能够满足页岩油储层压裂施工对液体的技术要求。

二、线性胶压裂液

脆性中等的页岩通常采用降阻水与线性胶组成的混合压裂液,进行较高砂比施工,降阻水作为前置液,线性胶主要起携砂作用。

(一)线性胶稠化剂

水溶性聚合物作为稠化剂成为线性胶的基本添加剂,可起到增黏、降低液体滤失、悬浮和携带支撑剂的作用。目前常用的线性胶稠化剂包括植物胶及其衍生物、纤维素衍生物、生物聚合物、合成聚合物四大类。线性胶稠化剂性能评价数据见表5-22。考虑到对地层的低伤害以及方便现场施工两方面,选择一种低分子清洁聚合物作为线性胶的稠化剂。

表 5-22　线性胶稠化剂性能评价数据

编　号	含水率/%	pH	水不溶物/%	流动性	表观黏度/(mPa·s)
一级胍胶	7.27	7.0	3.98	很　好	110.0
低分子清洁聚合物	4.41	6.5	3.02	很　好	78.0
XC	9.69	7.0	12.6	较　好	90.5
CMC	8.78	6.5	7.61	较　好	93.9
魔芋胶	9.32	6.5	8.40	较　好	95.6

注:① pH 测定:0.6% 水溶液;② 表观黏度测定:20 ℃,170 s^{-1},0.6%。

由实验数据可知,该低分子清洁聚合物相对于其他稠化剂,最显著的优势是水不溶物含量低,对地层伤害小,因此选择低分子清洁聚合物作为线性胶稠化剂。

1. 低分子清洁聚合物水溶液表观黏度测定

分别配制浓度为 0.2%,0.3%,0.4%,0.5% 和 0.6% 的聚合物溶液,用六速旋转黏度计测定其表观黏度。实验数据见表5-23。

表 5-23　低分子清洁聚合物溶液表观黏度数据

浓度/%	0.2	0.3	0.4	0.5	0.6
表观黏度/(mPa·s)	26.9	30.5	42.5	59.8	78.0

根据表 5-23 实验结果,确定该聚合物作为线性胶稠化剂的加量为 0.3%～0.4%。

2. 低分子清洁聚合物悬砂实验

配制 0.35% 的聚合物水溶液 500 mL,按 20%～40% 的砂浓度,边搅拌边加入 30/50 目的支撑剂,之后按 0.3% 的交联比加入交联剂,形成均一冻胶。将冻胶倒入 500 mL 量筒中,观察期沉降情况(图 5-19 和彩图 5-19)。由实验现象可知,该聚合物具有较好的悬砂性能。

图 5-19　悬砂实验

3. 低分子清洁聚合物破胶实验

配制 0.30%，0.35% 和 0.40% 的聚合物水溶液，按 0.3% 的交联比加入交联剂制备冻胶，之后加入 0.1% APS，在 60 ℃ 水浴中观察其破胶情况，并测量破胶液残渣含量。破胶实验数据见表 5-24。可以看出，该聚合物在 60 ℃ 水浴中，40 min 之内可彻底破胶，破胶液黏度小于 3 mPa·s，说明破胶化水彻底，容易从地层中排出，可满足现场施工需要。

表 5-24　破胶实验数据（实验温度 60 ℃，0.1% APS）

浓度/%	破胶时间/min	破胶液黏度/(mPa·s)	残渣含量/(mg·L^{-1})
0.30	28	2.6	220.5
0.35	32	2.7	221.2
0.40	33	2.7	223.5

可见，低分子清洁聚合物（图 5-20 和彩图 5-20）是一种合成聚合物，溶解后无固相成分，加入适量交联剂，交联时间 30～180 s 可调，具有优良的携砂性，易破胶返排，残渣含量低于胍胶体系，因此选择该聚合物作为线性胶稠化剂。

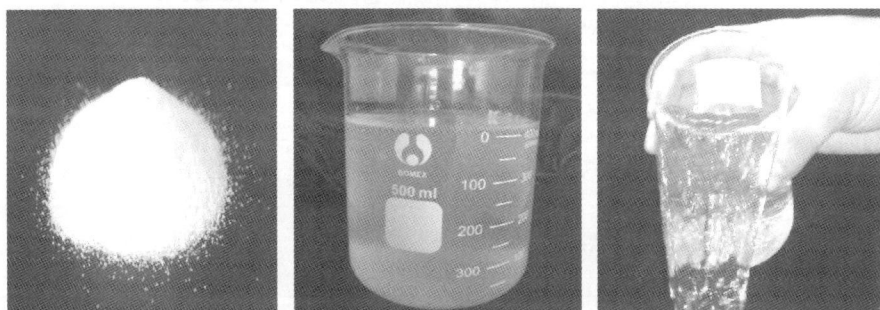

图 5-20　低分子清洁聚合物

（二）线性胶压裂液性能评价

根据添加剂筛选实验结果，选择低分子清洁聚合物作为线性胶稠化剂，使用其同系列的交联剂，加入复合增效剂、黏土稳定剂 NW-2，适当加入温度稳定，破胶剂使用过硫酸铵，确定线性胶配方为：低分子清洁聚合物＋交联剂＋黏土稳定剂＋复合增效剂＋温度稳定剂＋

破胶剂。

线性胶需要一定的黏度才能满足造缝和携砂,针对页岩压裂施工技术要求和地层情况,对线性胶进行了耐温耐剪切性能实验。实验条件为温度 90 ℃、剪切速率 170 s^{-1},剪切时间 90 min,交联比依黏度而定。经过大量室内实验,确定不同黏度要求的线性胶配方见表5-25。

表 5-25 不同黏度线性胶配方组成

编号	170 s^{-1},90 ℃,90 min 黏度/(mPa·s)	配方组成
1	50～80	0.30%低聚物＋0.30%交联剂＋0.30% NW-2＋0.10%温度稳定剂＋0.10%复合增效剂
2	80～100	0.35%低聚物＋0.40%交联剂＋0.30% NW-2＋0.10%温度稳定剂＋0.10%复合增效剂
3	100～150	0.40%低聚物＋0.35%交联剂＋0.30% NW-2＋0.10%温度稳定剂＋0.10%复合增效剂
4	150～200	0.40%低聚物＋0.50%交联剂＋0.30% NW-2＋0.10%温度稳定剂＋0.10%复合增效剂

1. 基液黏度、交联时间、耐温耐剪切性能

基液黏度是压裂液交联强度和抗温性的基础指标,而交联速度直接影响支撑剂的携带分布和造缝效果,是评价线性胶性能的基础指标。实验方法是用吴茵混调器配制一定浓度的低分子聚合物溶液,室温放置 30 min 后用六速旋转黏度计测定基液黏度;漩涡闭合法测定交联时间;使用 RT20 高温高压流变仪,在 90 ℃、170 s^{-1} 条件下剪切 90 min,评价配方的耐温耐剪切性能。实验结果见表 5-26,流变曲线如图 5-21(彩图 5-21)所示。

表 5-26 低分子清洁聚合物线性胶基液黏度及交联时间实验数据

项 目	配方 1	配方 2	配方 3	配方 4
基液表观黏度/(mPa·s)	30.5	36.9	42.5	42.5
交联时间/s	123	102	57	45

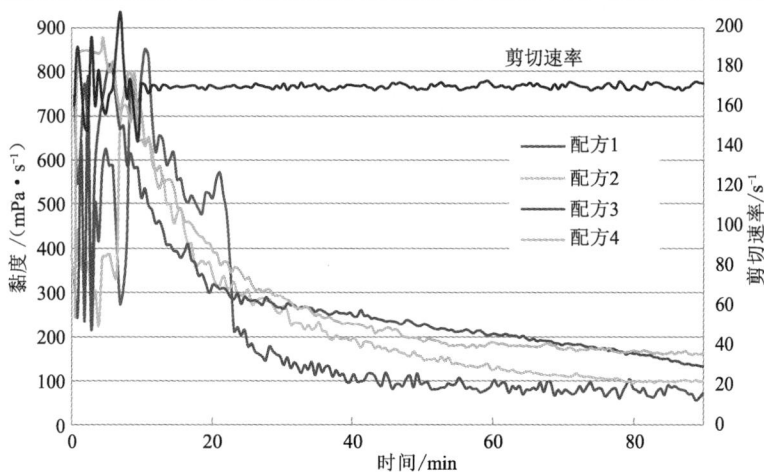

图 5-21 线性胶流变曲线

2. 破胶性能

破胶剂的作用是在压裂液完成造缝和携砂,形成永久性的填砂裂缝后使压裂液迅速破胶降黏,变成近似清水的破胶水化液并从地层排出。这样可减少水化液在地层里的停留时间和残渣量,也就减少了储层及填砂裂缝渗透率损害的可能性。大量实践已经证明,压裂液破胶水化液的黏度愈低,对地层损害愈小。水化液黏度高,将增加返排过程中残液通过裂缝孔道的阻力,降低排液速度和排液量,增加滞留时间。破胶水化液的黏度主要受破胶剂影响,在一定条件下,破胶剂浓度愈高,水化液黏度愈低。

按照上述 4 种配方配制线性胶,水浴加热至 60 ℃,分别加入 0.01%,0.05%,0.1%的 APS,测定其破胶时间和破胶液降至室温时的黏度。实验结果见表 5-27。

表 5-27　线性胶配方破胶实验

配　方		1	2	3	4
0.01% APS	破胶时间/min	52	59	72	72
	黏度/(mPa·s)	3.0	3.3	4.6	4.6
0.05% APS	破胶时间/min	35	39	48	48
	黏度/(mPa·s)	2.1	2.5	2.9	2.9
0.1% APS	破胶时间/min	20	26	34	34
	黏度/(mPa·s)	2.0	2.4	2.8	2.8

由表 5-27 实验数据可知,在 60 ℃,APS 加量为 0.05%时,该线性胶体系 1 h 内即可完全破胶,破胶液黏度小于 3 mPa·s;APS 加量为 0.1%时,破胶时间小幅缩短,但破胶液黏度无明显降低,因此确定 APS 加量为 0.05%。

3. 破胶液残渣、表面张力、界面张力和防膨实验

根据 SY/T 5107—2016《水基压裂液性能评价方法》,使用 K-100 自动界面张力仪测定线性胶破胶液的表面张力、界面张力,使用防膨管法测定其防膨率,使用离心管法测定其残渣含量。实验数据见表 5-28。

表 5-28　线性胶破胶液表面张力、界面张力和防膨实验结果

项　目	配方 1	配方 2	配方 3	配方 4
表面张力/(mN·m⁻¹)	28.76	28.61	29.35	29.35
界面张力/(mN·m⁻¹)	2.11	2.05	2.59	2.54
防膨率/%	81.0	80.6	82.5	83.2
残渣含量/(mg·L⁻¹)	283.5	290.6	327.6	332.1

4. 支撑裂缝导流能力伤害

选择配方 4 破胶液进行导流能力伤害评价,实验采用某公司生产的低密度 30/50 目陶粒,铺砂浓度为 10 kg/m³,压力范围为 10~80 MPa。首先测量清水流经支撑剂充填层的导流能力,之后用线性胶破胶液污染支撑剂,测量伤害后的导流能力,取导流能力的平均值计算伤害率。实验结果见表 5-29。

根据上述实验结果,该线性胶破胶液表面张力为 28.5~29.5 mN/m,界面张力≤

表5-29 线性胶配方4破胶液支撑剂充填层伤害实验结果(实验温度:14 ℃)

导流能力 /(μm² · cm)	10 MPa	20 MPa	30 MPa	40 MPa	50 MPa	60 MPa	70 MPa	80 MPa	均 值	伤害率/%
清 水	8.37	8.616	4.94	5.304	3.653	2.584	2.563	2.018	4.756	
破胶液	6.397	6.182	4.679	3.963	2.026	1.985	2.128	1.898	3.657	22.96

3 mN/m,防膨率≥80%,具有较高的表面活性和较好的黏土稳定性;残渣含量为280~330 mg/L,约为常规胍胶压裂液体系的30%,支撑剂充填层导流能力伤害率22.96%,小于常规胍胶体系,对储层伤害小。

5. 摩阻实验

根据SY/T 5107—2016《水基压裂液性能评价方法》,室内使用SY-MZ管路摩阻测试仪对几个配方的线性胶基液进行测试。实验结果见表5-30,线性胶摩阻曲线如图5-22(彩图5-22)所示。

表5-30 线性胶配方降阻性能评价

序 号	配 方	摩阻/(kPa · m⁻¹)	降阻率/%
1	清 水	92.482	
2	配方2	30.20	67.35
3	配方3	32.10	65.29
4	配方4	32.10	65.29

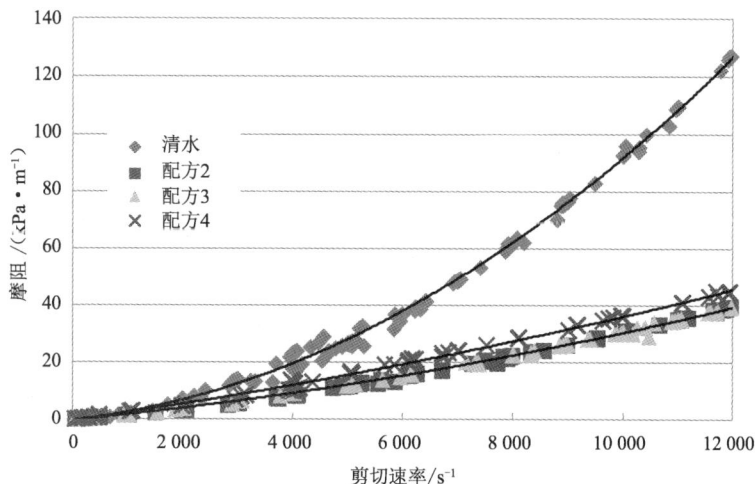

图5-22 线性胶摩阻曲线

由实验数据可知,该线性胶体系的降阻率在65%~69%之间,具有较好的减少摩阻和降低施工泵压的效果。

线性胶体系基液黏度、交联时间可控,具有良好的耐温耐剪切性能,较高的表面活性和抑制黏土膨胀能力,低摩阻、低伤害,性能优良,能够满足页岩气井压裂施工对液体的性能要求。

三、羧甲基羟丙基酸性压裂液

羧甲基羟丙基胍胶压裂液具有水不溶物低、用量少、残渣低、易破胶、耐高温、返排率高、黏土抑制性能强等优点,具有广泛的应用前景。针对页岩油储层黏土矿物组成及敏感性分析结果,开发了一种羧甲基羟丙基胍胶低伤害酸性压裂液体系。

(一)添加剂研究

1. 稠化剂

稠化剂是压裂液的主剂,用以提高液体的黏度,降低液体滤失、悬浮和携带支撑剂。根据储层为强碱敏弱酸敏地层,而常规的羟丙基胍胶(HPG)在碱性环境下交联会造成对储层的伤害,再根据储层低孔低渗致密的特征,则要求压裂液能在酸性环境下交联,并具有低残渣、破胶彻底、表界面张力低的特点(表 5-31)。选用对储层伤害最小的羧甲基羟丙基胍胶体系(CMHPG),其分子结构如图 5-23 所示。

表 5-31　不同类型的稠化剂性能对比

稠化剂	交联环境	水不溶物含量	备　注
HPG	碱　性	8%	常规体系、伤害大
CMHPG	酸性、碱性	1.5%	引入羧基,改变交联环境、残渣少

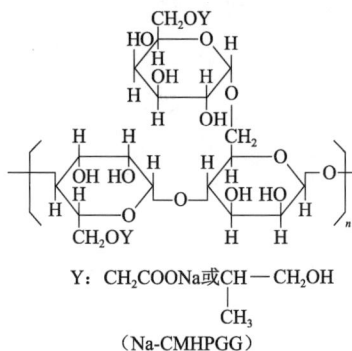

Y：CH_2COONa或$CH—CH_2OH$

CH_3

（Na-CMHPGG）

图 5-23　羧甲基羟丙基胍胶分子结构

结果表明,羧甲基羟丙基胍胶具有较好的增黏效果且具有极低的水不溶物,较羟丙基胍胶压裂液相比具有较低的残渣含量,减少对储层的伤害。

羧甲基羟丙基胍胶是在羟丙基胍胶的基础上进行改性,在降低水不溶物的同时还可提高胍胶的耐温性能。基液表观黏度在 $40\sim60$ mPa·s 即可。不同比例稠化剂浓度基液的黏度见表 5-32。

表 5-32　不同比例稠化剂浓度基液的黏度

稠化剂浓度/%	0.30	0.35	0.40	0.45	0.50
黏度/(mPa·s)	36	42	51	63	75

2. 交联剂

交联剂是能与稠化剂大分子链形成新的化学键,使其连接成网状体型结构的化学剂。

在压裂施工中,交联剂起着举足轻重的作用。它通过交联稠化剂形成高黏度的冻胶,可达到造缝和携砂的目的,因此它是冻胶压裂液体系中最关键的一种化学剂。

室内选取 5 种交联剂,在酸性条件下(pH＝3～5)与羧甲基羟丙基胍胶的交联实验结果见表 5-33。

表 5-33　不同交联剂下羧甲基羟丙基胍胶的交联实验结果

编　号	1	2	3	4	5
pH	4	4	4	4	4
酸性条件下交联状态	交联可挑	交联可挑	交联可挑	不交联	不交联

结果表明:1 号、2 号和 3 号交联剂在酸性条件下与羧甲基羟丙基胍胶可以交联形成冻胶,4 号和 5 号在酸性条件下不能交联形成冻胶。因此,选用 1 号、2 号和 3 号交联剂进行耐温耐剪切实验,在相同条件下耐温耐剪切曲线如图 5-24(彩图 5-24)所示。

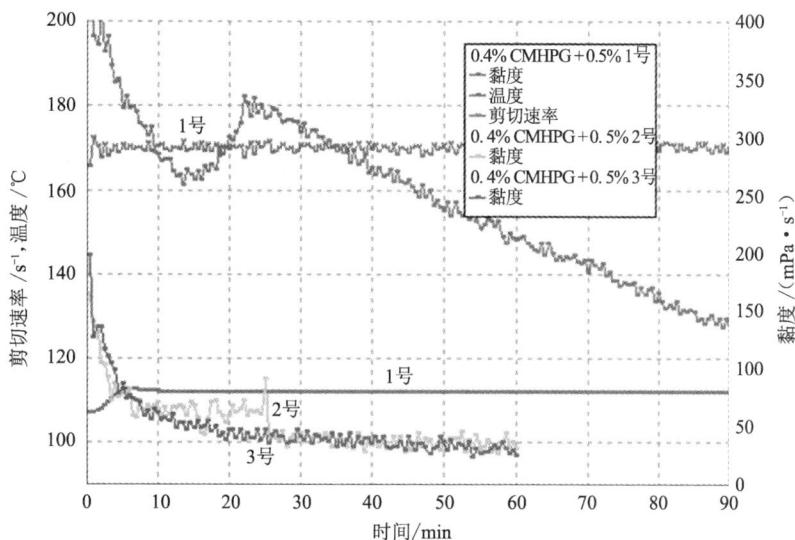

图 5-24　不同交联剂下酸性压裂液耐温耐剪切曲线

结果表明:1 号交联剂在酸性条件下有相对较好的耐温耐剪切能力,2 号和 3 号交联剂在同等条件下的耐温耐剪切能力较差。因此,酸性压裂液体系选用 1 号交联剂(有机锆类)。

3. pH 调节剂筛选

室内选取 4 种用于调节 pH 值的酸性调节剂,调节基液 pH 值至 4,加入酸性交联剂,在相同条件下进行耐温耐剪切能力测试。不同 pH 调节剂下酸性压裂液流变曲线如图 5-25(彩图 5-25)所示。

结果表明:在 pH 值相同的条件下,1 号 pH 调节剂可以使压裂液体系保持较好的耐温耐剪切能力。因此,酸性压裂液体系选用 1 号 pH 调节剂。

4. 酸性交联剂比例优化

配制稠化剂比例为 0.4% 的 CMHPG 压裂液基液,加入 0.6% pH 调节剂调节基液 pH 值至 4,加入不同比例的交联剂进行耐温耐剪切实验。不同交联比下耐温耐剪切曲线如图 5-26(彩图 5-26)所示。

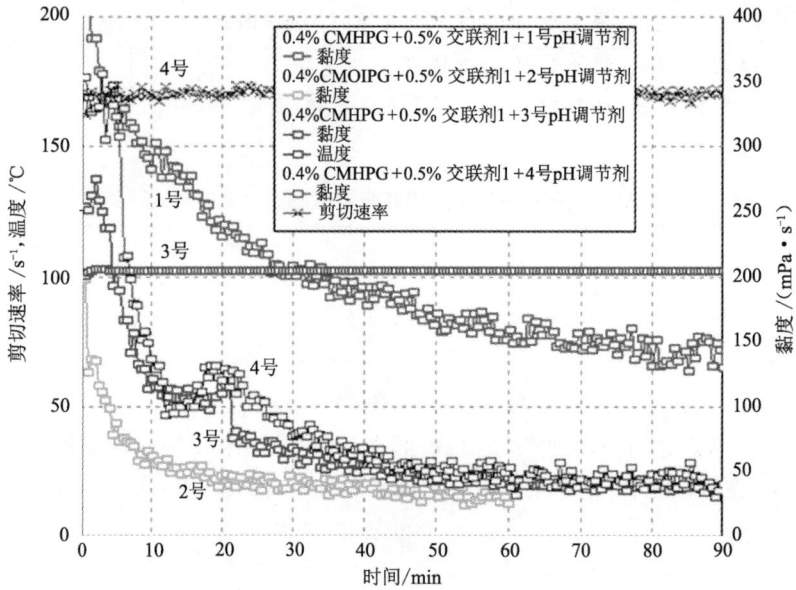

图 5-25　不同 pH 调节剂下酸性压裂液流变曲线

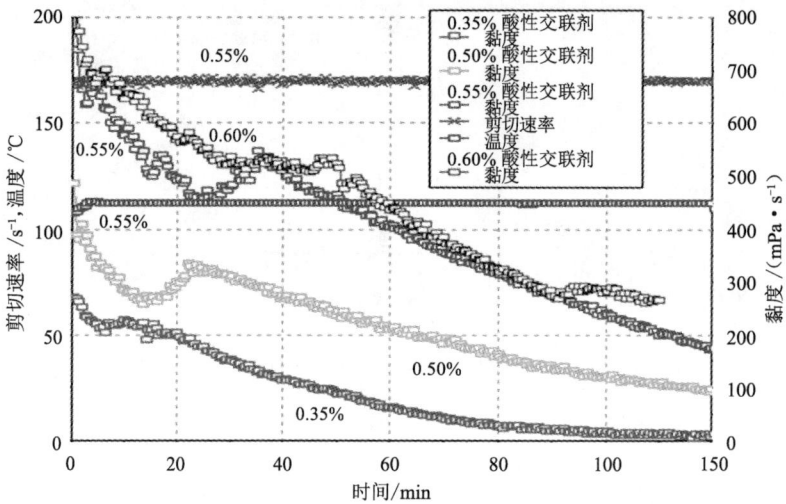

图 5-26　不同交联比下酸性压裂液耐温耐剪切曲线

结果表明：交联比为 0.50％ 的有机锆交联剂在 110 ℃ 下连续剪切 120 min，冻胶黏度略低于 100 mPa·s；交联比为 0.55％ 的酸性交联剂在 110 ℃ 下连续剪切 120 min，冻胶黏度大于 150 mPa·s。因此，选择有机锆交联剂使用比例为 0.55％，pH 调节剂比例为 0.60％。

5. 黏土稳定剂

黏土稳定剂通过改变黏土表面化学离子而改变其理化性质，或者破坏其离子交换能力，或者破坏双电层离子氛之间的斥力，从而达到防止油气层中黏土矿物水合膨胀和分散运移的目的。因此，它是压裂/酸化液体系中不可或缺的重要添加剂之一。

实验选取 KCl（类别 1）、高温黏土稳定剂（类别 2）、高温黏土稳定剂（类别 3）及黏土稳定剂 NW-2（类别 4）4 种黏土稳定剂进行分析评价其防膨性能。在常温及高温下 4 种防膨剂的防膨率见表 5-34。

表 5-34　不同防膨剂在常温及高温的防膨率

防膨剂类别	加量/%	常温防膨率/%	高温防膨率/%	备　注
1	1.0	89.4	82.1	高温防膨率是将加防膨剂溶液置于 110 ℃ 的密闭空间中恒温 20 h 得到的实验结果
2	0.5	94.2	87.4	
3	0.5	96.3	66.4	
4	0.5	92.7	57.8	

结果表明:类别 2 黏土稳定剂在常温及高温下均有很好的防膨效果,因此防膨剂选用类别 2 黏土稳定剂。

6. 助排剂

助排剂是压裂/酸化液体系中重要添加剂之一,用来降低压裂液破胶液的表/界面张力,减少液阻效应,以有利于压裂液的迅速反排,减少压裂液在储层中的残留量和残留时间,从而减小对储层的伤害,达到增产的目的。所取到的 4 个助排剂样品在室温下的表面张力及界面张力(0.30%)及高温老化后的数据见表 5-35。

表 5-35　助排剂常温及老化后的检测结果

序　号	常温检测结果/(mN · m⁻¹)		老化后检测结果/(mN · m⁻¹)		备　注
	表面张力	界面张力	表面张力	界面张力	
1	27.55	<1	32.39	<1	老化是将稀释后的助排剂溶液放在 110 ℃ 密闭空间 72 h
2	26.06	2.04	33.64	<1	
3	25.73	1.08	29.24	<1	
4	28.32	<1	32.49	<1	

结果表明,4 种助排剂在常温下检测数据均满足标准 Q/SHCG 69—2013《压裂酸化用助排剂技术要求》,在 110 ℃ 老化后仅有 3 号助排剂的表面张力在 32 mN/m 以下。

7. 杀菌剂

各种压裂液在现场使用时由于受温度、空气、细菌等多种因素的影响,性能会发生一些变化,尤其是当配制与施工时间间隔较长时问题更为突出。目前天然植物胶及其衍生物是水基压裂液最常用的稠化剂,其属于半乳甘露多聚糖类,是细菌的极佳食物源,故水基植物胶压裂液容易受细菌的降解而发生腐败变质,表现为 pH 值下降、弱交联或不交联,且还可使储层流体发酵变酸。一旦进入储层,部分存活的细菌可将硫酸盐离子还原为硫化氢,从而使原油变酸。因此,在水基植物胶压裂液中必须加入杀菌剂,以保证胶液在配制后至施工前不腐败变质,并遏制地层中细菌的孳生。

常用的压裂用杀菌剂主要包括有机化合物(酚、醇、醛)、氧化剂(高锰酸钾、过氧化氢、过氧乙酸)和阳离子表面活性剂(1227)三大类。室内研究了调研收集到及实验室常用的杀菌剂共 4 种杀菌剂,分别配制杀菌剂加量为 0.05%,0.1% 和 0.3% 的质量分数为 0.40% 的 CMHPG 基液,静置于 30 ℃ 的恒温培养箱中,并使用六速旋转黏度计分别测定加入不同浓度杀菌剂的羟丙基胍胶溶液在恒温 4 h 和 72 h 时的表观黏度,计算出黏度损耗率。实验结果见表 5-36。

表 5-36　不同杀菌剂实验结果

加　量	黏度损耗率/%			
	编号 1	编号 2	编号 3	编号 4
0.05%	15.38	6.50	9.09	5.40
0.1%	2.56	2.30	4.14	6.09
0.3%	5.13	1.10	11.28	3.68

从杀菌剂黏度损耗率来看,2 号杀菌剂在加量为 0.1% 时的杀菌效果最好。

8. 破乳剂

水基压裂液与地层原油能够形成油水乳状液,由于原油中胶质、沥青质等天然乳化剂附着在水滴上形成保护膜,使乳状液具有较高的稳定性。乳状液的黏度能从几毫帕秒到几千毫帕秒不等,如果在井眼附近产生乳化,可能出现严重的生产堵塞,加入某些表面活性剂可达到防乳破乳的目的。加入的表面活性剂能强烈地吸附于油/水界面,顶替原来牢固的保护膜,使界面膜强度大大降低,保护作用减弱,有利于破乳。

常用的油水乳状液的破乳剂多为胺类表面活性剂,特别是以多乙烯多胺为引发剂,用环氧丙烷多段整合聚合而成的胺型非离子表面活性剂,相对分子质量大,有利于破乳。破乳剂性能见表 5-37。

表 5-37　破乳剂性能

项　目	指　标	破乳剂
外　观	均匀液体	均匀液体
pH	5.5～9.0	6.5
与压裂液的配伍性	无分层、沉淀、乳化、悬浮	无分层、沉淀、乳化、悬浮
破乳率	≥90%	95%

（二）CMHPG 酸性压裂液配方及性能评价

通过压裂液添加剂的研选,最终形成了 CMHPG 酸性压裂液配方,其基液配方为:0.40% CMHPG（+0.50%高温黏土稳定剂＋0.3%助排剂＋0.10%杀菌剂＋0.1%破乳剂＋0.60% pH 调节剂。

交联剂及交联比为 0.55%酸性交联剂（有机锆类）;破胶剂为 0.01%胶囊破胶剂＋0.1%过硫酸铵。

依据 SY/T 5107—2016《水基压裂液性能评价方法》对 CMHPG 酸性压裂液进行性能评价。

1. 配伍性

按照配方配制羧甲基羟丙基胍胶压裂液基液,在室温下分别静置 4 h,24 h 和 48 h,液体没有出现沉淀及分层现象,说明酸性压裂液体系添加剂之间配伍性良好。制备破胶液 100 mL,与 100 mL 松页油 1 井地层水混合,95 ℃放置 4 h,无沉淀及絮凝现场产生,说明体系与储层流体配伍性良好。

2. 耐温耐剪切能力测定

耐温耐剪切是考察液体的黏度受高温剪切作用的影响程度。冻胶装入样品中,在

110 ℃,170 s⁻¹下连续剪切 120 min,耐温耐剪切曲线如图 5-27 所示。

结果表明:该羧甲基羟丙基胍胶压裂液体系具有良好的耐温耐剪切能力,连续剪切 120 min,最终黏度约 170 mPa·s,可以达到项目指标要求。

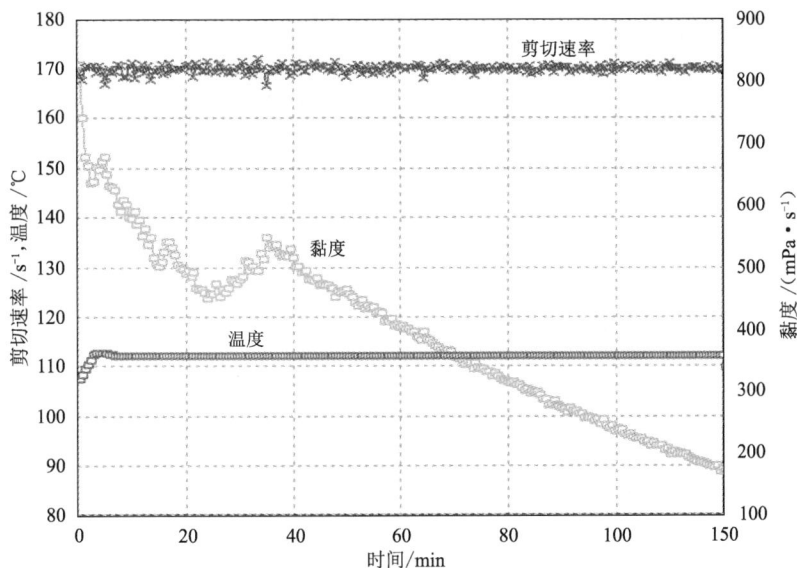

图 5-27 压裂液耐温耐剪切曲线

3. 破胶性能及破胶液性能

按照配方配制羧甲基羟丙基胍胶压裂液基液,按照比例加入破胶剂和交联剂,搅拌均匀至形成冻胶,将冻胶装入密闭容器置于 110 ℃烘箱中加热,120 min 后取出冷却至室温,冻胶破胶彻底,用毛细管黏度计测得破胶液黏度为 1.72 mPa·s,用表界面张力仪测得破胶液表面张力为 27.85 mN/m,界面张力为 1.43 mN/m。

4. 残渣含量

取 100 mL 上述破胶液置于已烘干恒重的离心管中,将离心管放入离心机内,在 3 000 r/min±150 r/min 的转速下离心 30 min,然后慢慢倾倒出上层清液,将离心管放入恒温电热干燥箱中,在温度 105 ℃±1 ℃条件下烘干至恒重。实测残渣平均含量为 173 mg/L,较同比例羟丙基胍胶压裂液残渣 470 mg/L 明显降低,对储层伤害较小,说明羧甲基羟丙基胍胶压裂液体系属于低伤害压裂液体系。

通过上述各项评价实验可以看出,羧甲基羟丙基胍胶压裂液体系具有在酸性环境下交联、可延迟交联、耐温耐剪切性好、破胶彻底、表界面张力低,防膨率高,残渣含量小,对储层伤害小的显著特征(表 5-38)。

表 5-38 CMHPG 低伤害酸性压裂液性能

评价指标	评价结果	实验条件
基液黏度	51 mPa·s	在 30 ℃水浴中恒温 4 h,用六速旋转黏度计测定
基液 pH	4.5	pH 试纸常温下测得
交联时间	55 s	漩涡闭合法
流变性	170 mPa·s	流变仪,110 ℃,170 s⁻¹下连续剪切 120 min

续表

评价指标	评价结果	实验条件
破胶性能检测	黏度 1.72 mPa·s 表面张力 27.8 mN/m 界面张力 1.43 mN/m	密闭容器置于 110 ℃烘箱中加热,120 min 后取出冷却至室温,冻胶破胶彻底,用毛细管黏度计测黏度,用界面张力仪测表面性能
携砂性能检测	20％砂比静置 4 h 不沉淀	加热至 120 ℃,在量筒中分别静置沉降 240 min,180 min 和 80 min
残渣含量测定	平均 173 mg/L	取 100 mL 上述破胶液放入离心机内,在 3 000 r/min 的转速下离心 30 min,蒸馏水洗涤两次,在温度 105 ℃条件下烘干至恒重
防膨率	87.4％	页岩膨胀仪,110 ℃

CMHPG 低伤害酸性压裂液体系在 110 ℃,170 s^{-1} 条件下剪切 2 h 后,黏度在 170 mPa·s 以上,具有较好的耐温抗剪性能;破胶后所产生的残渣含量低(173 mg/L),远小于常规胍胶压裂液残渣含量(600 mg/L),破胶液黏度低(1.72 mPa·s),对地层伤害小。其他性能指标能够根据现场施工要求进行调整,适用于页岩油储层压裂改造。

四、前置液助排技术

松辽盆地陆相页岩油埋藏属于中浅层(垂深 2 400 m 左右),地层温度低(100 ℃左右),地层能量较低,渗透率 0.40～0.04 mD,属低渗油藏;且陆相页岩油中蜡质和沥青质含量较高(40％～60％),油品黏度大(50 ℃,11～20 mPa·s),凝固点较高(30～45 ℃),渗流能力差,储层黏土矿物含量偏高(40％～50％)。提高页岩油储层压裂液返排率并实现储层改造后破胶液的快速返排,降低外来流体长期滞留对地层造成二次伤害,对提高压裂改造效果及保持储层稳产具有重要意义。通过在压裂液前置液中添加油水相溶剂可以避免油水混合后产生的乳化或水锁伤害,有助于破胶液的返排和油气的产出,达到提高返排率、降低储层伤害的目的。

油水相溶剂是一种醇醚类表面活性剂。在压裂前置液阶段,按前置液总量的 0.3％～0.5％随前置液加入,其后不再注入。由于陆相页岩油储层的压裂施工排量在 8 m³/min 以上,当外来流体高速进入储层后,与储层原油搅拌混合,地层原油中含有一定量的天然乳化剂,易形成乳化液从而堵塞渗流通道。压裂液中的助排剂、破乳剂、杀菌剂等所包含的阳离子表面活性剂成分在进入地层后会吸附在岩石及黏土颗粒表面,一是使岩石变为油润湿性而影响原油的流动及最终采收率,二是直径低于 2 μm 的黏土颗粒在吸附了表面活性剂后变得一部分亲水、一部分亲油,对产生的乳化液起到进一步的稳定作用。乙二醇单丁醚是一种在油和水里都有一定溶解能力的物质,它随前置液进入地层后,可优先吸附在砂粒和黏土表面,不仅能降低这些颗粒对乳化液的稳定性,减少因乳化液而引起的地层伤害以及压裂破胶液返回井筒的阻碍,还能使地层变为水润湿,改善地层的渗透性。

油水相溶剂可以添加到滑溜水、线性胶或冻胶压裂液的前置液阶段,一方面可减小油水渗流阻力,阻止乳液絮状物的形成,避免二次伤害,对返排液的后期排出提供保障;另一方面,可改善地层岩石的润湿性,将地层岩石润湿性调整为中性弱亲水,既有助于工作液返排,又可消除地层润湿性对原油流动的不利影响。因此,其对提高页岩油储层压裂效果、保持稳产具有重要意义。

第六章 支撑剂设计

在水力压裂中,支撑剂的作用是充填压裂产生的水力裂缝,使之不重新闭合,且形成一个具有高导流能力的流动通道。在储层特征及裂缝几何尺寸相同的条件下,压裂井的增产效果及生产动态取决于裂缝的导流能力。裂缝导流能力指裂缝传导(输送)储层流体的能力,并以裂缝支撑剂层的渗透率(K_f)与裂缝支撑缝宽(W_f)的乘积(KW_f)来表示。一般认为,支撑剂的类型、物理性质及其在裂缝中的分布(铺置浓度,即单位裂缝面积上的支撑剂量)、裂缝的闭合压力是控制裂缝导流能力的主要因素。因此,掌握支撑剂的物理性质及影响裂缝导流能力的诸多因素,有利于合理地选择支撑剂,提高储层压裂改造效果。

第一节 储层对支撑剂性能要求

压裂的本质目的是将支撑剂输送地层内张开裂缝并有效铺置。支撑裂缝导流能力是否与储层渗透能力相匹配,有效支撑裂缝长度否满足压裂设计要求,支撑剖面是否在储层内合理布放,对于页岩油储层非常重要。

一、支撑剂选择的直接依据

在地层条件下,因裂缝沿垂直于最小主应力方向张开,施加于支撑剂上的最大有效应力为地层闭合压力。如果支撑剂强度不够,在闭合压力作用下会发生破碎,从而造成支撑裂缝渗透性大大降低,形成无效裂缝。

可采用室内岩芯测试和现场测试压裂方法确定地层闭合压力。一般而言,随井深增加,闭合压力增大。在生产过程中,储层压力将随井层的产出和生产时间的延续而降低,储层内最小水平主应力与井底流动压力也会下降,但两者的递减速率不同,这样最终作用在缝中支撑剂上的有效闭合压力也随之而递增。

图 6-1 所示为不同闭合压力条件下支撑剂选择的大致范围。综合考虑强度和经济成本因素,当闭合压力小于41 MPa 时可选用天然石英砂(国内石英砂闭合应力小于 30 MPa),当闭合压

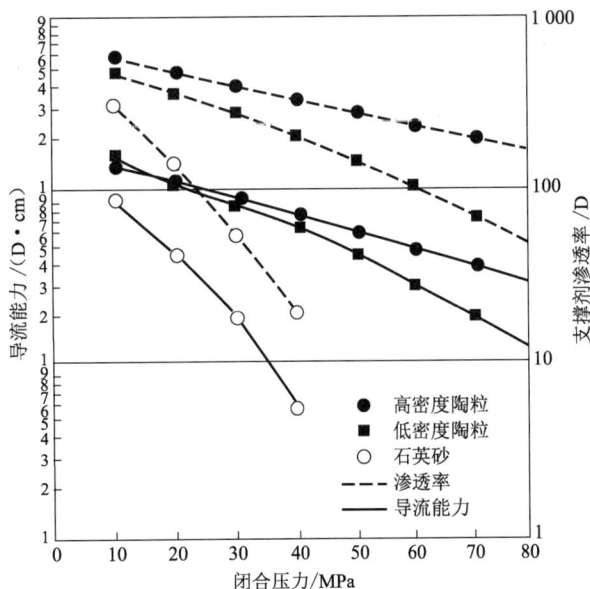

图 6-1 不同闭合压力支撑剂选择范围

力大于 41 MPa 且小于 69 MPa 时可选用中强度陶粒支撑剂，当闭合压力大于 69 MPa 时可选用高强度支撑剂。

二、支撑剂的物理性质

（一）支撑剂类型、粒径尺寸及粒度分布

1. 支撑剂类型

（1）石英砂。

天然石英砂的主要化学成分是二氧化硅（SiO_2），同时伴有少量的氧化铝（Al_2O_3）、氧化铁（Fe_2O_3）、氧化钾（K_2O）、氧化钠（Na_2O）。

石英砂的矿物成分以石英为主。石英含量是衡量石英砂质量的重要指标，我国压裂用石英砂中石英含量一般在 80% 左右，且伴有少量长石、燧石及其他喷出岩及变质岩等岩屑。国外优质石英砂中的石英含量可达 98% 以上。压裂用石英砂取自天然自生的石英砂，经水洗、烘干、筛析成不同规格。

一般石英砂的视密度约为 2.65 g/cm^3，体积密度约为 1.60 g/cm^3。虽然石英砂的密度低，易于泵送，但抗压强度低，地层闭合压力大于 20 MPa 开始出现破碎，导流能力大幅度降低。

（2）陶粒支撑剂。

陶粒支撑剂是一种主要由铝矾土（氧化铝）烧结而成的人工合成支撑剂，其化学成分及微观结构见表 6-1。

相对于石英砂，陶粒支撑剂具有抗压强度高、破碎率低、导流能力高的特点，适用于各种压裂。陶粒是在 1 400 ℃ 高温烧结而成的，具有较好的抗盐、耐温性能，在 150～200 ℃ 含 10% 的盐水中老化 240 h 后，抗压强度不变；随闭合压力的增加或承压时间的延长，陶粒的破碎率要比石英砂低很多，导流能力的递减率也要慢得多。

陶粒的颗粒相对密度较高，对压裂液的性能（如黏度、流变性等）及泵送条件（如排量、设备功率等）都提出了更高要求。陶粒的物料选择与制造过程都比其他支撑剂要严格和复杂得多。受铝矾土矿开采及加工困难的限制，陶粒价格相对较贵。

表 6-1 陶粒化学成分及微观晶相结构

类　别	项　目	中　国			美国（CARBO 公司）		
		低密中强 /%	中密中强 /%	高密高强 /%	低密中强 /%	中密中强 /%	高密高强 /%
化学成分	Al_2O_3	23.0	—	82.5	51.0	72.0	83.0
	SiO_2	59.5	—	4.5	45.0	13.0	5.0
	Fe_2O_3	10.5	—	3.5	0.9	9.9	7.0
	TiO_3	—	—	3.5	2.2	3.7	3.5
	其　他	—	—	—	0.9	1.4	1.5

续表

类别		项目	中国			美国(CARBO 公司)		
			低密中强/%	中密中强/%	高密高强/%	低密中强/%	中密中强/%	高密高强/%
微观晶相	高含晶相	刚玉	以刚玉为主	以刚玉为主	—	—	50.0	>70.0
	中含晶相	莫来石	少 量	少 量	—	—	50.0	<70.0
		方英石	少 量	少 量	—	—	—	—
	低含晶相	非品质	—	—	—	—	<10.0	—
	其他		>10.0	>10.0	—	<2.0	<2.0	<10.0

（3）树脂覆膜支撑剂。

树脂覆膜支撑剂采用一种特殊工艺将改性苯酚甲醛树脂包裹到石英砂的表面上，并经热固处理制成。按树脂包裹方法，可分为预固化树脂覆膜砂和可固化树脂覆膜砂。

预固化树脂覆膜砂是在砂子表面上包一层树脂，使闭合压力分布在较大的树脂层的面积上，以减少负荷，这样即使压碎了包层内的砂子，外边的树脂包层仍可以将碎块、微粒包裹在一起，防止它们运移或堵塞支撑剂带的孔隙，保持裂缝有较高的导流能力。

可固化树脂覆膜砂是在石英砂表面上事先包裹一层与压裂目的层温度相匹配的树脂，并作为尾追支撑剂置于水力裂缝的近井缝段，当裂缝闭合且地层温度恢复后，由软至硬地将周围相同的可固化树脂砂胶结起来，这样在裂缝深处与井筒地带形成一道"屏障"，起到防止缝内支撑剂反吐回流的作用。

2. 支撑剂的粒径尺寸

支撑剂的粒径是影响导流能力的重要因素。支撑剂充填层渗透性与支撑剂粒径平方成正比，支撑剂粒径大，导流能力高。在同一类型的支撑剂中，粒径尺寸较大的有较高的破碎率，它们破碎的部分碎块往往仍大于或接近小粒径支撑剂的尺寸，因此仍能产生比小粒径支撑剂更高的导流能力。

3. 支撑剂的粒径分布

某一粒径范围的支撑剂至少由大小不等的 6 种粒度集合而成。在同一类型、同一粒径尺寸和同一实验条件下，大颗粒支撑剂占总质量的百分数越大，越能创造高的导流能力。选用粒度均匀（粒径分布窄）的支撑剂比粒径分布宽的支撑剂能获得更高的导流能力。

（二）支撑剂抗压强度

支撑剂的抗压强度以支撑剂一定量的群体破碎率来表示。室内破碎率实验采用压力试验机在给定的载荷下对支撑剂进行加压，通过对破碎颗粒称重，确定样品的破碎率。石英砂及陶粒支撑剂的抗破碎测试压力及指标见表 6-2。

表 6-2　支撑剂破碎率

类　型	体积密度 /(g·cm⁻³)	视密度 /(g·cm⁻³)	粒径范围	闭合压力 /MPa	破碎率/%
石英砂	—	—	1 180～850 μm(16/20 目)	21	≤14
			850～425 μm(20/40 目)	28	≤14
			600～300 μm(30/50 目)	35	≤8
			425～250 μm(40/60 目)	35	≤7
			425～212 μm(40/70 目)		
			212～106 μm(70/140 目)		
陶　粒	—	—	3 350～1 700 μm(6/12 目)	52	≤25
	—	—	2 360～1 180 μm(8/16 目)	52	≤25
	—	—	1 700～1 000 μm(12/18 目)	52	≤25
	—	—	1 700～850 μm(12/20 目)	52	≤25
	—	—	1 180～850 μm(16/20 目)	69	≤18
	—	—	1 180～600 μm(16/30 目)	69	≤18
	≤1.65	≤3.00	850～425 μm(20/40 目)	52	≤8
	≤1.80	≤3.35		52	≤4
	＞1.80	≥3.00		69	≤5
	≤1.65	≤3.00	600～300 μm(30/50 目)	52	≤6
	≤1.80	≤3.35		69	≤5
	＞1.80	≥3.00		69	≤4
	—	—	425～250 μm(40/60 目)	86	≤8
	—	—	425～212 μm(40/70 目)	86	≤8
	—	—	212～106 μm(70/140 目)	86	≤8

　　通常支撑剂破碎率随支撑剂粒径增大而增大,造成这种现象并不是因为支撑剂粒径增大而导致支撑剂强度降低,实际上所有支撑剂的强度随粒径的增大而增大,主要是因为受力状况发变化所致。小粒径支撑剂是更多支撑剂表面受力,接触应力点和面积增加,使单个颗粒受力减小。当铺置浓度增加后,支撑剂更容易受到保护,避免破碎。采用树脂覆膜也会对支撑剂有所保护,强度有一定增加。

　　(三)支撑剂圆度和球度

　　当支撑剂颗粒接近浑圆及球体时,即圆度、球度高的支撑剂,其内部应力分布十分均匀,能够承受很高的负载并产生较大的孔隙度;也由于支撑渗透率(K_f)是支撑剂平均粒径(d_A)和支撑剂层孔隙度(Φ)的函数:

$$K_f \propto d_A^2 \Phi^5$$

　　圆度、球度高的支撑剂能为裂缝产生较高的导流能力。依据石油行业标准 SY/T 5108—2014《水力压裂和砾石充填作业用支撑剂性能测试方法》,陶粒和树脂覆膜支撑剂的平均球度和圆度应该是 0.7 或更大,其他支撑剂的球度和圆度应该是 0.6 或更大。

（四）支撑剂浊度

支撑剂浊度是用于表征混杂于成品支撑剂中的细粒、微粒、粉尘或其他杂质含量多少的物理量。压裂完成后,这些物质在储层流体的携带下会运移或堵塞支撑剂间的空隙而降低裂缝的导流能力。依据石油行业标准 SY/T 5108—2014《水力压裂和砾石充填作业用支撑剂性能测试方法》,天然石英砂的最大浊度不应超过 150 FTU,陶粒和树脂覆膜支撑剂的最大浊度不应超过 100 FTU。

三、裂缝内支撑剂的铺置

裂缝内支撑剂的铺置是影响导流能力的关键因素。对于低渗透油藏,不仅要求压裂裂缝在储层内有效延伸,同时要求在裂缝长度方向上支撑剂剖面铺置合理,需要研究和优化地应力分布、射孔井段选择、支撑剂输送、铺置浓度等众多参数。

（一）支撑剂的输送

支撑剂输送受到压裂液流变性能、支撑剂沉降、流动速度、支撑剂浓度和密度等因素的影响,压裂液耐温耐剪切能力强,流动速度大,则支撑剂输送能力好,输送支撑剂浓度大,距离远。支撑剂沉降是影响支撑剂输送的重要因素,如果沉降速度过快,支撑剂堆积在裂缝下部,支撑裂缝闭合后位于非储层段或储层段下部,形成无效裂缝,导致压裂效果变差甚至无效。在实际压裂施工中,支撑剂的输送还受缝内剪切速率分布、壁面作用、支撑剂浓度等因素的影响。

（二）铺置浓度

在裂缝中,单位裂缝面上的支撑剂质量定义为支撑剂的铺置浓度。同一类型、同一粒径尺寸支撑剂所产生的裂缝导流能力在很大程度上取决于该种支撑剂在裂缝中的铺置浓度,图 6-2 所示为二者典型关系曲线。

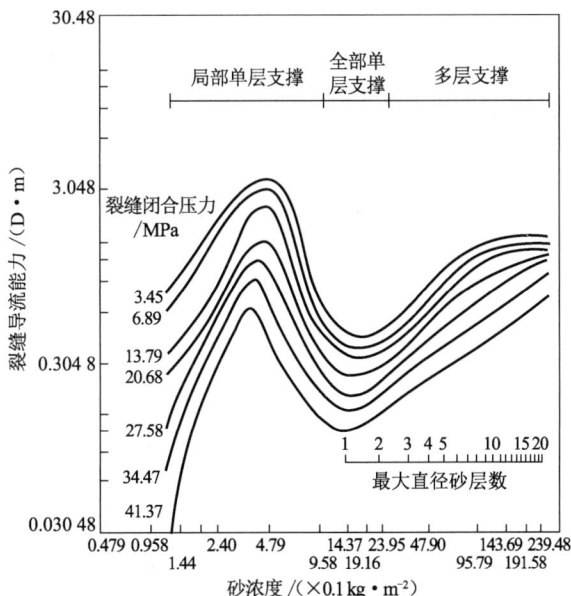

图 6-2 不同闭合压力下支撑剂铺置浓度与裂缝导流能力关系（美国 20/40 目 Bradg 砂）

由图 6-2 可知,虽然局部单层支撑可获得最大导流能力,但是在现场施工中却难以实现。多层支撑能减缓缝中支撑剂因破碎或嵌入造成的对支撑缝宽变窄的不利影响,使裂缝仍能保持较高的导流能力,且导流能力随铺置浓度的增加而增高。为获得多层支撑剂,可通过多级渐进式或斜坡式的加砂程序以及进行高砂比或端部脱砂等压裂工艺来实现。

四、长期裂缝导流能力

在油藏实际条件下,随着注水和生产时间的延长,支撑裂缝导流能力发生动态变化,国内外针对裂缝长期导流能力开展了大量的研究与实验,受支撑剂嵌入、压裂液伤害、微粒运移等诸多因素的影响,实际条件下裂缝导流能力远低于实验室条件下测定的导流能力。如仅以室内测试结果作为支撑剂选择的依据,可能会造成判断失误,而如选用支撑剂不当,会对改造效果有较大影响。

压裂液伤害是裂缝导流能力伤害的主要因素之一。实验研究表明,压裂液残渣和破胶不彻底引起裂缝伤害达 50%,见表 6-3。

表 6-3　几种压裂液对支撑剂充填层裂缝导流能力的保留系数

压裂液名称	导流能力的保留系数/%
生物聚合物	95
泡沫	80~90
聚合物乳化液	65~85
稠化油	45~70
线性胶	45~55
交联羟丙基胍胶	10~50

另外,压裂液残渣越高,造成裂缝导流能力伤害越大。降低压裂液残渣有利于保持裂缝的导流能力(表 6-4)。

表 6-4　不同残渣含量对填砂裂缝导流能力的影响

测量介质	平均导流能力/(D·cm)	残渣伤害程度/%
蒸馏水	87.50	
离心液(无残渣)	61.69	29.49
破胶液(10%残渣)	57.15	34.69
破胶液(20%残渣)	45.55	47.94

诸多学者在研究裂缝导流能力时考虑了嵌入、非达西流、支撑剂铺置浓度、多相流、循环应力加载、压裂液伤害、微粒运移等因素,每种因素在特定情况下都会引起导流能力不同程度下降。

页岩油储层具有低孔低渗的特点,在支撑剂优选时需要确定储层特征参数,确定区块地层闭合压力,综合考虑储层渗透率对裂缝导流能力的需求,以长期导流能力为重点,评价支撑剂的综合性能,确定支撑剂类型和支撑剂输送参数。

第二节　支撑剂嵌入实验及评价

页岩油储层黏土含量高，地层偏塑性，在支撑剂的选用上必须考虑压裂后裂缝闭合后支撑剂在裂缝的嵌入程度。中外学者通过大量研究发现，储层岩性、力学性质、压裂液类型、支撑剂类型及粒径范围、铺置浓度等都是影响支撑剂嵌入的因素。

实验取松辽盆地页岩油储层岩芯加工的岩板，采用自行研制的支撑剂嵌入测试分析系统，对岩板进行不同粒径、不同铺砂浓度下的支撑剂嵌入测试，并借助超长聚焦连续变焦视频显微镜和电镜扫描仪对测试的嵌入深度进行分析验证和校正。在与支撑剂嵌入测试相同的粒径和铺砂浓度的条件下，使用 FCES-100 裂缝导流仪（API 标准设计，使用 API 标准导流室，最高实验温度 100 ℃，最大闭合压力 100 MPa）测试导流能力。测试结果见表 6-5。

表 6-5　支撑剂嵌入深度测试结果

岩样编号	工作液	闭合压力/MPa	支撑剂粒径/目	铺砂浓度/(kg·m^{-2})	嵌入深度/μm
1	—	40	20/40	5	78.16
2	—	40	30/50	5	66.79
3	—	40	40/70	5	55.60
4	—	40	30/50	3	81.91
5	—	40	30/50	8	51
6	—	40	30/50	10	46
7	破胶液	40	30/50	5	102
8	清水	40	30/50	5	128
9	2% KCl 溶液	40	30/50	5	83

可以看出，在相同铺砂浓度下，支撑剂粒径越大，嵌入深度越大；在相同支撑剂粒径下，铺砂浓度越低，嵌入深度越大。对不同的工作液而言，清水条件下嵌入深度最大，其次为破胶液，2% KCl 溶液嵌入最小。

一、支撑剂嵌入深度影响因素

（一）闭合压力

根据 20/40 目和 30/50 目支撑剂的嵌入深度测试结果（图 6-3），可知闭合压力是影响嵌入深度的直接因素，2 种粒径支撑剂的嵌入深度均与闭合压力呈线性正相关。20/40 目支撑剂的嵌入深度大于 30/50 目支撑剂的嵌入深度，这与表 6-5 中的测试结果一致。

（二）杨氏模量

从嵌入深度与杨氏模量的关系（图 6-4）可以看出，两者呈负相关关系。岩石的杨氏模量越大，支撑剂嵌入深度越低。通过实验对比发现，同一层段的岩芯在清水和质量分数 2% 的氯化钾溶液中浸泡后的岩石杨氏模量高于只在清水中浸泡的，而嵌入深度更低。实验结果说明，压裂液中加入氯化钾溶液将会起到延缓岩石杨氏模量损失、降低嵌入深度的作用。

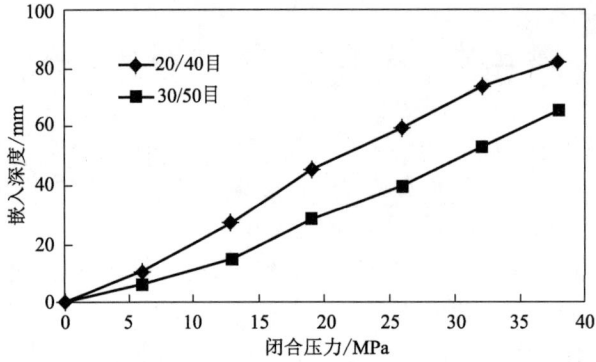

图 6-3 支撑剂嵌入深度与闭合压力的关系

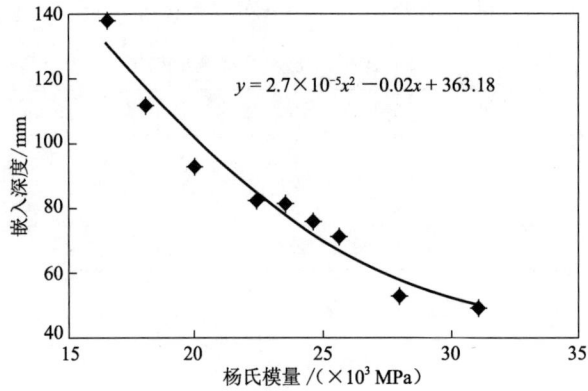

$$y = 2.7 \times 10^{-5}x^2 - 0.02x + 363.18$$

图 6-4 嵌入深度与杨氏模量的关系

（三）工作液类型

根据不同类型工作液对支撑剂嵌入深度的影响（图 6-5），可知在不同类型工作液中浸泡后的岩芯支撑剂嵌入深度高于未浸泡的岩芯；相同闭合压力下，清水浸泡的岩芯支撑剂嵌入深度最高，浸泡在氯化钾溶液、破胶液中的岩芯支撑剂嵌入深度都较低，但实验中观察到破胶液浸泡过的岩芯表层遗留有大量残渣，影响支撑裂缝的导流能力。

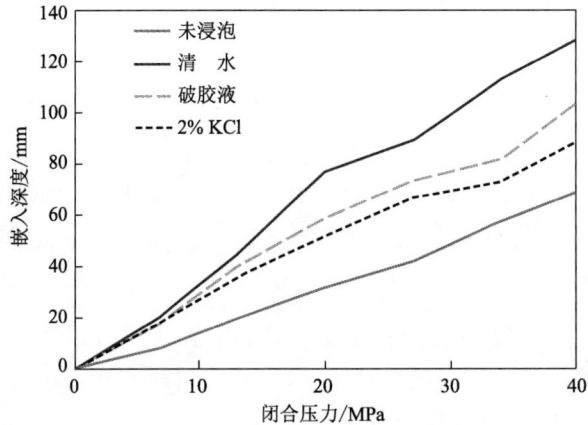

图 6-5 嵌入深度与不同类型工作液的关系

（四）矿物类型及含量

根据脆性矿物和黏土矿物含量对支撑剂嵌入深度的影响（图6-6），可知随脆性矿物含量的增加，支撑剂嵌入深度降低；黏土矿物含量增加，支撑剂嵌入深度增加。实验结果表明，压裂时选取脆性矿物含量较高的层段进行压裂将降低支撑剂嵌入的影响。

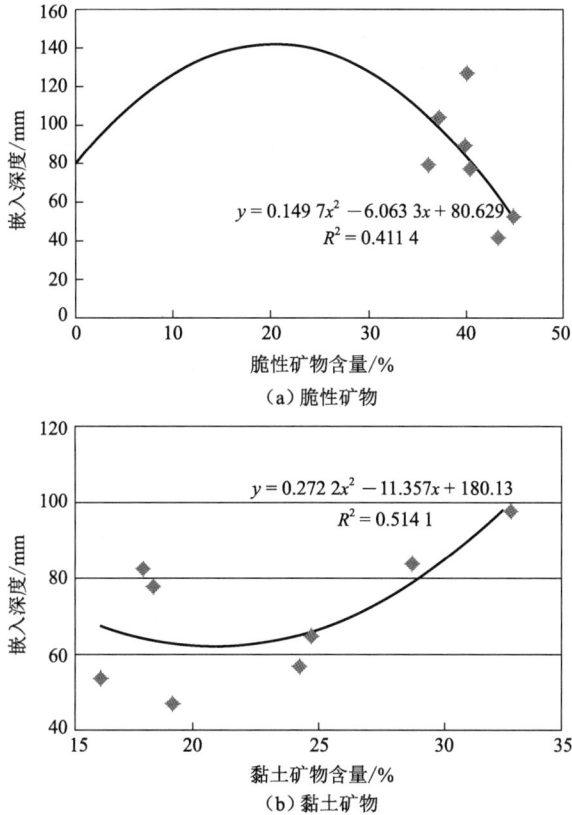

$$y = 0.149\ 7x^2 - 6.063\ 3x + 80.629$$
$$R^2 = 0.411\ 4$$

（a）脆性矿物

$$y = 0.272\ 2x^2 - 11.357x + 180.13$$
$$R^2 = 0.514\ 1$$

（b）黏土矿物

图6-6 脆性矿物和黏土矿物含量对嵌入深度的影响

二、不同类型支撑剂嵌入对导流能力的影响

实验使用FCES-100裂缝导流仪和API标准导流室，无嵌入和嵌入实验分别采用钢板和页岩岩板，实验温度为室温，测试粒径范围相同的石英砂、陶粒和树脂覆膜砂嵌入对导流能力的影响，结果如图6-7至图6-9所示。

从图6-7至图6-9可以看出，页岩油储层偏塑性，支撑剂嵌入现象比较严重，导流能力下降严重。在闭合压力45 MPa下，石英砂的导流能力由24.67 mD·m下降至19.60 mD·m，下降幅度为33%；陶粒的导流能力由77.84 mD·m下降至453.24 mD·m，下降幅度为31%；覆膜石英砂的导流能力由52.55 mD·m下降至44.74 mD·m，下降幅度为15%。

由于支撑剂的嵌入，石英砂和陶粒的导流能力下降幅度为30%以上，覆膜砂的嵌入导流能力的下降幅度仅为15%。综合考虑这三种类型支撑剂的抗压能力和嵌入程度，覆膜石英砂更适宜做为页岩储层压裂用支撑剂。

树脂覆膜石英砂还具有以下优点：

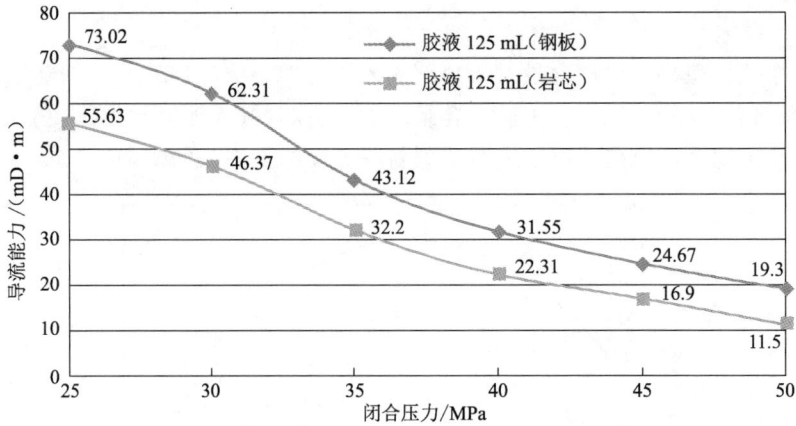

图 6-7 40/70 目石英砂嵌入对导流能力影响对比（铺砂浓度 5 kg/m²）

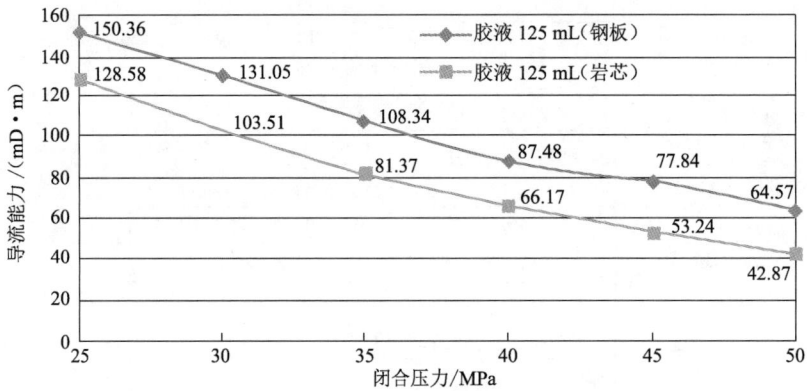

图 6-8 40/70 目陶粒嵌入对导流能力影响对比（铺砂浓度 5 kg/m²）

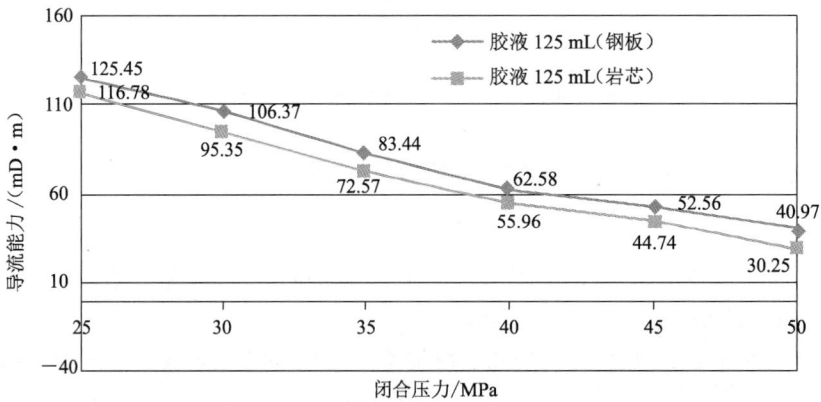

图 6-9 40/70 目覆膜砂嵌入对导流能力影响对比（铺砂浓度 5 kg/m²）

（1）树脂薄膜包裹砂粒具有可变形的特点，这使其接触面积有所增加，从而提高了支撑剂的承压能力，同时可防止支撑剂在地层中的嵌入，以保持较高的导流能力。

（2）树脂覆膜石英砂在地层温度下，树脂层发生交联、固化反应，使松散的砂粒固结形成具有一定强度和渗透率的裂缝通道，从而起到挡砂屏障的作用；树脂覆膜砂的体积密度比石英砂和陶粒要低，便于悬浮携带，有利于提高施工砂比。

（3）支撑剂在地层闭合压力下，即使砂粒在地层中破碎，其树脂薄层也可以将碎块、微粒包裹在一起，防止它们运移或堵塞孔隙，使裂缝保持有较高导流能力。

（4）树脂覆膜石英砂工艺的应用能有效地防止地层出砂造成的通道堵塞，延长井下排采工具检修周期。

第三节　支撑剂导流能力及评价

支撑裂缝导流能力指充填支撑剂的裂缝传导或输送储集层流体的能力。裂缝导流能力与裂缝支撑缝长是控制压裂效果的两大要素。运用 Meyer 压裂模拟软件，输入页岩油某井压裂相关参数（表 6-6 和表 6-7），模拟不同闭合压力下陶粒、覆膜石英砂和石英砂的导流能力，粒径为 20/40 目、30/50 目、40/70 目的陶粒单粒径及组合作为支撑剂时储层中裂缝的发育情况、支撑剂的支撑情况及裂缝的导流能力。

表 6-6　地层及井筒参数

地层参数	油层套管/mm		压裂目的层/m	岩　性	储层温度/℃	渗透率/mD
	外　径	内　径				
数　值	139.7	121.36	2 082～2 148	泥　岩	90	0.18

表 6-7　设计参数

设计参数	射孔段/m	排量/(m³·min⁻¹)	总液量/m³	总砂量/m³	平均砂比/%
数　值	2 108～2 116	12～14	1 850	80	14

一、不同类型支撑剂导流能力评价

运用软件模拟 40/70 目的石英砂、覆膜石英砂与陶粒在相同条件下裂缝的导流能力，研究三种支撑剂在不同闭合压力下的性能变化，对比三种支撑剂在相同情况下的变化特点。40/70 目石英砂、覆膜石英砂和陶粒导流能力模拟结果见表 6-8 和图 6-10。

表 6-8　40/70 目石英砂、覆膜石英砂和陶粒导流能力对比表（铺砂浓度 5 kg/m²）

闭合压力/MPa	40/70 目导流能力/(mD·m)		
	石英砂	覆膜石英砂	陶　粒
10	143.23	240.19	310.56
20	114.60	192.14	250.43
30	93.45	153.25.	200.07
40	71.78	124.50	161.80
50	50.23	98.23	126.52
60	28.56	71.06	98.34
70	15.58	51.37	72.46

闭合压力/MPa	40/70 目导流能力/(mD·m)		
	石英砂	覆膜石英砂	陶 粒
80	7.12	31.25	58.75
90	6.08	22.13	48.89
100	4.21	18.02	38.96

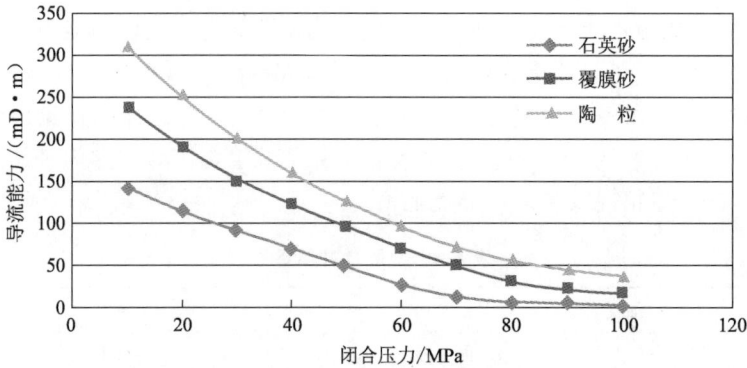

图 6-10　40/70 目石英砂、覆膜石英砂和陶粒导流能力对比

由图 6-10 可看出,相同粒径下,陶粒的导流能力要高于覆膜石英砂和石英砂,覆膜石英砂的导流能力又高于石英砂。随着闭合压力的升高,3 种支撑剂所提供的裂缝导流能力均大幅下降。石英砂支撑剂提供的起始导流能力较低且该支撑剂强度较低,在闭合压力达到50 MPa 时裂缝导流能已经很小,此时已经可以认为该裂缝不具备连通储层、提供油气运移通道的能力,为无效裂缝。覆膜砂、陶粒支撑剂的强度要远高于石英砂,当闭合压力达到60 MPa 时,支撑剂仍然能确保裂缝具有相当的导流能力。

二、不同粒径支撑剂导流能力评价

运用 Meyer 软件,分别模拟出不同闭合压力下粒径为 20/40 目、30/50 目、40/70 目的覆膜石英砂作为支撑剂时储层中裂缝的发育情况、支撑剂的支撑情况及裂缝的导流能力。不同粒径支撑剂导流能力模拟结果见表 6-9 和图 6-11。

表 6-9　不同粒径支撑剂导流能力

闭合压力/MPa	导流能力/(mD·m)		
	20/40 目	30/50 目	40/70 目
10	185.12	258.23	386.44
20	158.34	227.45	338.51
30	133.14	190.78	297.34
40	109.05	153.54	232.14
50	80.45	112.65	161.23
60	55.23	78.29	103.34

闭合压力/MPa	导流能力/(mD·m)		
	20/40目	30/50目	40/70目
70	37.34	52.32	62.80
80	22.14	38.50	45.29
90	18.38	21.45	27.22

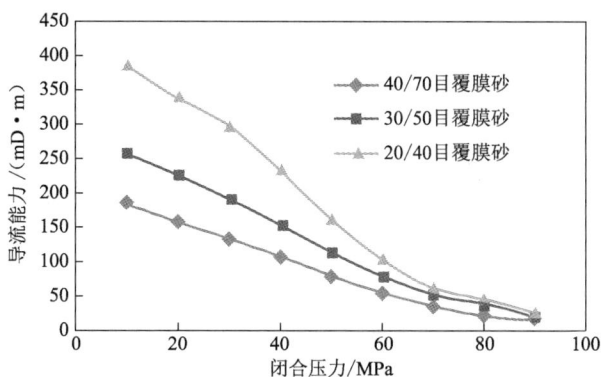

图 6-11　不同粒径支撑剂导流能力曲线

从图 6-11 中可知,当闭合压力由 10 MPa 增加至 50 MPa,由于支撑剂破碎并相互嵌入, 20/40 目支撑剂的导流能力由 185.12 mD·m 下降至 80.45 mD·m,下降的幅度为 65.1%,30/50 目支撑剂的导流能力由 258.23 mD·m 下降至 112.65 mD·m,下降的幅度 为 60.4%,40/70 目支撑剂导流能力由 386.44 mD·m 下降至 161.23mD·m,下降的幅度 为 56.7%。模拟结果显示,大粒径支撑剂的导流能力较大,随着闭合压力的不断增大,大粒 径支撑剂导流能力下降幅度也较大,这是因为随着闭合压力的不断升高,大粒径支撑剂的破 碎率也要远高于其他小粒径支撑剂,所以大粒径支撑剂提供的裂缝导流能力随着压力的上 升下降迅速。当闭合压力达到 50 MPa 左右时 40/70 目支撑剂和 30/50 目支撑剂导流能力 相近,当闭合压力超过 70 MPa 之后各粒径支撑剂破碎程度相当,所以其导流能力也逐渐接 近。

三、不同粒径支撑剂段塞的导流能力

其他参数不变,改变支撑剂段塞的粒径,运用 Meyer 软件模拟 50 MPa 条件下支撑剂段 塞粒径对导流能力的影响,得到以下结果。

(1) 100 目段塞＋30/50 目组合,见表 6-10 和图 6-12(彩图 6-12)。

表 6-10　100 目段塞＋30/50 目组合模拟裂缝各项参数

模拟参数	数　值
造缝长度/m	198.45
支撑缝长/m	182.65
起缝缝高/m	67.73

模拟参数	数　值
裂缝导流能力/(mD·m)	150.86
裂缝平均渗透率/D	83.48

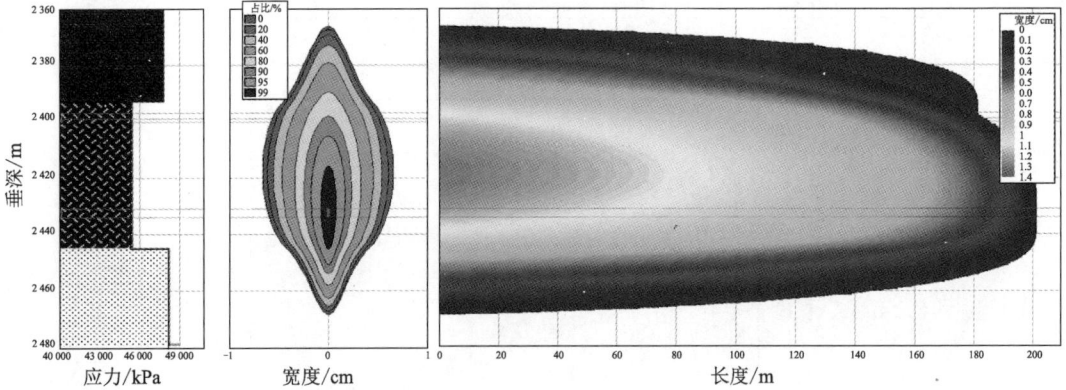

图 6-12　100 目段塞＋30/50 目组合模拟裂缝图

（2）40/70 目段塞＋30/50 目组合，见表 6-11 和图 6-13（彩图 6-13）。

表 6-11　40/70 目段塞＋30/50 目组合模拟裂缝参数

模拟参数	数　值
造缝长度/m	198.13
支撑缝长/m	182.19
起缝缝高/m	67.73
裂缝导流能力/(mD·m)	150.49
裂缝平均渗透率/D	83.34

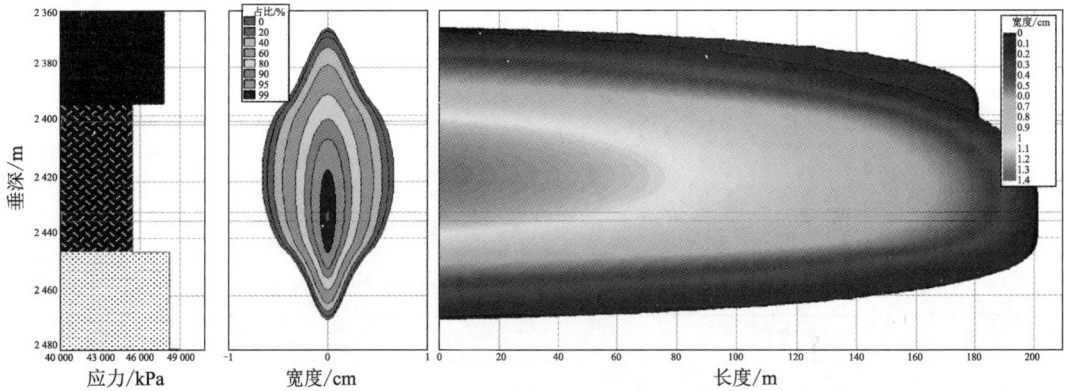

图 6-13　40/70 目段塞＋30/50 目组合模拟裂缝图

（3）30/50 目段塞＋30/50 目组合，见表 6-12 和图 6-14（彩图 6-14）。

表 6-12 30/50 目段塞＋30/50 目组合模拟裂缝各项参数

模拟参数	数 值
造缝长度/m	197.87
支撑缝长/m	181.92
起缝缝高/m	66.76
裂缝导流能力/(mD·m)	150.83
裂缝平均渗透率/D	83.47

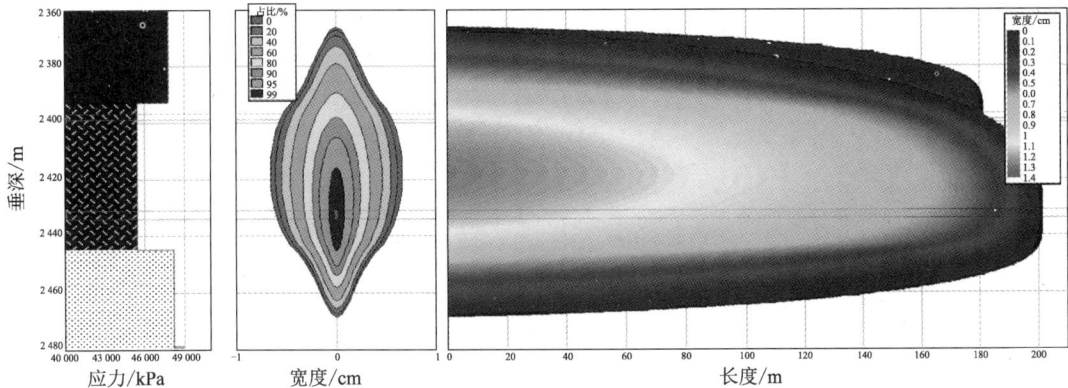

图 6-14 30/50 目段塞＋30/50 目组合模拟裂缝图

可以看出，支撑剂段塞的粒径对导流能力没有影响，使用小粒径支撑剂作为前置液段塞，导流能力不变，所以在页岩油储层压裂施工中采用 100 目小粒径的支撑剂作为段塞，不仅可以保持高的导流能力，小粒径支撑剂还可以沟通更多微小的天然裂缝，提高天然裂缝的导流能力。

四、不同粒径支撑剂组合导流能力

其他参数不变，改变支撑剂的粒径组合，运用 Meyer 软件模拟不同闭合压力条件下不同支撑剂的粒径组合对导流能力的影响。不同 30/50 目＋20/40 目粒径支撑剂组合导流能力见表 6-13 和图 6-15。

表 6-13 不同 30/50 目＋20/40 目粒径支撑剂组合导流能力

闭合压力/MPa	导流能力/(mD·m)					
	40/70 目 100%	40/70 目 80%＋30/50 目 20%	40/70 目 60%＋30/50 目 40%	40/70 目 40%＋30/50 目 60%	40/70 目 20%＋30/50 目 80%	30/50 目 100%
10	212.23	254.56	267.78	283.12	318.30	349.45
20	185.13	218.45	231.35	245.56	274.78	312.64
30	159.34	193.80	206.06	218.02	247.56	279.16

闭合压力/MPa	导流能力/(mD·m)					
	40/70 目 100%	40/70 目 80%＋30/50 目 20%	40/70 目 60%＋30/50 目 40%	40/70 目 40%＋30/50 目 60%	40/70 目 20%＋30/50 目 80%	30/50 目 100%
40	123.23	161.83	182.58	196.90	217.16	247.78
50	84.90	126.84	143.54	159.67	186.67	212.78
60	62.32	93.74	113.66	127.68	157.45	179.89
70	45.87	68.32	85.70	99.87	124.68	143.45
80	31.34	43.67	51.67	63.89	81.09	92.70

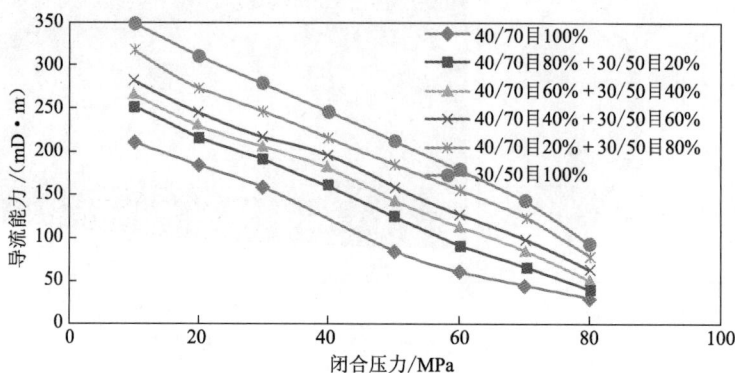

图 6-15　不同 40/70 目＋30/50 目粒径支撑剂组合导流能力曲线

可以看出,随闭合压力增加,30/50 目单一粒径支撑剂的导流能力下降速度明显高于组合粒径支撑剂。随着 20/40 目支撑剂比例的增加,导流能力也逐渐增加,但是增加的幅度不同。在较低闭合压力(50 MPa 以下)条件下,40/70 目(占比 80%)＋30/50 目(占比 20%)的导流能力比 40/70 目的导流能力有较大幅度的提高,继续增加 30/50 目的比例到 40%,导流能力增加的幅度很小,再继续增加 30/50 目的比例到 80%,其导流能力相比 20/40 目的比例为 40% 的导流能力增加较大。在高闭合压力条件下(70 MPa 以上),不同粒径支撑剂组合的导流能力差别不大。

五、不同支撑剂铺砂浓度对导流能力的影响

其他参数不变,改变支撑剂的铺砂浓度,运用 Meyer 压裂模拟软件进行模拟在不同闭合压力条件下,不同支撑剂的铺砂浓度对导流能力的影响。闭合压力 45 MPa 不同铺砂浓度下的导流能力见表 6-14,不同铺砂浓度对导流能力影响对比如图 6-16 所示。

随着铺砂浓度增加,导流能力提高,在条件许可的范围内应提高砂比以提高铺砂浓度,相应提高裂缝导流能力。在闭合压力为 40~50 MPa 时,最优铺砂浓度为 4.9 kg/m²(平均砂比 14.2%)。

表 6-14　闭合压力 45 MPa 不同铺砂浓度下的导流能力

平均砂比	动态半缝长/m	平均缝宽/cm	铺置浓度/(kg·m⁻²)	平均导流能力/(mD·m)
10.30%	194.8	0.84	2.34	61.4
12.50%	191.5	0.89	3.95	72.5
14.20%	189.2	1.05	4.98	98.7
18.40%	186.5	1.12	6.2	107.6

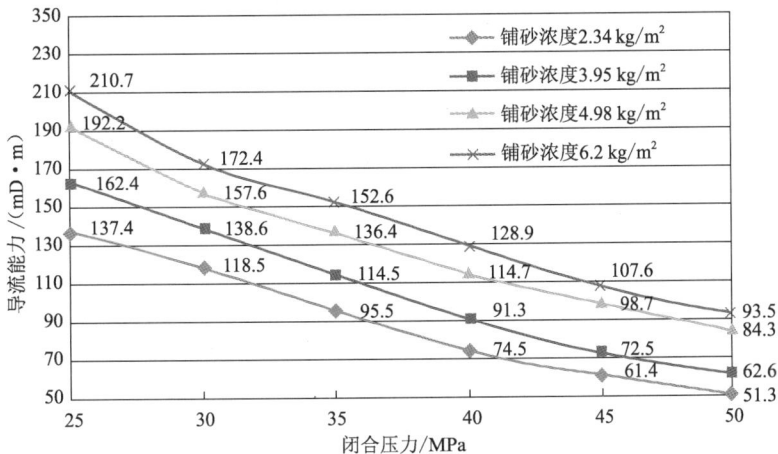

图 6-16　不同铺砂浓度对导流能力影响对比

六、多尺度小粒径支撑加砂模式

高导流复杂缝网工艺以提高"裂缝导流能力"和"波及油藏体积"为出发点，设计采用"分支缝网＋高导流主裂缝"组合压裂方式，以进一步增大致密油泄油体积，提高压后产能。在此依次加入 100 目支撑剂段塞＋40/70 目树脂覆膜石英砂＋30/50 目树脂覆膜石英砂，利用 100 粉陶段塞，40/70 目树脂覆膜石英砂及 30/50 目树脂覆膜石英砂支撑剂组合多尺度支撑工艺实现"分支缝网＋高导流主裂缝"。

高导流复杂裂缝是既有主裂缝（一级缝）又有分支缝（二级缝）和更次级裂缝（三级及四级等）的多级裂缝体系。100 目支撑剂能够进入三级和四级缝更次裂缝；40/70 目进入二级分支缝；30/50 目进入近井主裂缝，提高近井主裂缝的导流能力。

采用多尺度小粒径支撑剂（图 6-17 和彩图 6-17），可以对多级裂缝封堵、降滤和支撑。而且，当支撑剂粒径降低一个级别后，其沉降速度可降低 1/3～1/2，有利于提高小微裂缝系统的远井纵向支撑效率。另外，随闭合压力的增加，小粒径支撑剂与大粒径支撑剂导流能力的差异趋于减少，考虑到小粒径支撑剂在现场的铺砂浓度增加，则可能获得比大粒径支撑剂更大的导流能力。

值得指出的是，在 40/70 目的中粒径支撑剂段塞加入阶段前，加入 70/140 目的小粒径支撑剂段塞，封堵近井微裂缝，降低压裂液滤失，便于造主裂缝，提高压裂改造体积；每个小粒径支撑剂段塞进入地层后，施工压力均有一定程度的上升，裂缝内净压力提高使天然裂缝张开，可造新裂缝或实现裂缝转向，对于形成复杂的裂缝网络、增大储层改造的体积有重要作用。

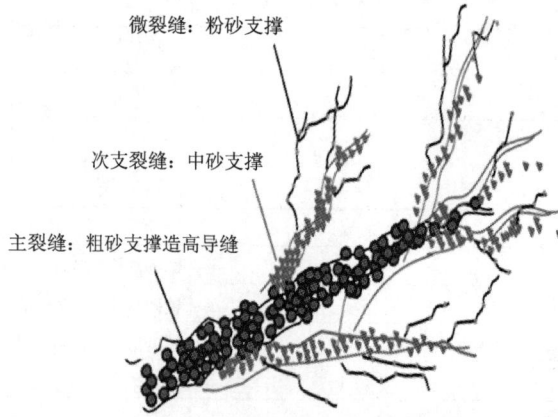

图 6-17　多尺度小支撑剂组合示意图

第七章 压裂特色技术

随着勘探开发技术的不断发展,页岩油勘探也不断取得重大突破,可采资源量亦不断创新高,页岩油有望成为我国未来重要的战略性接替资源。分析和整理松辽盆地页岩油发展历程、储层改造和开发技术,可得到如下认识:页岩油储层发育纳米级孔、裂缝系统,利于页岩油聚集;储层脆性指数较高,宜于压裂改造;储层酸敏感、渗透率低、含水饱和度高,在开发和改造中要结合储层上述特点提出适宜的技术。本章将介绍 CO_2 前置增能压裂、纤维脉冲加砂压裂、暂堵转向压裂、微地震裂缝监测等配套技术,可供页岩油开发借鉴和参考。

第一节 CO_2 前置增能压裂技术

CO_2 前置增能压裂是在施工泵注开始阶段注入一定量的液态 CO_2,然后进行正常加砂压裂。该方式可以避免 CO_2 对压裂液性能的影响,主要目的是利用液态 CO_2 在地层温度下受热气化膨胀,增加地层能量,提高压裂液的返排速度和返排率,降低压裂液对储层的伤害。

针对松辽盆地北部页岩油储层特低渗油藏地层压力系数低,在实施压裂等大型措施后残液难以返排的难题,进行液态 CO_2 前置增能技术研究。利用混相与溶解气作用,补充地层能量和提高压裂液返排能力,从而缩短压裂液在地层的滞留时间,减少对地层的伤害。液态 CO_2 前置增产机理与作业原理见表7-1。

表7-1 液态 CO_2 前置增产机理与作业原理

增产机理	作业原理
具有较强的返排能力	CO_2 泡沫界面张力是清水的 $20\%\sim30\%$,且在地层内气化后膨胀(膨胀体积比为 $1:500$),增加压裂液返排能量
抑制黏土膨胀	CO_2 为酸性气体,使地层液态环境呈酸性,地层黏土颗粒收缩,减少黏土颗粒的运移
与酸性压裂液配伍	CO_2 形成的酸性环境可促进酸性压裂液的交联
与原油互溶	CO_2 与原油有很好的互溶性,能显著降低原油黏度和密度,使原油流动能力增加,提高产能
增加地层能力	在一定压力与原油混相,膨胀地层原油,补充地层能量
改变岩石孔隙结构	CO_2 遇水后可形成弱酸,溶解地层矿物成分,提高孔隙度和渗透率

一、二氧化碳基本性质及注入过程中相态变化

（一）二氧化碳基本性质

1. 液态 CO_2

（1）密度：$1.1~g/cm^3$（$-37~℃$）。

（2）黏度：$0.1~mPa·s$。

（3）表面张力：$3.0~dyn/cm$（$1~dyn/cm = 1~mN/m$）。

（4）低温加压保存。

2. 超临界 CO_2

（1）气液两相以混相状态共存（无界面相互作用力）。

（2）相态温压条件：温度 $>31.26~℃$，压力 $>7.43~MPa$。

（3）密度：$0.6\sim0.9~g/cm^3$。

（4）表面张力极低。

（5）黏度类似气体（$0.02~mPa·s$）。

（6）流动性和扩散性极强。

CO_2 的临界温度是 $31.1~℃$。低于这一温度，纯 CO_2 可以气态存在，也可以液态存在；超过这个温度后，不论压力有多高，CO_2 都不以液态存在。

与临界温度对应的临界压力为 $7.36~MPa$，温度和压力高于临界温度和临界压力的区域称为超临界区。CO_2 相态图如图 7-1 所示。

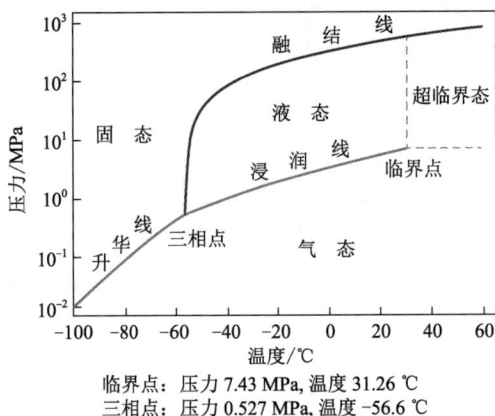

临界点：压力 7.43 MPa，温度 31.26 ℃
三相点：压力 0.527 MPa，温度 −56.6 ℃

图 7-1　CO_2 相态图

（二）二氧化碳注入过程中的状态分析

在 CO_2 从地面注入井底的过程中，CO_2 相态变化十分复杂。初始，CO_2 在温度 $-34.4~℃$、压力 $1.406~MPa$ 条件下以液态形式存储在 CO_2 储罐中（图 7-2 中点 1）；经过增压泵车后，液态 CO_2 在温度 $-25\sim-15~℃$、压力 $1.8\sim2.2~MPa$ 条件下注入高压泵（图 7-2 点 2）；在压裂泵车出口处，液态 CO_2 被加压至施工压力（图 7-2 中点 3）；随后液态 CO_2 被泵入井底，在此过程中 CO_2 压力进一步增加，同时温度也升高（图 7-2 中点 4）；当 CO_2 进入储集层裂缝中后，CO_2 温度、压力与储集层条件同化，表现为温度进一步上升，而压力下降，此时 CO_2

处在超临界状态(图 7-2 中点 5);当开始返排后,CO_2 压力迅速下降,将以气态形式返排至地表。在此过程中,CO_2 的密度、黏度、溶解性能等都随着其温度、压力的改变而剧烈变化。同时,CO_2 进入储集层后,压力急剧降低,体积快速膨胀,产生焦耳-汤姆逊冷却效应,使周围地层温度急剧降低。

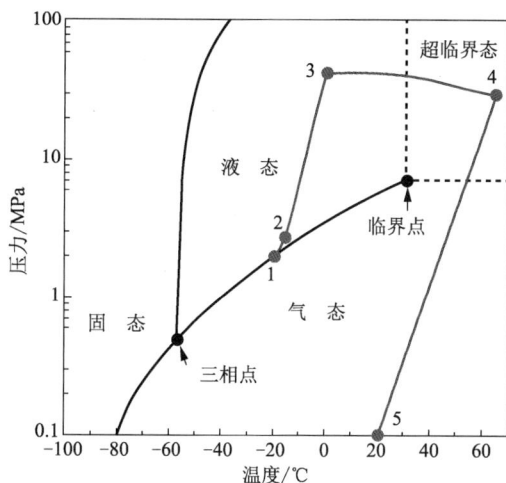

图 7-2 压裂过程中 CO_2 相态变化预测

1—罐车;2—增压泵;3—压裂过程井口;4—压裂过程井底;5—返排生产过程井口

二、二氧化碳增能机理及参数优化设计

(一)二氧化碳注入实现增能增效

1. 与原油混相

室内实验表明 CO_2 可降低原油黏度,提高流动性。将松页油井的原油油样在密闭容器内与液态 CO_2 互溶后(实验压力达到二氧化碳混相压力 27.9 MPa),原油的状态发生改变,原油动力黏度降低约 70%(由 15.98 mPa·s 降低至 5.119 mPa·s)。松页油井页岩油目的层岩芯注入液态 CO_2 后,孔隙度由 5.05% 升高至 7.86%,渗透率由 0.224 mD 升高至 0.465 mD,其物性参数大大改善。CO_2 与原油相容的状态变化如图 7-3 所示。

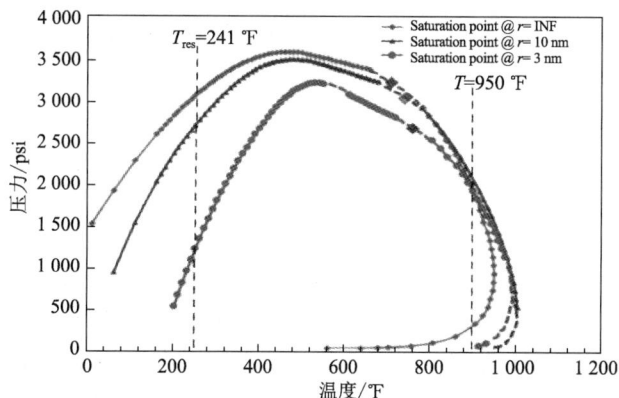

图 7-3 CO_2 与原油相容的状态变化

2. 防膨、解阻作用

CO_2 与地层水反应生成碳酸,饱和碳酸水的 pH 为 3.3～3.7,可减少黏土矿物膨胀,减少油层污染。CO_2 的溶剂化能力很强,可以吸收近井地带的重油组分和残渣,解除近井地带的堵塞。相关反应有:

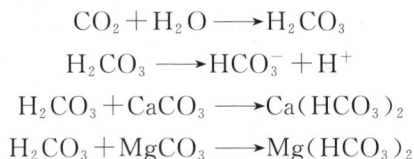

$$CO_2 + H_2O \longrightarrow H_2CO_3$$
$$H_2CO_3 \longrightarrow HCO_3^- + H^+$$
$$H_2CO_3 + CaCO_3 \longrightarrow Ca(HCO_3)_2$$
$$H_2CO_3 + MgCO_3 \longrightarrow Mg(HCO_3)_2$$

(二) CO_2 注入量优化

利用物质平衡原理计算 CO_2 用液量与地层压力上升定量关系,以最小混相压力 P_{mm} 为条件,明确注入量与混相带范围面积之间的关系,利用油藏数值模拟计算 CO_2 换油率最大用液量,如图 7-4(彩图 7-4)所示。

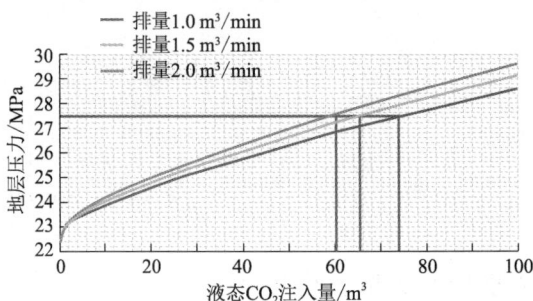

图 7-4 液态 CO_2 注入量与地层压力的关系

公式 1(PRI2 方法):
$$P_{mm} = -4.891\ 3 + 0.415T - 0.001\ 579\ 4T^2$$
式中 T——温度。

公式 2(Y-M 方法):
$$P_{mm} = 1.583\ 2 + 0.190\ 38(1.38T + 32) - 0.000\ 319\ 86(1.38T + 32)^2$$

公式 3(Natl. Petroleum Council 关联式),见表 7-2。

表 7-2 Natl. Petroleum Council 关联式

API 重度(或密度,g/cm^3)	最小混相压力/psi
<27(0.892 7)	4 000
27～30	3 000
>30(0.876 2)	1 000

注:1 psi=6.895 kPa。

从图 7-4 可知,随着前置液态 CO_2 注入量的增加,地层压力不断上升,当达到 CO_2 与原油的混相压力时,此时为最优前置液态 CO_2 注入量。从图中也可看到,一般注入排量为 1～2 m^3/min,松页油井地层 CO_2 与原油的混相压力为 27.9 MPa,优化得到前置增能液态 CO_2 注入量为 65～75 m^3。

通过物质能量平衡、压后地层压力变化、混相带面积可计算注入液态 CO_2 与返排量的关系。以松页油 1 井为例,加入前置液态 CO_2 , CO_2 增能后自喷返排量达 550 m^3 (返排率 29.8%,图 7-5),比不加入液态 CO_2 返排率提高 8% 以上。

同区块井可根据最小混相压力判断直井、水平井混相范围。

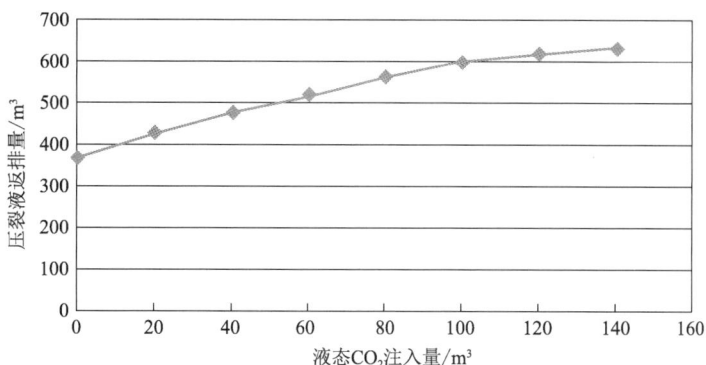

图 7-5 液态 CO_2 注入量对压裂液返排量的影响

(三)返排制度优化

现场焖井阶段总共 3 d,在此期间可以看出水平井段、裂缝体系内压力趋于一致。压力值大致范围在 280~350 bar(1 bar=0.1 MPa)之间,高于实验室测得的 230 bar 混相压力值。图 7-6 和图 7-7(彩图 7-6 和彩图 7-7)中浅绿色范围的区域都是二氧化碳与地层原油混相的范围。

图 7-6 压裂后试验井地层压力平面图

图 7-7 闷井 3 d 后试验井地层压力平面图

1. 返排初期压裂液返排速度对支撑剂回流的影响

压后应快速返排,减少压裂液在地层中的滞留时间,减少伤害。通过研究压裂液返排速度、破胶黏度对支撑剂总回流的影响,确定压裂液的最佳返排速度及时机,建立不同井口压力下的放喷制度。

从图 7-8 可以看出,在返排初期,返排速度越大,压裂液对支撑剂拖曳力作用越强,导致总回流量越大,在大于 0.05 m^3/min 时(临界点)曲线发生突变。

2. 压裂液破胶后的黏度对支撑剂回流的影响

如图 7-9 所示,随着压裂液返排黏度的增大,支撑剂总回流量增大;当破胶黏度大于 5 mPa·s 时,其影响程度增强,曲线的斜率增大,总回流量随破胶黏度的增大而迅速增多。

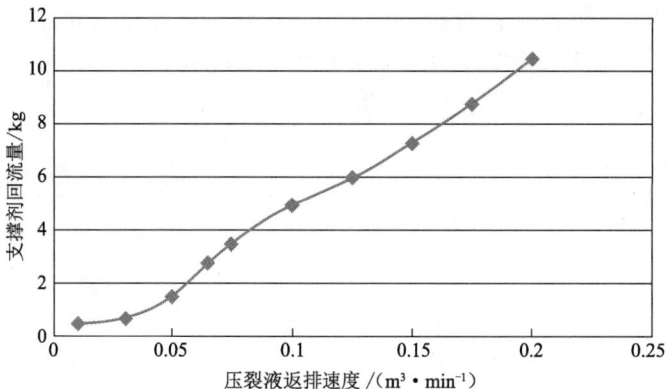

图 7-8　返排初期压裂液返排速度对支撑剂回流的影响

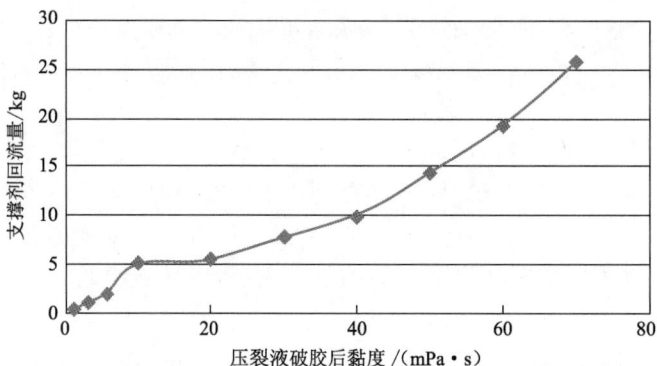

图 7-9　压裂液破胶后的黏度对支撑剂回流的影响

将 5 mPa·s 破胶黏度定为控制支撑剂回流的临界值,返排时黏度需控制在 5 mPa·s 以下为宜。

3. 压后返排制度优化

通过研究压裂液返排对支撑剂回流的影响,确定压裂液破胶液黏度 5 mPa·s 为返排最佳时机(压后 4 h),0.05 m³/min 为初期压裂液最佳返排速度,返排时每天的压降控制在 0.5 MPa 左右。

表 7-3 为计算得到的不同井口压力下的放喷制度。

表 7-3　返排制度优化

工作制度	压力/MPa	排量/(m³·min⁻¹)	备　注
2 mm 油嘴	>20	≤0.05	初　期
3 mm 油嘴	10～20	0.05～0.1	中　期
4 mm 油嘴	5～10		
5～8 mm 油嘴	2～5	0.1～0.15	后　期
敞　放	<2		

第二节　纤维脉冲加砂压裂技术

水力压裂的首要目标是经济有效地建立油气从地层到井底的高导流能力通道,从而提高油气井产量。为最大程度提高裂缝导流能力,行业内采用多种方式来实现这一目标,如研发伤害更小的压裂液、更高强度的人造支撑剂、更有效的破胶剂等。但这些提高导流能力的方法都是提高流体通过支撑剂间孔隙的流动能力。传统的水力压裂技术是尽可能在裂缝内充满支撑剂,而新技术则要求支撑剂充填层内的支撑剂柱之间留有通道,以便油气流通。这一打破常规的思维极大地提高了裂缝导流能力,使其比传统支撑剂充填层的导流能力高出几个数量级。

纤维脉冲压裂工艺适应性广,可用于砂岩、碳酸盐岩及页岩等各种油气藏以及各种井型。该技术能改变缝内支撑剂的铺置形态,极大地提高油气渗流能力,减少支撑剂用量。依据松辽盆地页岩油储层特点,在加砂阶段伴注纤维,能够稳定支撑剂团,降低支撑剂沉降速度,使支撑剂充填层形成高导流能力通道,比常规裂缝导流能力高,还可防止地层出砂造成的通道堵塞。这些开放的流动通道可显著增加导流能力,减少裂缝内的压力降,有助于提高排液能力,增加有效裂缝半长和储层增产体积,从而提高产量。

与传统的压裂技术相比,纤维脉冲加砂压裂技术可克服流体流动局限于多孔介质内的限制,打破常规支撑裂缝充层的设计思想,提供很高的裂缝导流能力。该技术的理念是采用含有网络通道的非均匀结构(图 7-10b 和彩图 7-10b)来取代均匀的支撑剂充填(图 7-10a 和彩图 7-10a),所以该技术又称通道压裂技术。在这种情况下,裂缝是通过分散的支撑剂团块(或柱)来支撑的。支撑剂团块之间形成的通道为油藏流体提供了低阻力的流动通道。

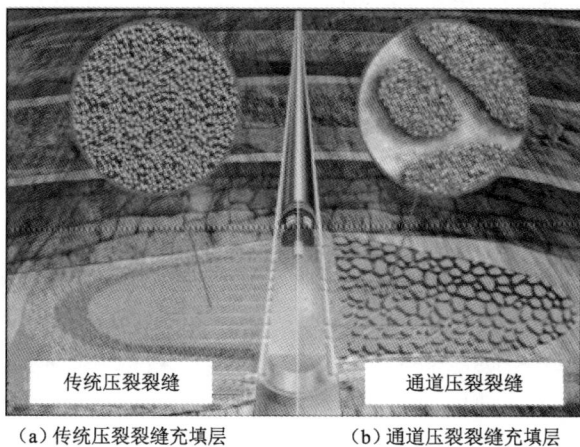

（a）传统压裂裂缝充填层　　　（b）通道压裂裂缝充填层

图 7-10　传统压裂与通道压裂的支撑裂缝的区别

一、纤维增产机理

（一）纤维对压裂液携砂能力影响评价

用压裂液和纤维压裂液分别进行静态携砂实验,当胍胶质量分数为 0.4% 时,加入 15% 的砂比体积,分别加入浓度 0‰,0.5‰,0.7‰,0.9‰,1.2‰ 和 1.5‰ 的纤维,观察支撑剂的沉降速度。从图 7-11(彩图 7-11)可以看出纤维的加入使得支撑剂的沉降速度大幅降低,纤维浓度增加,支撑剂沉降速度逐渐降低,纤维互相之间更容易形成网状结构,相互缠绕,阻止支撑剂沉降。纤维浓度为 1.2‰的沉降速度为 0.15 cm/min,是不加纤维支撑剂沉降速度的 10%,表明纤维的携砂作用明显,如表 7-4 和图 7-11 所示。

表 7-4　不同纤维浓度对支撑剂沉降速度的影响

实验条件	观察时间	不同纤维浓度的沉降速度/(cm·min^{-1})					
		0‰	0.5‰	0.7‰	0.9‰	1.2‰	1.5‰
常温胶液	60 min	1.5	0.58	0.38	0.26	0.15	0.09
60 ℃水浴	60 min	1.18	0.43	0.32	0.18	0.11	0.06
备　注		30~50 目支撑剂,密度 1.60 g/cm^3,砂比 15%,压裂液 60 ℃					

图 7-11　纤维对支撑剂沉降速度的影响

(二)纤维对支撑剂导流能力影响评价

水力压裂的首要目标是经济有效地建立油气从地层到井底的高导流能力通道,从而提高油井产量。由于压裂液伤害、支撑剂嵌入和回流等原因,支撑裂缝的导流能力下降。纤维脉冲加砂压裂通过裂缝内形成的通道供地层流体流动,导流能力是常规裂缝导流能力的几个数量级以上。为此,对纤维加砂压裂裂缝导流能力进行研究,测试不同铺砂浓度、纤维加入比例下的导流能力。按照 SY/T 6302—2009《压裂支撑剂充填层短期导流能力评价推荐方法》,用裂缝导流能力评价仪测定纤维携砂导流能力。裂缝导流能力评价仪及离散化支撑剂团在裂缝中的分布如图 7-12(彩图 7-12)所示。

将砂比(体积比)为 18%的支撑剂混入常规压裂液和纤维(加量 0.15%)的压裂液中,用裂缝导流能力评价仪测定纤维携砂导流能力,测定结果见表 7-5 和图 7-13。

纤维的加入可大幅提高导流能力,在闭合压力 40~50 MPa 时,加纤维(加量 0.15%)后导流能力提高了 1 倍以上。

随着闭合压力的增加,导流能力下降较快,当闭合压力从 10 MPa 增加到 60 MPa 时,导流能力下降了 75% 左右。主要原因是铺置在裂缝内的支撑剂柱受到闭合压力的影响,支撑剂柱高度有所下降,裂缝宽度减小;同时,支撑剂柱直径变大,减小了通道所占的面积,从而导致裂缝导流能力下降。

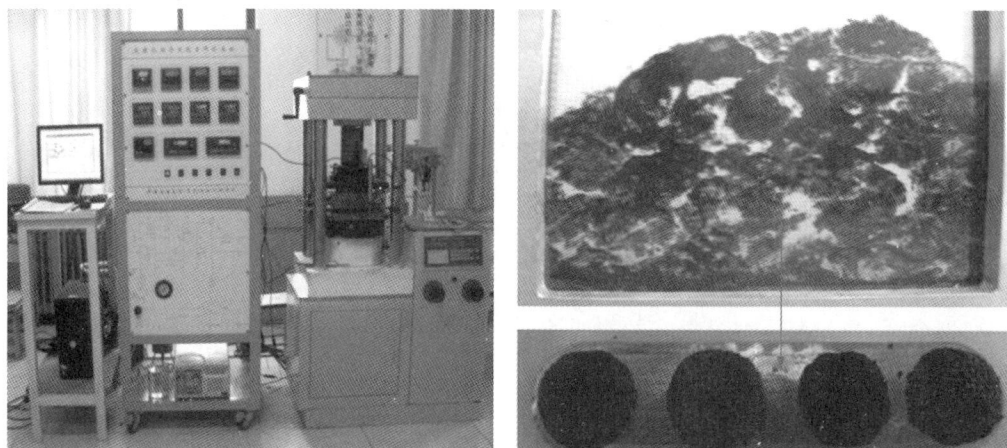

图 7-12　裂缝导流能力评价仪及离散化支撑剂团在裂缝中的分布

表 7-5　常规压裂液和纤维(加量 0.15%)压裂液携砂导流能力

闭合压力/MPa		10	20	30	40	50	60
导流能力/(mD·m)	不加纤维	212	185	159	123	84	62
	加纤维	473	398	340	250	174	135
导流能力变化率/%		123.11	115.14	113.84	103.25	107.14	117.74
渗透率/μm^2	不加纤维	250.56	196.07	138.98	128.31	98.01	68.75
	加纤维	312.53	238.48	165.74	146.45	109.62	74.69
渗透率变化率/%		24.73	21.63	19.25	14.14	11.85	8.64

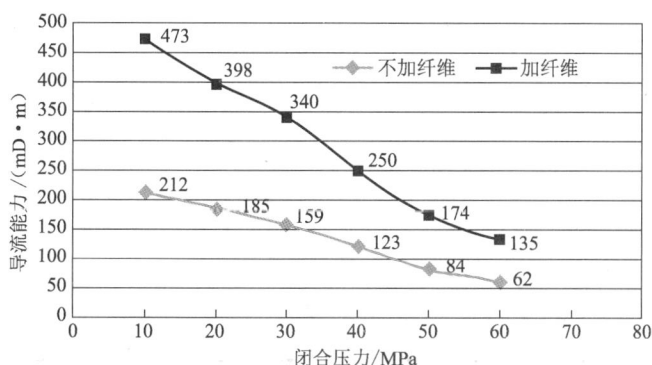

图 7-13　不同闭合压力纤维加砂的导流能力

二、设计参数优化设计

(一)射孔方式优选

纤维脉冲加砂压裂的射孔方式与常规压裂的连续射孔方式不同,采用不连续的、间隔性的射孔方式。

对三种不同射孔方式下支撑剂团的水平运移和垂直沉降速度进行测量,采用间隔性射孔方式的水平运移速度最大,沉降速度最小,而连续射孔方式的支撑剂水平运移速度最小,垂直沉降速度最大。由于射孔间距的增大,支撑剂脉冲注入的支撑剂团对彼此的干扰减小,故支撑剂水平运移速度增大,垂直沉降速度减小。射孔方式对支撑剂团的沉降速度和运移速度的影响幅度不是很大。

（二）纤维加量优化

纤维的加量对于纤维加砂压裂至关重要。选择铺砂浓度为 5 kg/m²,研究不同纤维浓度对纤维脉冲加砂压裂裂缝导流能力的影响。具体实验结果见表 7-6 和图 7-14。

随着纤维浓度的增加,裂缝导流能力增大。加入纤维后,支撑剂柱的稳定性强,支撑剂柱的变形小,承受闭合压力的影响的能力增强,从而裂缝内通道减小幅度降低,故导流能力增大。但随着纤维加入比例的增大,裂缝导流能力的增幅减小。考虑经济效益,加入适量纤维即可。继续增大纤维加入比例对导流能力的变化影响不大。不同的纤维浓度对导流能力影响程度不一样,纤维浓度有一个最佳值。松辽盆地页岩油储层闭合压力 40～50 MPa 下,最佳纤维浓度为 1.0‰～2.0‰。

表 7-6 不同纤维浓度下的导流能力变化

纤维浓度/‰	导流能力/(mD·m)						
	10 MPa	20 MPa	30 MPa	40 MPa	50 MPa	60 MPa	70 MPa
0	212	185	159	123	94	62	43
0.5	345	286	247	187	134	96	65
1.0	473	398	340	250	184	135	112
1.5	514	441	368	278	197	154	126
2.0	526	468	389	305	216	176	151
2.5	482	438	356	264	205	166	134
3.0	467	416	343	257	200	151	115

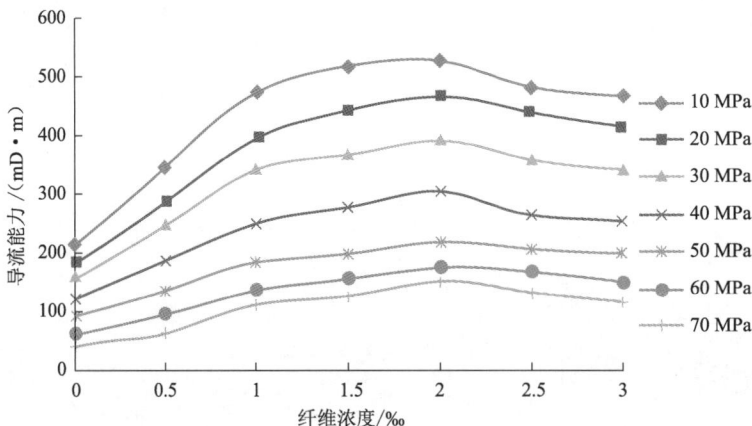

图 7-14 不同纤维浓度下的导流能力

（三）脉冲注入时间优化

纤维脉冲加砂压裂的支撑剂注入与常规压裂的连续注入不同,采用不连续的脉冲式注入方式,对于支撑剂脉冲注入的优化主要是优化注入时间。最先沉降在裂缝内的支撑剂充填区域的通道率最小,原因是最先进入裂缝的支撑剂不断受无砂液脉冲和后续支撑剂脉冲的影响而使通道有所减小。支撑剂脉冲将大量支撑剂团注入裂缝,不加入无砂液脉冲,则不能很好地将支撑剂团分散,大量支撑剂团容易堆积在一块,从而降低通道率,且不能有效控制缝高。

一个脉冲周期包括支撑剂脉冲和无砂液脉冲,实验将无砂液脉冲时间固定为 20 s。分别研究支撑剂脉冲注入时间为 15 s,50 s,120 s,180 s,400 s 和 600 s 六种情况,采用 30/50目陶粒支撑剂,纤维加入浓度为 1.5‰,砂比为 15%,压裂液黏度为 181 mPa·s,基液黏度为 181 mPa·s,排量为 2.5 m³/h。具体实验方案如下表所示。实验测量不同支撑剂脉冲注入时间下支撑剂在裂缝内的铺置情况、支撑剂充填层的通道率、支撑剂水平运移和垂直沉降速度。

表 7-7 不同支撑剂脉冲注入时间的纤维脉冲加砂压裂支撑剂铺置实验方案

支撑剂			排量 /(m³·h⁻¹)	基 液		压裂液	
注入时间/s	砂比/%	用量/L		黏度 /(mPa·s)	用量/L	黏度 /(mPa·s)	用量/L
15	15	3	2.3	181	50	181	10
50	15	3	2.3	181	50	181	10
120	15	3	2.3	181	50	181	10
180	15	3	2.3	181	50	181	10
400	15	3	2.3	181	50	181	10
600	15	3	2.3	181	50	181	10

随着支撑剂脉冲注入时间增大,支撑剂沉降速度增大,水平运移速度减小。

支撑剂脉冲的注入时间对砂堤形态的影响较大,随着支撑剂脉冲的注入时间减小,砂堤趋于平缓。分别测量 6 个支撑剂脉冲注入时间下形成的支撑剂铺置的通道率,结果如图7-15所示。

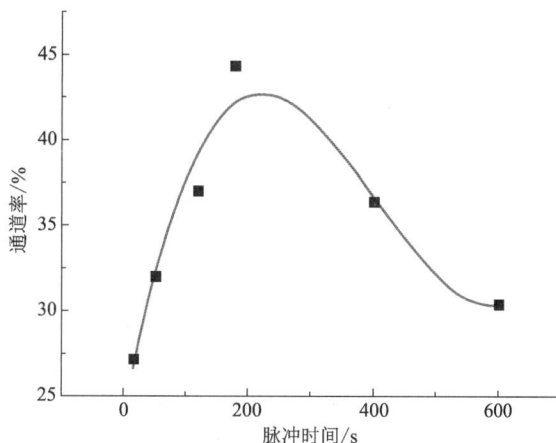

图 7-15 脉冲时间与通道率关系

（四）砂比优化

砂比分别为 10％,15％,20％,25％,30％ 和 35％,采用 30/50 目陶粒支撑剂,压裂液黏度为 181 mPa·s,基液黏度为 181 mPa·s,排量为 2.5 m³/h,模拟井筒采用非均匀射孔。具体方案见表 7-8。

表 7-8　不同砂比实验方案

砂比/%	排量/(m³·h⁻¹)	压裂液		支撑剂用量/L	基液黏度/(mPa·s)
		黏度/(mPa·s)	用量/L		
10	2.5	181	50	5	15
15	2.5	181	50	7.5	15
20	2.5	181	50	15	15
25	2.5	181	50	15	15
30	2.5	181	50	15	15
35	2.5	181	50	15	15

实验测量不同砂比下支撑剂在裂缝内的铺置情况、支撑剂充填层的通道率、支撑剂水平运移和垂直沉降速度。实验显示,支撑剂团的运移速度随砂比的增加而升高,沉降速度随砂比的增加而降低。砂比较低时支撑剂高度较低,虽然有可观的通道率,但是有效面积较小。砂比较高时支撑剂团较大,反而使通道减少,所以砂比不宜过高。砂比是影响纤维脉冲加砂压裂效果的一个重要因素。如图 7-16 所示,实验得出砂比为 15％～30％ 时能够获得较好的效果。

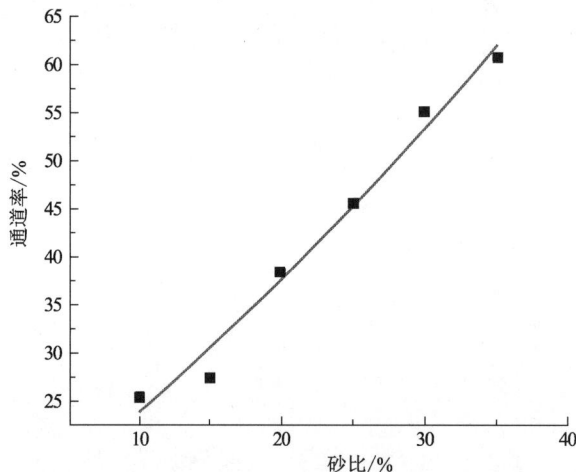

图 7-16　不同砂比通道率图

第三节　暂堵转向压裂技术

水力压裂作为页岩油开发的核心技术之一,其主要方法为通过注入压裂液压开页岩地层并沟通天然裂缝,支撑诱导裂缝,使储层产生高渗透路径,达到增产目的。压裂产生裂缝网络是获得工业气流的关键。对页岩储层,裂缝既是储集空间又是渗流通道,只有通过水力压裂形成裂缝网络,才能使页岩油沿裂缝网络运移到井筒并采出。

松辽盆地地区储层储层裂缝欠发育,属于基质型页岩,不同于以往以裂缝型页岩为主的页岩油储层,难以形成体积缝网,仅用常规手段会影响体积压裂的效果,增大缝网改造难度,为此提出粉砂暂堵转向压裂工艺,以增加缝网复杂程度。

一、页岩缝内暂堵转向机理

页岩压裂暂堵转向的机理主要是:

（1）桥堵优势裂缝,迫使液体分流、压力升高,形成新缝;

（2）提升缝内净压力,从而产生更多的剪切滑移裂缝。

通常储层裂缝壁面并不光滑和平整,裂缝内每一处的宽度也存在不一致。球形颗粒暂堵转向剂在裂缝壁面捕集作用和自身沉降作用下,在裂缝处逐渐累积而形成架桥(图 7-17),通常将这些颗粒命名为桥堵颗粒。

在大尺度天然裂缝中,在一定的应力作用下,裂缝的壁面之间可能会发生一定的接触。接触的部分可以看作裂缝中存在连接两裂缝面的圆柱体,假设压裂液流经裂缝壁面时只能绕过圆柱体流动,而当液体中还携带有暂堵转向颗粒时,圆柱体通常会对部分颗粒暂堵剂产生截留和捕捉的作用。截留发生在圆柱体面向流体流动方向的一侧,只要流体动力小于流动方向的阻力和圆柱体的摩擦力之和,截留捕集作用就能够发生。

形成桥堵（侧视图）

图 7-17　颗粒在裂缝中桥堵示意图

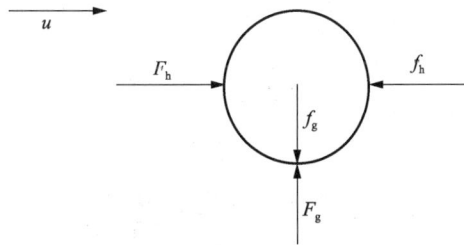

除天然裂缝的壁面捕集作用外,暂堵颗粒在裂缝内还存在颗粒沉降作用,从而在裂缝内形成堆积。颗粒的受力情况如图 7-18 所示。水平方向上,暂堵颗粒受到液体携带力 F_h 和反方向与其相平衡的的黏性阻力 f_h;垂直方向上,受到自身重力 f_g 和液体浮力 F_g 的作用。当暂堵颗粒密度大于液体密度时,垂直方向上存在净力 F_{net},颗粒在水平方向上运动的同时也在裂缝高度方向上逐渐沉降,直到到达裂缝底部。

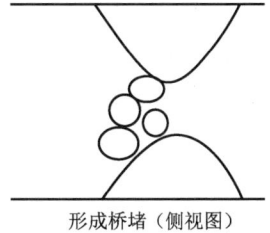

图 7-18　颗粒受力示意图

按照前期实验并结合现场施工实践,预选不同储层特征适用的暂堵转向剂组合类型。其中,砂胶暂堵转向剂体系适合大尺度缝发育、裂缝延伸压力梯度与净压力接近设计要求的情况;颗粒暂堵转向剂体系适合大尺度缝发育、裂缝延伸压力梯度与净压力大幅度低于设计要求的情况。

暂堵剂适用范围见表 7-9。依据松辽盆地储层特征以及经济性考虑,优选推荐粉砂暂堵工艺。

表 7-9　暂堵剂适用范围

裂缝发育程度	描　述	建议暂堵剂类型
I	大尺度裂缝	颗粒暂堵剂
II	大尺度裂缝＋微裂缝	粉砂暂堵技术
III	微裂缝	主体压裂技术

二、粉砂暂堵工艺

泵注方式是通过地面注入高质量浓度差的支撑剂段塞、混合支撑剂段塞(不同支撑剂按照一定比例混合)、高质量浓度支撑剂长段塞或不同类型支撑剂交替注入等方式,在缝内形成支撑剂暂堵憋压,提高缝内净压力,迫使裂缝在原延伸方向受阻而提高转向概率,进而增加裂缝复杂程度。施工中若发现裂缝形态较单一或裂缝只在局部拓展,亦或泵压整体呈下降趋势,可采取支撑剂暂堵转向压裂来增加裂缝复杂程度。

图 7-19(彩图 7-19)所示为 A 井施工曲线。由图可知,A 井在采取高质量浓度差的支撑剂段塞暂堵压裂后,泵压从 31.0 MPa 上升到 35.8 MPa,缝内净压力提升。根据地面三维地震扫描结果(图 7-20)可知.裂缝在井筒两侧对称分布,达到均匀改造的目的。

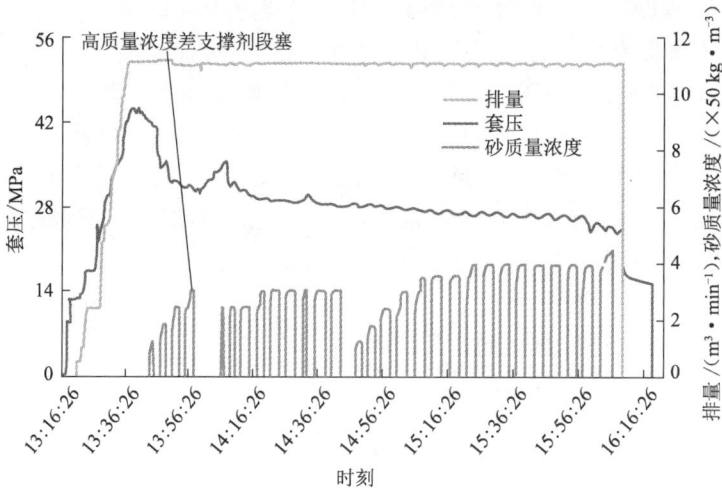

图 7- 19　A 井施工曲线

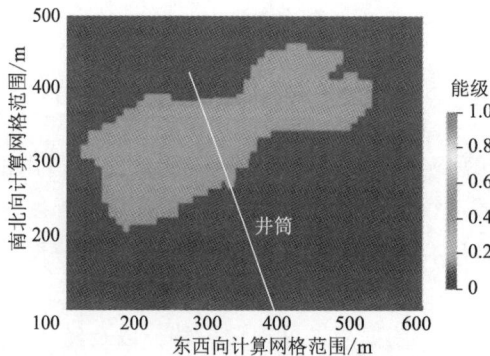

图 7-20　A 井地面三维地震扫描结果

三、冻胶段塞暂堵工艺

在滑溜水加砂阶段交替注入 2～3 次冻胶液携砂段塞,每段段塞液量 40～50 m³,起到暂堵转向的作用,提高裂缝内净压力,促使裂缝进一步复杂化,形成复杂缝网。中后期利用冻胶良好的携砂能力,提高砂比,形成高导流裂缝。松页油井压裂时注入冻胶液段塞示意图如图 7-21 所示。

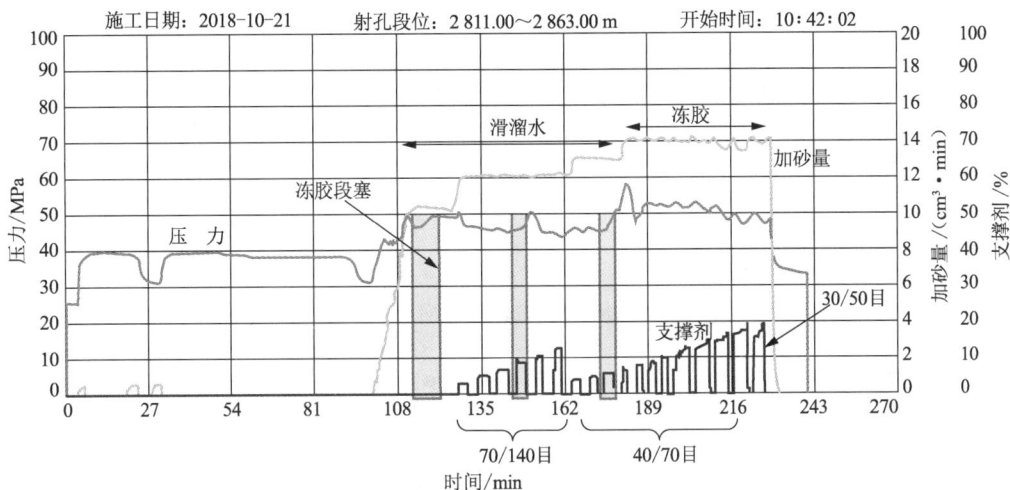

图 7-21　压裂时注入冻胶液段塞示意图

第四节　微地震裂缝监测技术

微地震监测技术是一种基于交叉学科的新技术,通过观测、分析液体压裂过程中所产生的微地震事件,分析计算预测出裂缝的方位、产状,了解压裂增产过程中人工造缝的情况,达到增产的目的。其基础是声发射学和地震学,与常规石油地震勘探原理相似,只有求解过程相反。在微地震监测过程中震源的位置、震动时刻、震源强度都是未知的,求解这些参数需借鉴天然地震学的方法和思路。采用震动定位原理,在监测区域周围附近空间内布置多个监波器实时采集因岩层破裂而产生的微震数据,经过数据处理和定位后,可确定发生破裂的位置,利用三维可视化技术给出人工裂缝空间图像,研究压裂后裂缝几何形态及延伸方向,其监测成果对评价压裂效果、合理制定页岩油层的开发方案、提高开采效果具有重要意义。微地震监测主要包括数据是采集、数据处理、精细反演等几个关键技术。图 7-22 是页岩油井压裂过程中地面微地震监测数据采集过程示意图。

一、地面微地震监测技术原理

水力压裂井中,由于压力的变化,地层被强制压开一条大的裂缝。沿着这条主裂缝,能量不断地向地层中辐射,形成主裂缝周围地层的涨裂或错动。这些涨裂和错动向外辐射弹性波地震能量,包括压缩波和剪切波,绝大多数压裂破裂是剪切破裂,或具有剪切破裂的成分。因此,实际观测中采用三分量地震仪器,反演中利用横波资料进行微震事件定位。

图 7-22　地面微地震监测示意图

微地震监测方法的核心在于有效微地震事件的识别、处理以及微地震事件反演。在微地震震源反演中，反演结果普遍存在多解性问题，极容易陷入局部极小值解域中，给实际生产、施工带来极大不便。破裂虽具有随机性，但仍符合一定的规律，即事件点沿破裂带发布，因此使用解域约束下的微地震事件搜索法、线性规划联合反演方法进行地震事件定位。

（一）数据采集方法

现场采集采用地面微地震监测形式，通过对施工区域的了解调研，设计观测系统，并根据实际施工情况对监测站点进行布置。利用 VM-S112 三分量地震检波器频带宽、低频性好、分辨率高，以及低频三分量检波器具有更强的抗屏蔽和抗吸收能力、穿透力强的优点，先对施工环境的背景噪音进行监测，获得背景噪声数据，以便后续微地震数据的预处理。需要说明的是，背景噪音可以在压裂开始前采集，也可在压裂施工间隙或压裂结束后进行采集。然后对压裂施工前的射孔阶段进行监测，获得射孔数据，用于后续定位过程中辅助速度模型的校正。在压裂过程中及压裂前后进行连续微地震监测数据采集和存储，以用于现场实时处理和后期处理。

（二）数据处理方法

数据处理阶段应用基于能量差异的微地震定位新技术。采用三分量信号对微地震事件进行识别和处理，通过对能量比差异的放大，选择不同大小的能量比，以有效对不同能量强度的压裂微地震事件加以标识。其主要目的是确定压裂诱发裂缝的形态。通过对压裂过程中低层释放的一系列微地震信号进行震源定位，确定一系列事件点的空间和时间分布，从而确定压裂裂缝形态。先从大量连续记录的数据中检测出包含微地震事件信号的数据段，以用于震源定位处理。通过对信号的特征分析，针对不同类型的信号，利用各种滤波及去噪等手段，有针对性地对不同类型的信号进行滤波与去噪处理，提高微地震信号的信噪比，进而提高微地震事件的定位精度。

在微地震事件定位前需要建立速度模型，各种震源计算方法都需要利用地震波在地层中的走时信息,建立区域等效速度模型或分层速度模型,然后利用射孔监测到的信号对速度模型进行校正,以得到比较准确的地层地震波速度模型,从而提高震源计算的精度。

（三）微震源定位方法

地面微地震监测的信号信噪比低,采用基于波形偏移叠加的震源定位方法。该方法在地面微地震监测震源定位中是一种比较有效的方法。它是基于信号的相似性原理计算空间网格点的 Semblance 参数,Semblance 值最大的点就是信号经过偏移叠加后能量最强的点,并认为是震源点。其原理为根据地层速度模型计算各网格到地面站点的理论走时,根据理论走时对接收到的信号进行偏移和叠加,计算每个网格的成像参数。当取的偏移时间正好对应实际震源点的理论走时,偏移后的信号相关性最好,网格成像值最大,相应的网格就认为是震源位置。如此计算出每个网格的 Semblance 值后就可以绘制分层图像,Semblance值最大的点就是信号偏移叠加后能量最强的点,并认为是震源位置。对微地震事件进行定位后,获得最终定位结果,并对定位事件进行解释,获得裂缝参数。

二、地面微地震裂缝监测技术应用

为及时了解松页油 1HF 页岩油水平井压裂效果,监测、描述分段压裂裂缝的走向、倾向、高度、长度等,在压裂过程中开展了微地震监测工作。

（一）观测方式

松页油 1HF 井压裂时设计了网格观测系统。网格观测系统一般采用 50 个以下的稀疏台网,该台网可视作标准网格排列的子集。另外,检波器环形排列也可以看作标准网格的子集(图 7-23)。

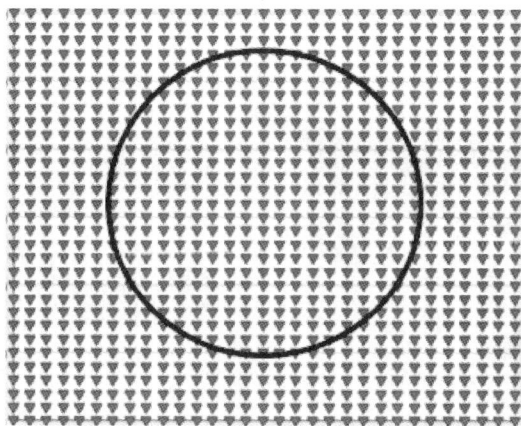

图 7-23　标准网格排列示意图

布设的检波器为三分量、埋置于地下的宽频专用微地震台站。对松页油 1HF 井压裂的监测共部署 6 条测线,均为近南北向的长测线,平行于井轨迹。共 63 套专业采集设备(原为64 套,损坏 1 套),其中 51 套检波器为三分量设备,12 套检波器为低频设备。图 7-24(彩图7-24)中,灰色(红色)标记为 52 个三分量设备布设位置,白色(黄色)标记为 12 个深低频设备布设位置。打孔采用拖拉机钻机与洛阳铲混合的方式,三分量设备埋深均在 2 m 左右(图7-25),低频设备采用浅地表埋置的方式(图 7-26)。

图 7-24 松页油 1HF 井和微地震信号采集器布设图

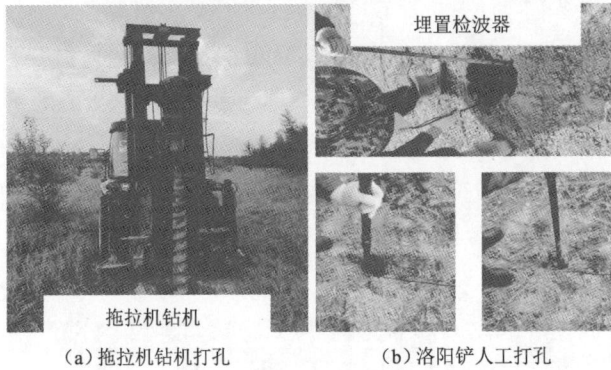

(a) 拖拉机钻机打孔　　　　　　　　(b) 洛阳铲人工打孔

图 7-25 三分量设备布设施工图

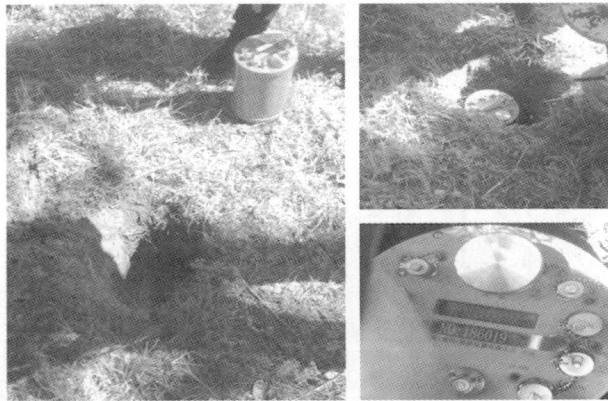

图 7-26 低频台站布设施工图

观测系统基础部署原则是：

(1) 围绕压裂段地表投影点，全方位均匀覆盖目标区；

(2) 检波器距井场 300 m 以上且埋深 2 m，尽量降低各种背景噪音干扰，即避开压裂车群、人员车辆、生产和施工井等；

（3）保证仪器在允许的环境条件下可靠连续工作等。

在采集时连续记录地震信号，时间采样间隔为 2 ms，记录长度除整个压裂段的压裂过程外，也在压裂前后一段时间进行监测，这样可有效记录背景噪音和射孔信号，以了解噪音情况，为微地震成像提供基础资料。

实际应用中对松页油 1HF 井采取较不规则的网格排列观测系统。需要说明的是，由于在微地震定位算法中可后期校正检波器位移，因此这种网格排列的不规则度不会影响定位精度。

（二）微地震数据实的实时采集

在水力压裂过程中，实时微地震地面监测可实时传输、处理地面埋置数字检波器记录的微地震信号，通过分析微地震监测结果使压裂工程师可在现场压裂过程中评估和修改压裂方案，确保获得更好的压裂效果。

严格按照制定的《水力压裂微地震地面监测技术规程》中的要求进行观测系统部署及数据实时采集。具体采集流程如下：

（1）接到监测目标井钻井工程设计及压裂设计后，5 d 内完成现场踏勘和设备复检工作，并提交水力压裂地面微地震监测施工设计。

（2）根据专家提出的意见提出监测施工设计的改进方案，提交方案变更申请，获得同意后适当修改监测施工设计。

（3）在压裂施工前 3 d 按照甲方最终认可的监测施工设计部署完毕检波器排列，并测试电缆、WiFi 及天线工作是否正常。

（4）连续采集数据 6 h，进行数据采集试验。其目的一是进行背景噪音监测，二是测试数据采集设备的连续工作稳定性。

（5）监测射孔，采集射孔信号，以用于速度模型校正。

（6）在压裂开始前 1 h 启动各采集站和 WiFi 数据传输设备，各采集台站上监测的数据实时传输至工程监测仪器车上的工作站中。数据采集过程一直保持连续数据记录状态，直到压裂停泵后半小时。

（7）根据工作站上的实时远程监控软件实时查看各采集站、检波器工作状态（图 7-27）及数据传输是否正常（图 7-28）。如观察到工作不正常的检波器，应立即派现场人员赴检波器所在位置检查并恢复其正常工作状态。

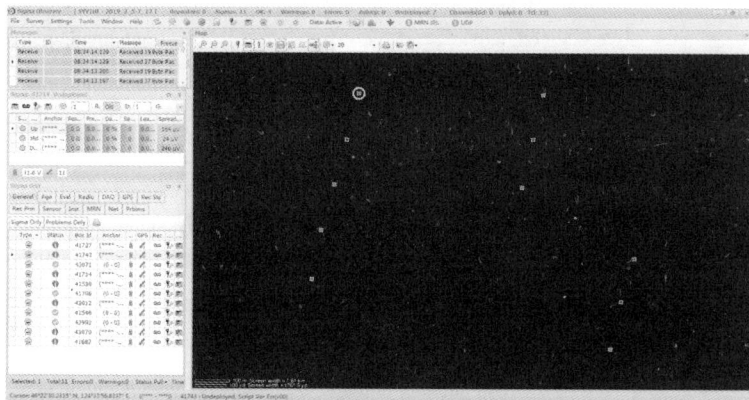

图 7-27　实时远程监控系统

（8）压裂监测期间，在监测车内对仪器的工作状态、记录情况等进行监测和分析，并同时对采集的微地震数据进行实时处理，为压裂人员提供参考。

（9）压裂结束后进行环境恢复工作。

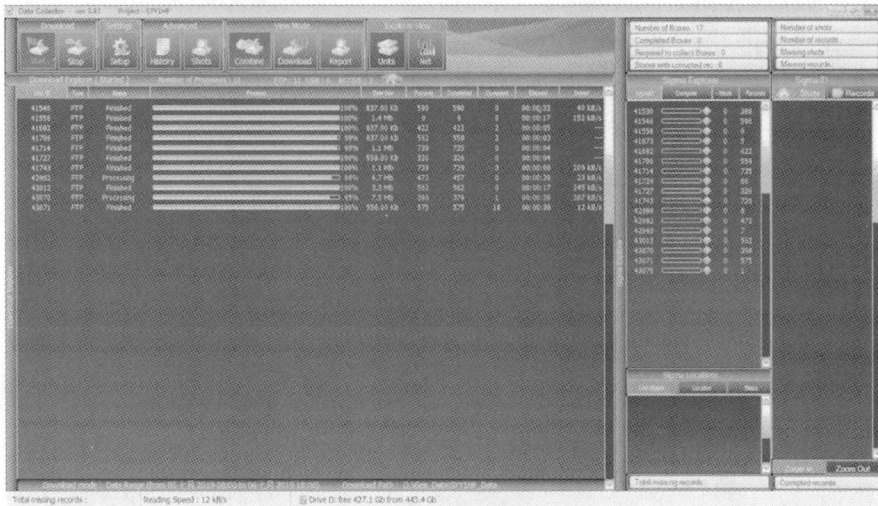

图 7-28　实时数据采集系统

（三）压裂过程微地震监测

松页油 1HF 井地面微地震监测对所有 10 个压裂段的射孔和压裂过程均进行了数据记录。63 套采集站以 SEGY 格式记录存储现场采集的原始数据，采样率为 2 ms，总原始数据数据量为 437 GB。典型的观测数据如图 7-29 所示，射孔信号和较强震级压裂信号均可有效接收到。

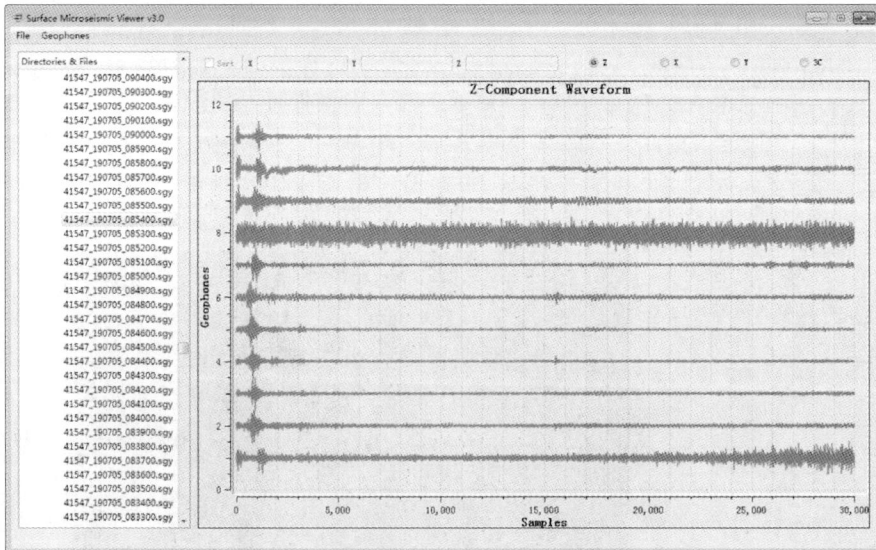

图 7-29　典型压裂数据——Z 分量观测记录（第 1 段，2019 年 7 月 5 日 16:54）

（四）全井段微地震信号处理分析

通过对各压裂段总有效压裂区域的面积、最大长度及最大宽度参数进行统计，以及对主要水力裂缝长度和走向参数进行统计，获得各段地面微地震监测结果（图 7-30 至图 7-33，彩图 7-31 至彩图 7-33）和解释结果（表 7-10）。

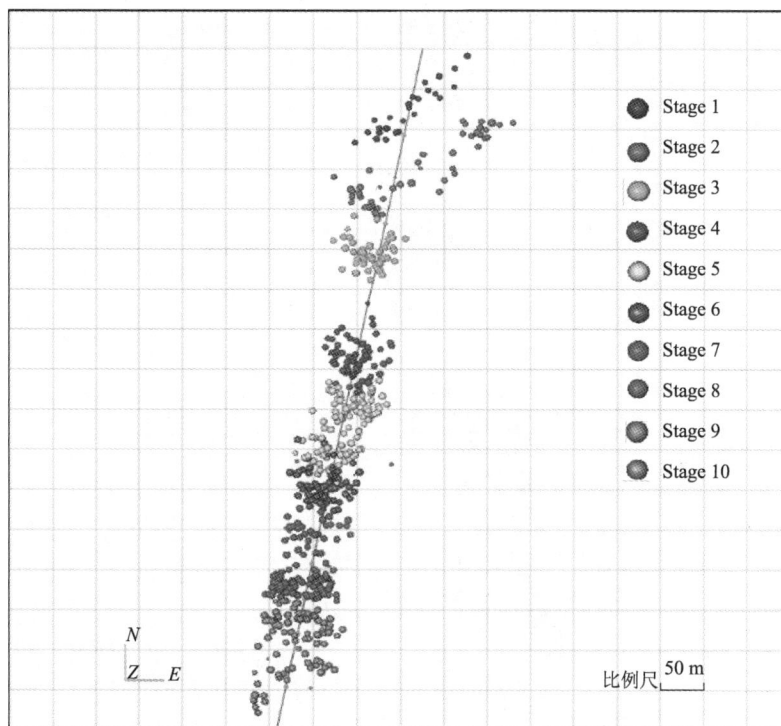

图 7-30　松页油 1HF 井全井段压裂裂缝处理图

表 7-10　松页油 1HF 井各压裂段监测解释的有效压裂区域及主裂缝特性

		第1段	第2段	第3段	第4段	第5段	第6段	第7段	第8段	第9段	第10段
总有效压裂区域	有效储层改造体积/m³	180 096	459 000	146 112	216 384	281 664	186 816	164 160	130 560	126 912	223 872
	面积/m²	7 680	14 850	6 464	8 000	10 880	7 744	6 912	5 568	5 312	9 408
主裂缝	左缝/m	78	38	37.66	38	76.7	29	34	43	38	50
	右缝/m	90.6	143	25.34	41	55.8	42	45	26.7	35	85
	走向	NE50°	NE53°	NE42°	NE50°	NE47°	NE48°	NE68°	NE65E	NE77°	NE48°

注：最大长度为压裂区域不规则体最长的部分，最大宽度为垂直于最大长度方向上最长的部分，主裂缝长度为主破裂带长度。监测时间为 2019 年 7 月 5 日至 14 日。

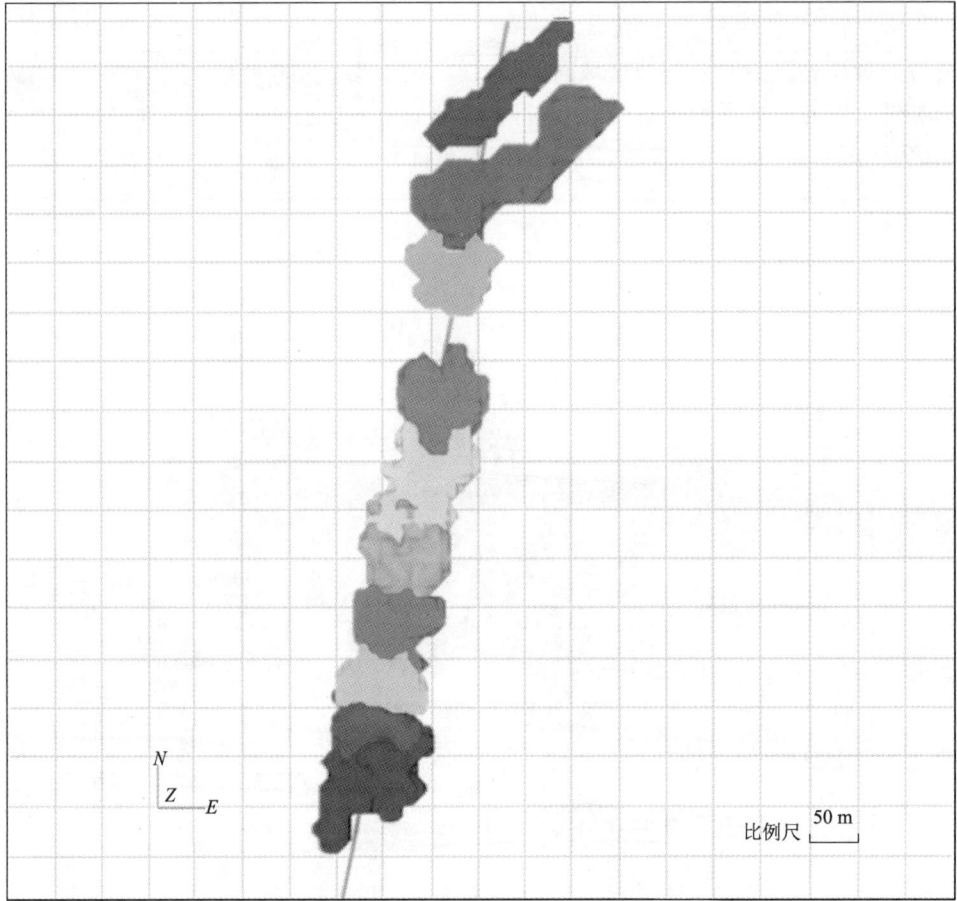

图 7-31　松页油 1HF 井总有效压裂面积图

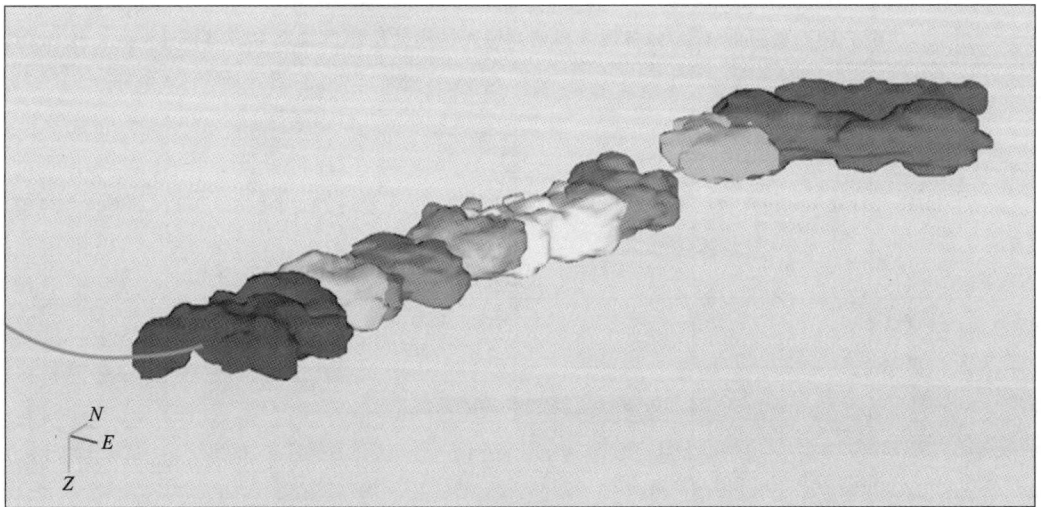

图 7-32　松页油 1HF 井压裂有效储层改造体积

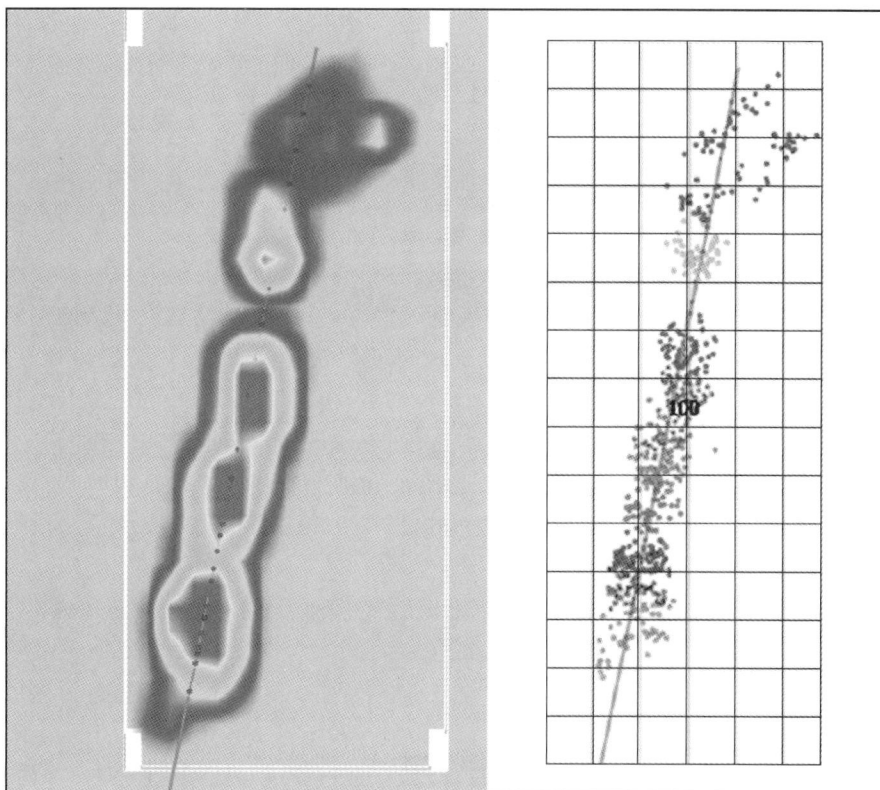

图 7-33 松页油 1HF 井全井段压裂能量扫描二维空间展布图

图 7-30 所示为全井段压裂裂缝处理图。分析表明各段压裂造缝效果较为明显,达到了压裂设计的预期效果,裂缝方位近北东向,最大主裂缝长度约为 181 m。第一和第二个水平段东翼压裂效果较好,裂缝延展长度较大,其他段压裂裂缝长度在水平段两翼大致相当。

图 7-31 所示为全井段总有效压裂面积图。该图是根据裂缝解释的结果,对全井段进行包络得到的。其中,面积是后续计算压裂改造体积的重要参数,计算表明松页油 1HF 井总有效压裂面积为 82 818 m²。

图 7-32 所示为计算得到的有效储层改造体积示意图。因地面微地震事件对垂向上定位误差较大,加之目的层厚度不大,所以对压裂高度直接按照目的层平均厚度进行近似计算。参考地质和地震综合研究结果,目的层厚度取 12 m,应用图 7-31 给出的面积乘以目的层平均厚度,即得到有效储层改造体积。计算表明,松页油 1HF 井压裂有效储层改造体积为 2 115 576 m³。

图 7-33 所示为松页油 1HF 井全井段压裂能量扫描二维空间展布图,色标表示能量强弱(由外部向内部能量由弱到强)。灰点为射孔点参照物,黑点为分割器。结果显示,随着桥塞间距离减小,分布越密集,压裂效果越好。

(五)压裂效果整体评价

在对地面微地震水力裂缝成像后,综合录井、测井、固井方面的数据与地面微地震水力裂缝成像结果,综合分析松页油 1HF 井地面微地震水力压裂监测结果,结论如下:

(1)压裂目标青一段,该段地层的自然伽马数值高,多在 105~150 API 之间。声波曲线显示地层压实较好,声波数值偏低;计算的孔隙度为 $3.2\%\sim12.2\%$,有效孔隙度为 7.3%;地层真电阻率数值高,为 $9.7\sim27.2$ $\Omega\cdot m$。偶极声波计算的破裂压力为 51.82 MPa,脆性指数为 50.45%。就水泥胶结情况而言,第一界面水泥胶结以好为主,少量胶结中等;第二界面水泥胶结以好为主,局部胶结中等,少量胶结差,水泥胶结对个别层段的压裂效果可能会产生一定影响。

(2)各段压裂造缝效果较为明显,裂缝方位近北东—南西向。水平段除第一段和第二段东翼压裂效果较好,裂缝延展长度较大外,其他各压裂段两翼裂缝延展长度大致相当。

(3)压裂造缝以主裂缝为主,伴随次要裂缝产生,在一些压裂段呈现复杂的网状缝的特征。建议此地区相邻井水力压裂,相同目的层时可使用松页油 1HF 井压裂设计参数,以取得良好的压裂储层改造效果。相比于致密砂岩油气藏,松页油 1HF 井的压裂井整体造缝长度略显不够,可能是泥页岩的塑性较大,对远离井轨迹的区域压裂造缝难度较大。

(4)压裂井整体造缝效果显示,第四段、第七段和第九段两翼造缝规模相当;第一段、第六段和第十段西侧稍小于东侧,第二段西侧远小于东侧;第三段、第五段和第八段西侧稍大于东侧,说明地层存在一定的非均质性。

(5)松页油 1HF 井水力压裂微震监测成果显示,总有效压裂区域最大面积为 14 850 m^2,总有效储层改造体积为 2 115 576 m^3。

(6)松页油 1HF 井全井段压裂能量扫描二维空间展布图分析显示,随着桥塞间距减小,分布越密集,压裂效果越好。

(7)松页油 1HF 井与松页油 2HF 井的对比显示,1HF 井的缝长比 2HF 井的缝长短,1HF 井的破裂面积比 2HF 井的破裂面积小。与 2HF 井不同的是,在裂缝形态上 1HF 井出现了不同于 2HF 井的复杂网状缝,压裂产生的复杂网状缝对压裂目标段的改造效果比压裂形成的带状缝对压裂目标段的改造效果好,使地层孔隙的连通性增强,在很大程度上增大了泄油面积,对比分析油的产出量 1HF 井应该比 2HF 井效果好。

第八章 现场压裂施工技术

页岩油储层必须经过大型压裂才能取得有效开发。大型压裂施工主要体现在压裂作业所需要的总功率大、注入液量和砂量多、施工压力高、连续作业时间长、配套装备多等方面。为保障大型压裂现场施工的连续性、经济性和可靠性，压裂装备优化配套、地面管线流程优化设计、压裂井口组合、压裂井下工具优选以及连续安全施工技术研究尤为重要。

第一节 装备配套及地面流程布局

压裂装备（图 8-1）主要由压裂泵车、混砂车、仪表车、管汇车以及辅助设备等组成。地面流程包括高压注入流程和低压供液流程。

图 8-1 大型压裂现场施工地面装备及流程图

一、压裂装备

大型压裂装备在压裂工程中应用几年后，普遍存在功率利用率低、设备使用不合理的情况，尤其是装备的配置没有结合施工模式的变化进行改变。科学合理地应用装备，对于工程服务商延长设备的使用寿命并降低施工作业成本具有重要意义。同时，国家排放标准的升级以及车辆公告的限制也对大型压裂装备减重和配置提出了新的要求。

（一）压裂泵车配套设计

压裂泵车（图 8-2）是压裂车组的主要设备，主要由运载、动力、传动、泵体等四大件组成。

图 8-2　2500 型压裂泵车

压裂工程要求实现低成本开发，从装备的角度考虑是使用尽量少的设备安全地完成施工作业。目前压裂机组中压裂车的配置数量是根据施工设计中最高限压和最大排量计算的水功率，考虑一定的安全系数、装备备用和故障维护系数来确定。压裂泵车用量设计时，一般计算的经验公式为：

$$HHP = VP\lambda\eta \qquad\qquad (8-1)$$

式中　　HHP——压裂车水马力，hp；

　　　　V——最大设计排量，m³/min；

　　　　P——施工限压，MPa；

　　　　λ——单位换算系数，为 22.6；

　　　　η——余量系数，一般为 1.1~1.2。

由于最高限压通常为平均施工压裂的 1.3 倍，在施工前进行小排量管汇试压测试。正常作业时在压力接近 90% 限压时，会采取降低排量或减少加砂量来稳定或降低施工压力，施工中不允许达到限压的数字，否则将立即停机。因此，建议在计算水马力时不需要乘以余量系数。如设计最大排量 16 m³/min，最高限压 95 MPa，计算功率为 34 352 hp，配备 2500 型泵车 14 台即可，相比照搬经验公式可节约 2 台 2500 型泵车。具体可以结合工程实践和装备使用状况来科学配置压裂车数量。在满足施工安全的条件下最大可能地提升装备的功率利用率，是工程服务商降低施工费用的重要手段。

（二）混砂车配套设计

混砂车（图 8-3）将压裂液、支撑剂和各种添加剂混合，能实现比例混砂，并能按压裂工艺的要求有效向压裂泵车提供不同要求的压裂液。

图 8-3　100 桶混砂车

混砂车是整个压裂机组的心脏,在施工中要求绝对可靠,其工作可靠性和性能先进性直接反映整套机组的技术水平。现场施工中依据施工排量需求进行优化配套。

大型压裂现场因压裂液技术的要求,通常需要压裂液在入井前添加多种助剂。混砂车自带液添泵、干添泵,合理利用混砂车的液添泵、干添泵,控制好助剂加入时机,可以节约甚至不用混配车或外用泵,同时可以减少相关操作人员。

（三）仪表车配套设计

仪表车(图 8-4)是成套压裂机组实现联机作业的核心监控设备,具有远程数据传输、无线监测、视频监视等系统,能够实现实时数据采集、显示和记录压裂作业的全过程。

图 8-4　仪表车

现场配套仪表车时可以优化传输线路,减少仪表车使用数量。"同步压裂"或"拉链式压裂"形式的大型压裂现场通常配备 2 台仪表车,一台负责压裂施工,另一台负责泵送桥塞射孔工具串。通过连接线路优化,可以实现一台仪表车既负责压裂施工又负责泵送桥塞射孔工具串施工。

（四）管汇车配套设计

管汇车(图 8-5)主要是便于压裂泵车、混砂车以及井口之间的连接,主要由装载底盘、随车液吊、高低压管汇及配件、高压管件架等组成。压裂管汇车是在油田各压裂、防砂作业中用于运载和吊装大量管汇的专用设备,主要由汽车底盘、液压吊臂、撬架、高低压管汇系统以及液压系统组成。

管汇车主要用来拖运管线,同时管汇车自带管汇吊车(8 t 或 12 t),在进行地面管线连接或拆装时用来吊运管线,其他时刻停留井场。为充分利用现场配套装备,管汇车停留井场期间可以将管汇吊车用于配合吊装支撑剂,进而不需要另外配套支撑剂吊装专用吊车(一般配套 25 t 或 30 t 吊车吊装)。

图 8-5 管汇车

（五）其他配套设计

1. 立式砂罐配套设计

页岩油大型压裂则通常采用 2 种或 3 种粒径的支撑剂,现场配套 2 个 100 m³ 立式砂罐(图 8-6),可以对 2 种支撑剂进行分装,依靠重力自流,单罐供砂速度 3 m³/min。当需要加 3 种粒径的支撑剂时,其中用量最少的粉砂采取吊装加入混砂车砂斗的方法,可以满足现场压裂加砂的需要。

图 8-6 立式砂罐

2. 连续混配车

连续混配车(图 8-7)可以实现在施工过程中实时在线配液,这样压裂施工时不需要提前进行压裂液的配置和准备,从而大大缩短作业施工时间,降低现场作业强度,避免浪费。连续混配车适用地层不受限制,但以往受混配设备技术条件限制,单台混配车供液排量为 $4.5~m^3/min$,因此要满足大型压裂的排量需要,现场一般配备 2 台混配车,并在储液罐中备足一段($1~800\sim2~000~m^3$)压裂所需压裂液液量。目前单台混配车供液排量已在 $20~m^3/min$ 以上。

图 8-7 连续混配车

3. 连续油管车

连续油管车(图 8-8)一般用于第一段射孔以及压裂施工结束后钻磨桥塞。第一段射完孔后,连续油管车可以撤离井场,待压裂施工结束后,连续油管车再进入井场,连接相应流程后进行钻塞作业。

图 8-8 连续油管车

4. CO_2 增压泵车

液态 CO_2 在储罐中长时间运输和存储,通常处于饱和蒸气压作用下的临界平衡状态。这种状态下的液态 CO_2 相态十分不易控制,少量的吸热和降压都会造成大量液态 CO_2 气化。因此,在 CO_2 压裂工艺现场施工中使用 CO_2 增压设备(图 8-9),使处于临界平衡状态的液态 CO_2 在压力上超过临界平衡压力,从而在整个地面流程中即使从外界吸收部分热量 CO_2 也能保持液态,减弱吸热造成的 CO_2 气化效果,同时 CO_2 增压设备还兼具为下游压裂泵供液的作用。

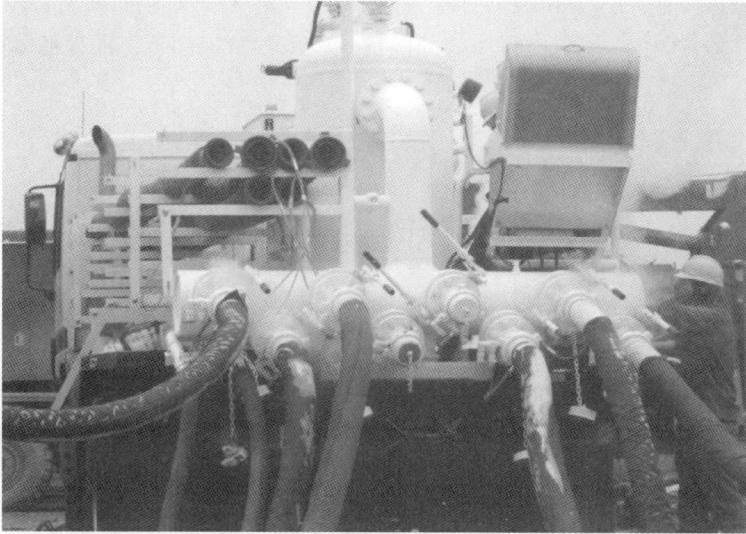

图 8-9 CO_2 增压泵车

二、地面流程布局

（一）地面高压注入流程设计

一般压裂施工高压注入流程采用 3 in(1 in＝25.4 mm)高压管线单条注入(单条高压管线允许安全注入的最大排量为 2.8 m^3/min),如果按照 15 m^3/min 大型压裂计算,需要同时连接 6 条高压管线才能满足施工需求。但是,连接多条管线也会增加施工难度:

(1)高压管件及高压管件的接口处增多,极大增加管线刺漏(图 8-10)等安全风险;

图 8-10   大型压裂施工现场高压管线刺漏

（2）多条管线注入会造成管线之间排量分配不均，且井口注入液体汇集对冲导致压裂井口、多条管线抖动严重，安全风险大；

（3）多条管线注入占用作业场地大，增加对大型压裂作业场所的要求；

（4）连接多条注入管线，劳动强度大，准备时间长；

（5）高压管件使用数量多，增加工程成本。

因此，随着施工技术的发展，目前大型压裂施工现场高压注入流程布局向模块化、集成化及科学化方向进步。为方便描述高压注入流程的具体布局方式，将高压流程分为三部分（图 8-11 和彩图 8-11）：

（1）排出管汇，从压裂泵车至主管汇段；

（2）主管汇系统；

（3）井口管汇，从主管汇至压裂井口段。

图 8-11 大型压裂地面高压注入流程现场图

1. 排出管汇布局

目前大型压裂现场排出管汇布局方式主要有以下 6 种：

（1）泵排出管下放后，用两个 50 型活动弯头直接与管汇撬连接；

（2）泵排出管下放后，落地处用两个 50 型活动弯头，再接一根直管，直管头上接一个活动弯头与管汇撬连接；

（3）泵排出管下放后，落地处用一个 50 型活动弯头，再接一根直管，直管头上接两个活动弯头与管汇撬连接；

（4）泵排出管下放后，落地处用一个 50 型活动弯头，再接一根直管，直管头上接一个活动弯头与管汇撬连接；

（5）将排出管汇 50 型活动弯头改为 10 型活动弯头；

（6）将排出管汇 50 型活动弯头改为 10 型活动弯头，落地的第一个活动弯头改为 10 型。

下面针对排出管汇与管汇撬之间的不同连接形式，分析其振型，以确定哪种结构更加合理。

图 8-12 所示为现场实际布局中排出管汇、旋塞阀、T 形三通的连接示意图。其中，1 处

排出法兰与压裂泵通过螺栓固定连接,仿真中假设 4 处 T 形三通的两端直管有固定支撑。

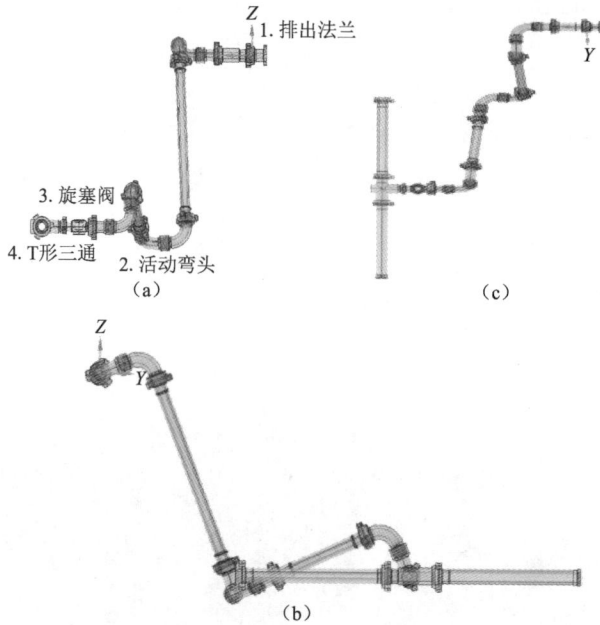

图 8-12　Case 1 结构模型(直管段向右摆放,与地面成 60°)

(1)工况一(Case 1)。

约束条件:1 处排出法兰固定支撑,4 处 T 形三通两端固定支撑,2 和 3 处不加任何约束。直管段向右摆放,与地面成 60°。对结构模型进行模态分析,固有频率见表 8-1。

从振型分析(图 8-13 和彩图 8-13)可知,一、二、三阶振型均引起旋塞阀与三通连接处的径向振动。

表 8-1　Case 1 模型固有频率

名　称	一　阶	二　阶	三　阶	四　阶	五　阶	六　阶
固有频率/Hz	13.14	18.464	28.055	28.532	34.282	38.423

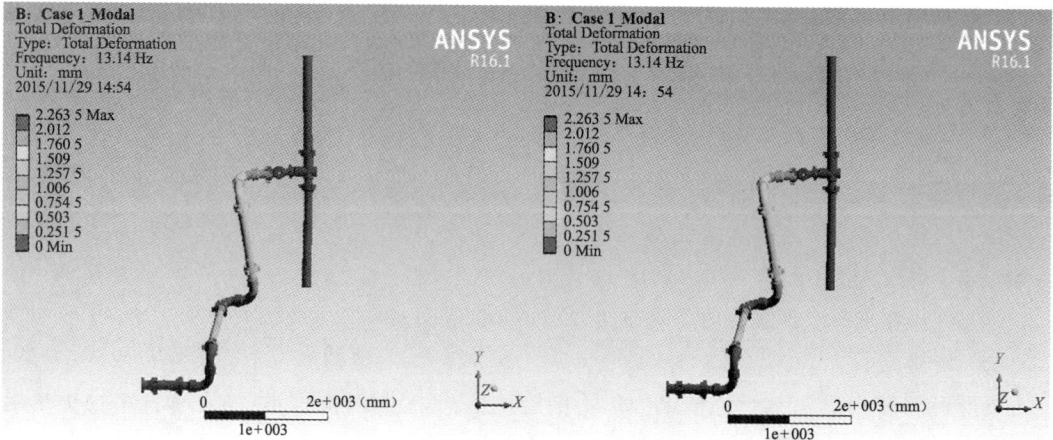

(a)一阶振型　　　　　　　　　　　　(b)二阶振型

图 8-13　Case 1 振型

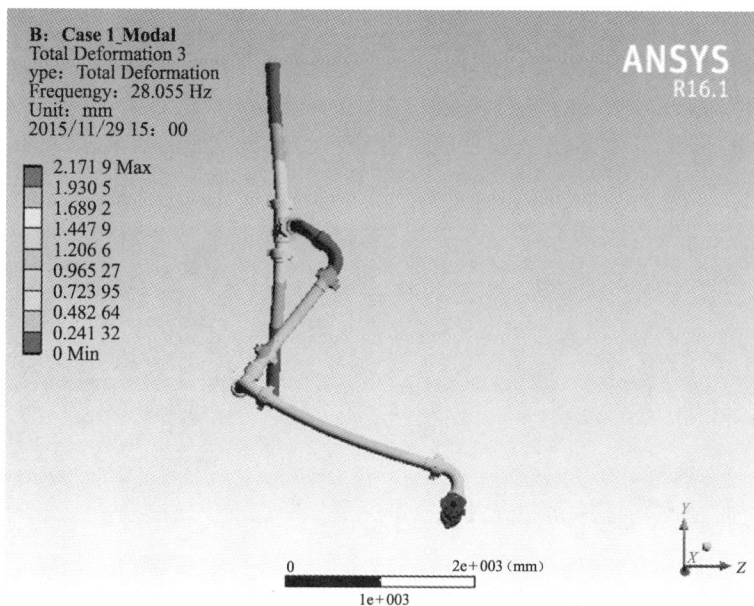

（c）三阶振型

图 8-13（续） Case 1 振型

（2）工况二（Case 5）。

约束条件:1 处排出法兰固定支撑,4 处 T 形三通两端固定支撑,2 和 3 处不加任何约束。直管段向左摆放,与地面成 60°,如图 8-14 所示。对结构模型进行模态分析,固有频率见表 8-2。

从振型分析(图 8-15 彩图 8-15)可知,Case 5 的振型均能引起旋塞阀与三通连接处的径向振动,但固有频率变化不大。

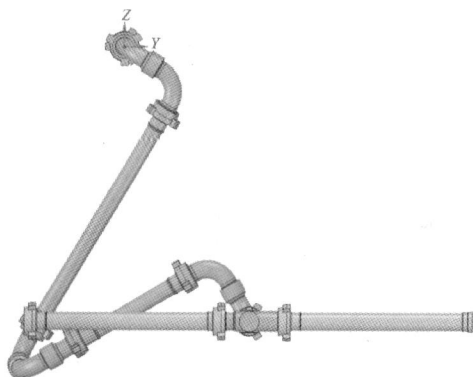

图 8-14 Case 5 结构模型

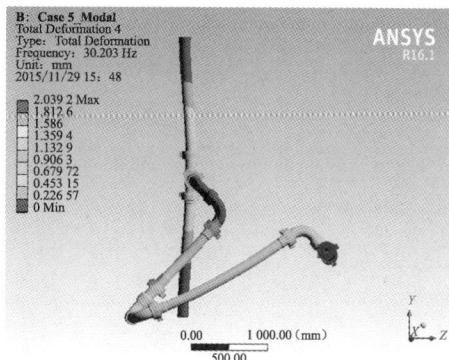

图 8-15 Case 5 四阶振型

表 8-2 Case 5 模型固有频率

名　　称	一　阶	二　阶	三　阶	四　阶	五　阶	六　阶
固有频率/Hz	11.347	22.956	23.753	30.203	35.235	39.396

（3）工况三（Case 6）。

约束条件：1 处排出法兰固定支撑，4 处 T 形三通两端固定支撑，2 和 3 处不加任何约束。直管段与地面成近 90°，如图 8-16 所示。对结构模型进行模态分析，固有频率见表 8-3。

从振型分析（图 8-17 和彩图 8-17）可知，Case 6 的振型均能引起旋塞阀与三通连接处的径向振动，固有频率基本不变。

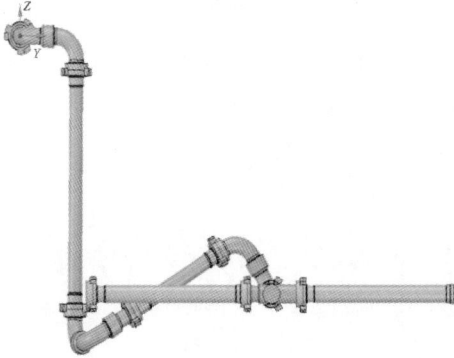

图 8-16　Case 6 结构模型

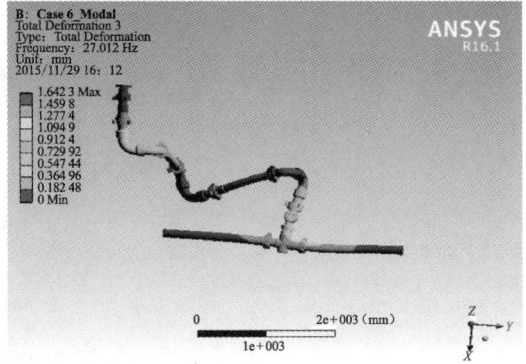

图 8-17　Case 6 四阶振型

表 8-3　Case 6 模型固有频率

名　称	一　阶	二　阶	三　阶	四　阶	五　阶	六　阶
固有频率/Hz	12.609	20.656	27.012	28.449	34.012	39.113

（4）工况四（Case 7）。

约束条件：1 处排出法兰固定支撑，4 处 T 形三通两端固定支撑，2 和 3 处不加任何约束。直管段与地面成近 30°，如图 8-18 所示。固有频率见表 8-4。

从振型分析（图 8-19 和彩图 8-19）可知，Case 7 的振型均能引起旋塞阀与三通连接处的径向振动。

表 8-4　Case 7 模型固有频率

名　称	一　阶	二　阶	三　阶	四　阶	五　阶	六　阶
固有频率/Hz	11.143	21.223	25.467	28.692	35.404	39.332

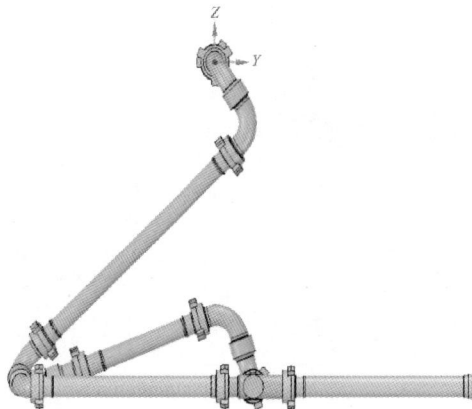

图 8-18　Case 7 结构模型

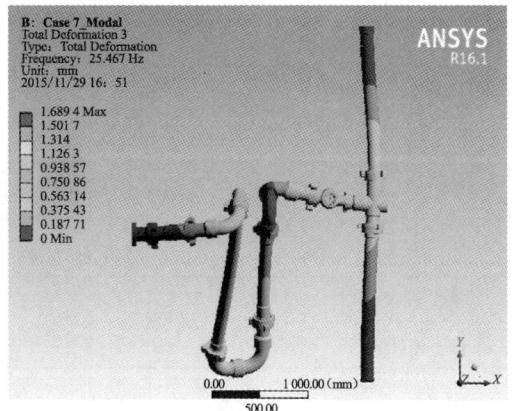

图 8-19　Case 7 三阶振型

综合分析工况一、工况二、工况三、工况四可知,改变排出管汇的摆放角度,其固有频率并未发生变化,且振型也没有变化。其中,排出管汇振动引起的旋塞阀径向振动主要发生在低阶振型。

（5）工况五（Case 2）。

约束条件:在 Case 1 基础上,再在 3 处旋塞阀增加 Z 方向的支撑约束,如图 8-20 所示。

各阶振型固有频率见表 8-5。可以看出,只在旋塞阀上增加支撑,其固有频率并没有发生太大改变,尤其是低阶振型。

进一步分析 Case 2 振型发现,旋塞阀径向振动仍为主振型,如图 8-21 和彩图 8-21 所示。

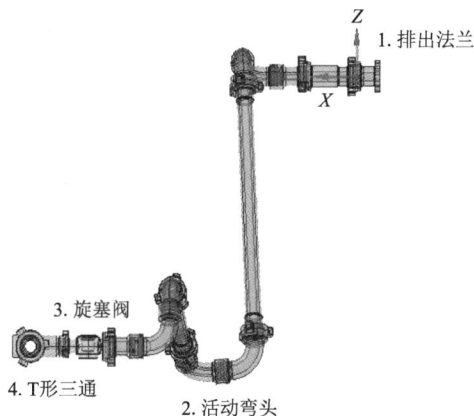

图 8-20　Case 2 结构模型

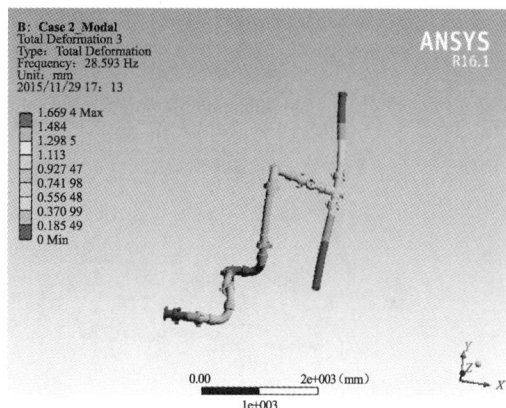

图 8-21　Case 2 三阶振型

表 8-5　旋塞阀上增加支撑前后固有频率对比

名　称	一　阶	二　阶	三　阶	四　阶	五　阶	六　阶
Case 1 固有频率/Hz	13.14	18.464	28.055	28.532	34.282	38.423
Case 2 固有频率/Hz	13.222	22.377	28.593	34.485	38.276	55.563

（6）工况六（Case 3）。

约束条件:在 Case 2 基础上,再在 2 处落地活动弯头增加 Z 方向的支撑约束。

各阶振型固有频率见表 8-6。可以看出,当在落地活动弯头处增加支撑后,其固有频率有所增加,且振型也有所改善,但低频段仍然存在径向振型。

表 8-6　落地活动弯头增加 Z 方向的支撑约束前后固有频率对比

名　称	一　阶	二　阶	三　阶	四　阶	五　阶	六　阶
Case 1 固有频率/Hz	13.14	18.464	28.055	28.532	34.282	38.423
Case 2 固有频率/Hz	13.222	22.377	28.593	34.485	38.276	55.563
Case 3 固有频率/Hz	19.307	37.342	41.648	67.558	79.923	88.526

（7）工况七（Case 4）。

约束条件:在 Case 2 基础上,再在 2 处落地活动弯头增加固定约束。

各阶振型固有频率见表 8-7。可以看出,当在落地活动弯头处增加固定支撑,其固有频率增幅最大,且旋塞阀处的低阶振型均为轴向振动,只有在六阶振型时才发生径向振动（图

8-22 和图 8-23,彩图 8-22 和彩图 8-23)。

表 8-7　落地活动弯头增加固定约束前后固定频率对比

名　称	一　阶	二　阶	三　阶	四　阶	五　阶	六　阶
Case 1 固有频率/Hz	13.14	18.464	28.055	28.532	34.282	38.423
Case 2 固有频率/Hz	13.222	22.377	28.593	34.485	38.276	55.563
Case 3 固有频率/Hz	19.307	37.342	41.648	67.558	79.923	88.526
Case 4 固有频率/Hz	35.644	40.668	67.322	75.659	88.404	110.62

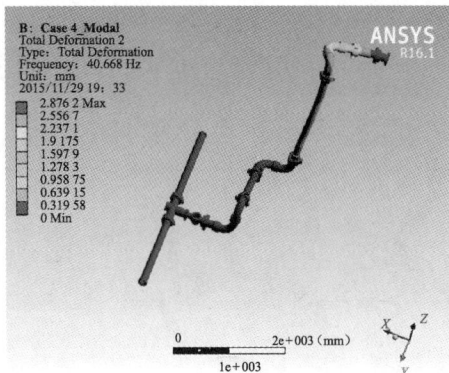

图 8-22　Case 4 二阶振型

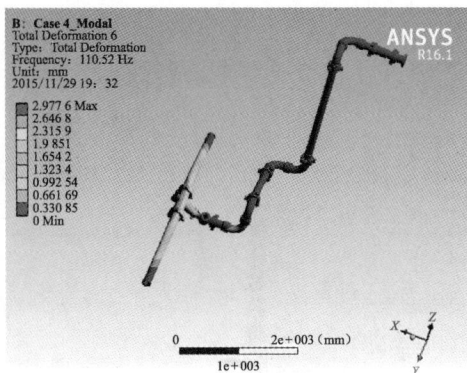

图 8-23　Case 4 六阶振型

对比分析工况五、工况六、工况七可知,仅仅在旋塞阀和落地活动弯头处增加支撑约束(只约束 Z 方向),其低阶振型的固有频率和振型基本没有发生变化,因此效果有限。而在落地活动弯头处增加固定约束,其整体固有频率大幅增加且振型发生较大变化,由排出管汇传递到旋塞阀的振动大幅减小,且为轴向振动。

因此,泵排出管下放后,用两个 50 型活动弯头直接与管汇撬连接最优;为减少排出管汇传递到旋塞阀与 T 形三通之间的径向振动,需对排出管汇进行减振。可通过在排出管汇落地处增加带弹簧阻尼的隔振装置进行固定约束。

2. 主管汇系统优化设计

影响高压管汇冲刷寿命的因素包括流体速度、冲蚀角大小、支撑剂浓度、支撑剂粒径及形状、流体动力黏度、材料弹性模量、微观组织、材料强度等。其中,冲蚀角大小、支撑剂浓度、支撑剂粒径及形状、流体动力黏度受限于施工工艺,不易从高压管汇产品上改动优化。为确保产品整体的机械性能,材料弹性模量、微观组织、材料强度、硬度也不易改动。因此,可以从流体速度上着手来提升高压管汇产品的使用寿命。

在流体介质一定的条件下,管汇壁面冲蚀伤害率 R_e 计算公式为:

$$R_e = \sum_{i=1}^{N_p} \frac{m_p K f(\alpha) v_i^{b(v)}}{A} \tag{8-2}$$

式中　m_p——颗粒的质量流量;

K——与材料相关常数,塑形材料一般取 1.8×10^{-9};

$f(\alpha)$——颗粒的冲击角函数;

v_i——颗粒冲击速度;

$b(v)$——颗粒冲击速度指数;

A——颗粒碰撞管壁面的面积。

不难看出,降低流体介质流速可以降低管材冲蚀磨损速度,因此主管汇部分的优化方案为增大管径和降低流速。

(1)管径优化。

压裂高压管件的主体材料为 20Mn2,通过图 8-24 可以看出,失重量随流速的增加分为三个过程:当流速低于 12.3 m/s 时,表现为增重;当流速在 12.3~16.5 m/s 时,失重量逐渐由增重转变为失重状态;当流速高于 16.5 m/s 时,失重量急剧增加。为降低材料冲蚀伤害,管内液体流速应控制在 12.3 m/s。

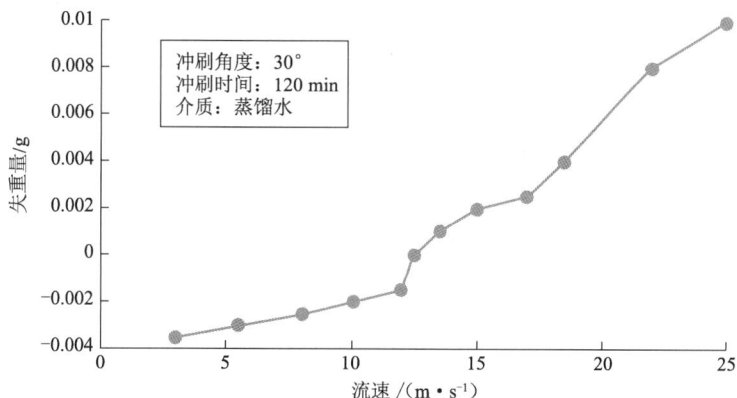

图 8-24 流速与失重量关系

以 12.3 m/s 为临界流速计算整体管汇的最大排量,结果见表 8-8。

表 8-8 以 12.3 m/s 为临界流速计算不同管径的最大排量

管线尺寸/in	单根排量/(m³·min⁻¹)	双根排量/(m³·min⁻¹)
4	6.12	12.2
5	9.7	19.4
7	18.7	

目前现场实际的施工排量需求为 12~18 m³/min,因此最合适的管径为 5 in。

(2)分支距离优化。

在高压管汇中,由于分支流泵入主管时流体方向发生改变,产生一段非平行于主管轴向的流动,即不稳定流,不稳定流易对主管产生冲蚀破坏。为减小管汇内部的冲蚀疲劳损伤,应使各分支泵液口产生的不稳定流互不干扰,将不稳定流的长度保持最短。因此,需合理设计管汇结构,优选分支管间距,延长高压管汇的使用寿命。

对简化模型三维建模,并应用计算流体动力学软件 FLUENT 对高压管汇进行仿真分析,计算出排量为 18 m³/min 以及黏度为 10 mPa·s 和 30 mPa·s 的两种流体工况下管汇各分支泵液口的不稳定流长度,如图 8-25 和图 8-26 所示。可以看出,管汇内各分支处的不稳定流长度变化趋势相同,均表现为远离主管出口的分支处不稳定流长度最大,靠近主管出口的分支处不稳定流最小,且各分支处的不稳定流长度接近,几乎不受流量以及黏度大小的影响。管汇的各分支不稳定流长度均小于 0.65 m,当管汇的各分支间距大于 0.65 m 时可减小不稳定流之间的互相影响,使不稳定流的长度保持最短。因此,为减小不稳定流之间的互相影响,控制不稳定流的长度保持最短,减小管汇内部的冲蚀疲劳损伤,建议分支的间距大于0.65 m。

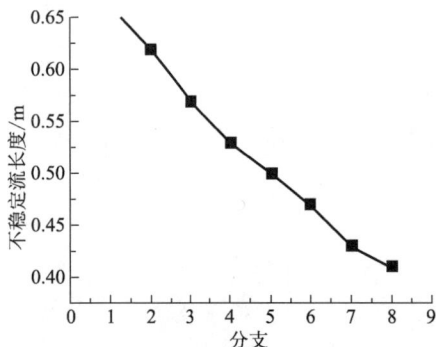

图 8-25　黏度为 10 mPa·s 分支管处不稳定流长度

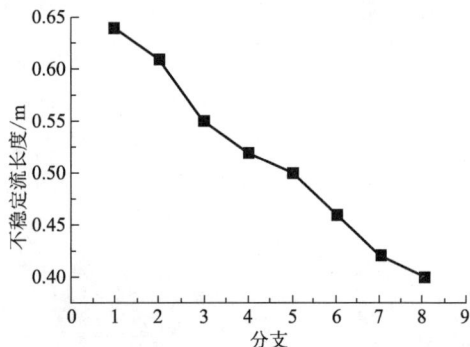

图 8-26　黏度为 30 mPa·s 分支管处不稳定流长度

（3）固定支撑距离优化。

支撑间距对长直主管道的振动幅值影响较大,随着管道支撑间距的增大,压裂直管的最大振动幅值呈近似指数曲线形式逐渐增大,且管线的最大振动幅值都出现在直管两支撑点的中间位置。当压裂液黏度为 10 mPa·s 时,近出口端第一段长直主管的支撑间距应控制在 2.7 m左右。当压裂现场激振频率较高时,压裂现场支撑间距应选择 2.7m 左右。在激振频率较低不会引起管线共振的前提下,可选择 3 m 左右的支撑间距。当压裂液黏度为30 mPa·s 时,压裂现场激振频率较高时应选择支撑间距为 2.6 m,压裂现场激振频率较低时可适当增大支撑间距。可以认为压裂液黏度对管道振动特性影响不大,现场压裂液黏度较高时只需略微减小压裂管汇的支撑间距即可,因此后面管段不再分析压裂液黏度为 30 mPa·s 时管道的合理支撑间距。采用上述方式,依次计算后面管段合理支撑距离,见表 8-9。

表 8-9　压裂液排量为 18 m³/min 时各管段合理支撑间距

管　　段	第一管段	第二管段	第三管段	第四管段	第五管段	第六管段	第七管段	第八管段
支撑间距/m	2.7～3.0	2.7～3.0	2.5～2.8	2.5～2.8	2.2～2.5	2.2～2.5	2.6～2.9	2.6～2.9

（4）整体接头结构优化。

目前常用的整体接头有 T 形和 Y 形两种（图 8-27 和图 8-28）。现场应降低汇管连接位置的振动危害,提高压裂车与汇管连接的强度,为此讨论两种型号汇管振动情况,并进行优选。

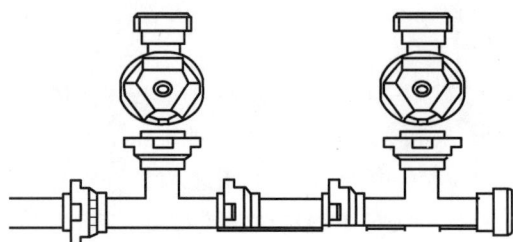

图 8-27　T 形整体接头

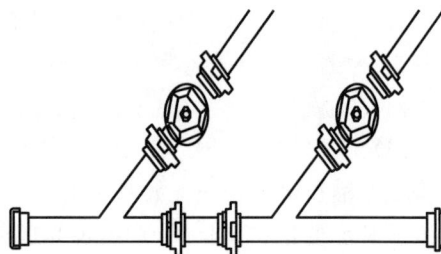

图 8-28　Y 形整体接头

由图 8-29 和图 8-30(彩图 8-29 和彩图 8-30)所示计算结果可以看出：当管线的连接方式采用 Y 形整体接头时振动频率和振动幅值都比 T 形要小。根据两种不同接入方式的振动和振幅的对比可以发现,接入 Y 形整体接头和接入 T 形整体接头的振动频率变化值并不大,振动幅值的变化也比较小,也就是说两种方案振动情况基本相同。但是三通的角度越大,流体压力最大值分布就越往支管内移动,这不会使远离出口端的管线的流体压力过大,从而会使 T 形整体接头整个流场的压力分布均匀性比 Y 形整体接头的好,因此更不容易发生疲劳失效,也就可以使管线的寿命更长。

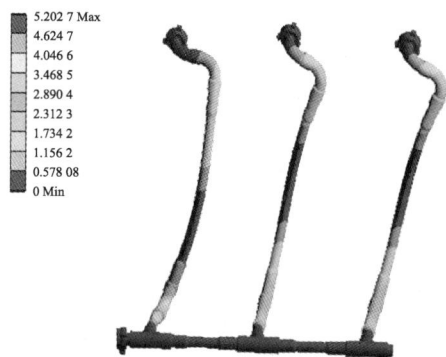

图 8-29 T 形整体接头振幅

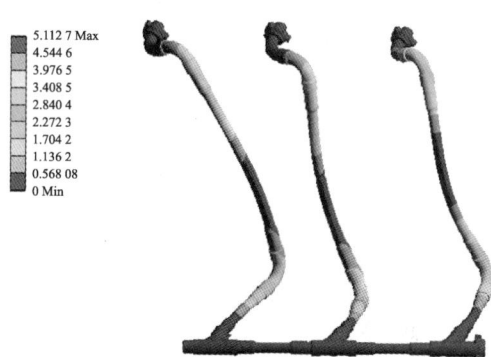

图 8-30 Y 形整体接头振幅

3. 井口管汇优化设计

井口管汇采用一根大通径管线接至井口附近,再采用分流装置按照平台井数量进行连接,连上井口。

(二)地面低压供液流程设计

低压部分目前现场通常使用 2 个低压供液管汇,低压供液管汇两侧分别开有若干进液口和出液口,进液口与混砂车相连,出液口与压裂车相连。如果按照 15 m³/min 大型压裂计算,需要 14~20 台 2500 型压裂车一起作业,压裂车尾部距离混砂车排出口最小安全距离 6 m,压裂车间距 3 m。最远端压裂车上水将达到 27~36 m(压裂车在低压供液管汇两侧对称摆放),管线连接长,且为方便,连接高压区的低压管线为软管材质,受井场布局制约,低压管线一些部位会呈不同程度弯曲,导致管线内部容易沉砂。离混砂车越远的部位或者管线弯曲约严重的部位,沉砂越厉害。尤其是页岩气井压裂施工中使用黏度很低的滑溜水/活性水作为压裂液体系时,沉砂现象尤为严重,导致后期施工部分压裂车供液困难或不稳,严重的甚至压裂车出现空泵,最终影响施工排量和施工质量,甚至造成压裂施工失败,在施工结束后清洗低压供液管汇难度亦大。

采用变径低压汇管,即混砂泵出口端依次采用 8 in 管线、6 in 管线、4 in 管线,依次通过软管连接(图 8-31 和彩图 8-31)。

第二节 压裂井口及防喷设备

压裂施工时井口设备主要由压裂井口和防喷器等组成。压裂井口是地面高压管汇与井下管柱的连接装置。防喷器可在压裂施工过程中起下钻作业时预防井控等事故发生,根据工艺和地质情况确定是否配备及配备何种型号的防喷器。

图 8-31　低压流程现场连接图(黑色管线)

一、压裂井口

现场一般依据预测的最高井口关井压力、腐蚀气体分压、井口温度以及施工排量确定配套井口装置的压力级别、材料类别、规范级别、性能级别以及温度类别等。

(一)最高井口关井压力

最高井口关井压力是选择压裂井口装置、确定地面流程管汇压力级别必不可少的重要参数。可采用以下方法预测最高井口关井压力 p_G：

$$p_G = \frac{p_B}{e^{\frac{0.034\,15\gamma_g L}{T_{cp}Z_{cp}}}} \tag{8-3}$$

式中　γ_g——天然气相对密度；

　　　L——气层中部深度，m；

　　　T_{cp}——井筒平均温度，K；

　　　Z_{cp}——井筒平均压缩系数。

井口装置压力等级应该与最高井口关井压力相匹配，大型压裂施工现场比较常见的井口装置压力等级是 105 MPa 和 140 MPa。

(二)腐蚀气体分压

国际上公认 CO_2 的分压为 0.196 MPa 时便开始产生腐蚀作用，H_2S 的分压为 0.000 343 MPa 时便开始产生硫化氢腐蚀脆性断裂。具体材质选择可以参照表 8-10 和表 8-11。

表 8-10　井口装置材料类别情况

材料类别	工况特性	本体、盖和法兰	闸板、阀座、阀杆、顶丝和悬挂器本体
AA	一般使用——无腐蚀	碳钢或低合金钢	碳钢或低合金钢
BB	一般使用——轻度腐蚀		不锈钢
CC	一般使用——中腐蚀到高腐蚀	不锈钢	
DD	酸性环境——无腐蚀	碳钢或低合金钢	碳钢或低合金钢
EE	酸性环境——轻度腐蚀		不锈钢
FF	酸性环境——中度到高度腐蚀	不锈钢	
HH	酸性环境——严重腐蚀	抗腐蚀合金	抗腐蚀合金

表 8-11　井口装置不同材料类别使用情况

材料类别	允许氯化物含量	允许 CO_2 腐蚀分压	允许 H_2S 腐蚀分压
材料类别 AA	小于 0.01	小于 0.048 23 MPa	小于 0.000 344 3 MPa
材料类别 BB	小于 0.01	小于 0.207 MPa	小于 0.000 344 3 MPa
材料类别 DD	小于 0.01	小于 0.048 23 MPa	小于 0.0207 MPa
材料类别 EE	小于 0.02	小于 0.207 MPa	小于 0.0207 MPa
材料类别 FF	小于 0.02	超过 0.207 MPa	小于 0.0207 MPa
材料类别 HH（全部金属堆焊金属）	小于 0.2	超过 0.207 MPa	大于 0.0207 MPa

（三）井口温度

井口流温预测是在测试流程中采取合理保温系统的基本依据。根据美国《深气井完井》中介绍的产层温度、产量与井筒温度的关系曲线，得出如下预测测试时井口最高温度的计算公式：

$$t_0' = (t - t_0)(1.212\ 95 \times 10^{-2} Q - 4.691\ 9 \times 10^{-5} Q^2) + t_0 \tag{8-4}$$

式中　t_0'——产量为 Q 时井口最高温度，℃；

　　　t——气层中部温度，℃；

　　　t_0——井口常年平均气温，℃；

　　　Q——测试时的产气量，$10^4\ \mathrm{m}^3/\mathrm{d}$。

（四）施工排量

压裂井口主要由平板阀和压裂注入头组成。依据中石化企业标准 Q/SH 0442—2001《非常规油气井压裂施工设备配套推荐作法》，非常规页岩气压裂排量一般为 10～15 $\mathrm{m}^3/\mathrm{min}$。

按照井口管汇流速安全限定条件：

$$Q_{\max} = 2.33 v d^2 \tag{8-5}$$

式中　$Q_{\max}$——最大排量，$\mathrm{m}^3/\mathrm{min}$；

　　　v——井口管汇安全流速，m/min；

　　　d——管线直径，m。

页岩油压裂借鉴页岩气压裂的方式，一般采用 2～3 簇射孔，每簇 16～18 孔。用 3 簇计算，每簇排量最大为 4.6 m³/min(砂堵的风险较小)，故设计使用 14 m³/min 左右排量较为合适。现场高压管件配套为 3 in，计算可以达到的最高排量为 3.5 m³/min。经计算，在井口应该有 4 个注入口及配备压裂六通或者八通(注入头)。

如施工井口压力预测超高，现场需要配备 140 MPa 压裂八通(压裂六通)，建议同时配置 140 MPa/180 mm 手动和液动平板阀门。在井口出现意外危险情况时，液动平板阀可以远程快速实现开关，且高压时容易开关，关闭后可以拆走上部小通径部分，进行其他作业，如带压下完井管柱作业等。液动平板阀性能不稳定，容易刺漏，在其他油田使用时出现过抢险经历。为此，在液动平板阀上部装手动平板阀作为常用阀，液动平板阀作为备用。

二、防喷设备

油气田的地质条件不同、油气层压力不同以及井控条件不同，所配备井控设备的完善程度也不相同。首先应根据井下作业装备配套标准要求配齐井控装置，而特殊井控作业设备和工具通常不配。一般情况下，较浅层的低压油气井可配备简易手动防喷器，较深的高压油气井应配备液压防喷器。

防喷器是井控设备的核心部件，井下作业施工常用防喷器包括手动防喷器和液压防喷器。手动防喷器结构简单、成本低、耐压低。液压防喷器操作简单、安全可靠，是防喷器的发展方向。

（一）防喷器的额定工作压力

防喷器的额定工作压力指防喷器在井口工作时所能承受的最大工作压力。目前国内防喷器的额定工作压力分为 6 级，即 14 MPa，21 MPa，35 MPa，70 MPa，105 MPa 和 140 MPa。

（二）防喷器的公称通径

防喷器的公称通径指防喷器能通过的管柱最大外径。常用防喷器通径分为 11 种，即 103 mm，180 mm，230 mm，280 mm，346 mm，426 mm，476 mm，528 mm，540 mm，680 mm 和 762 mm。防喷器通径代号与公称尺寸见表 8-12。

表 8-12　防喷器通径代号与公称尺寸

通径代号	公称尺寸/mm	额定工作压力/MPa					
		14	21	35	70	105	140
10	103	△	△	△	△	△	△
18	180	△	△	△	△	△	△
23	230	△	△	△	△	△	△
28	280	△	△	△	△	△	△
35	346	△	△	△	△	△	△
43	426	△	△	△	△	—	—
48	476	—	—	△	△	△	—
53	528	—	△	—	—	—	—

通径代号	公称尺寸/mm	额定工作压力/MPa					
		14	21	35	70	105	140
54	540	△	—	△	△	—	—
68	680	△	△	—	—	—	—
76	762	△	△	—	—	—	—

注:△表示防喷器允许规格。

（三）防喷器类型及表示方法

防喷器从关井原理上可分环形防喷器和闸板防喷器两类,从驱动方式上可分为手动和液动防喷器两类。

手动闸板防喷器的开启和关闭是以人工旋转左右丝杠,推动闸板移动实现开关井的,分手动单闸板防喷器、手动双闸板防喷器、手动三闸板防喷器等。

液压防喷器的开启和关闭是利用液压能实现开关井的,分环形防喷器和闸板防喷器两类。

（四）防喷器的表示方法

例如,某防喷器型号为2FZ35-21,表示该防喷器为双闸板防喷器,通径代号为35,公称通径为346 mm,额定工作压力21 MPa。

（五）井口防喷器组合

通常油气井口自上而下安装顺序为套管头、四通、闸板防喷器、环形防喷器。由于油气井具体情况的差异,井口所装防喷器的类型、数量、压力级别、通径也不相同。

防喷器的压力等级应与最高地层压力相匹配,根据作业设计要求及设备配套情况确定防喷器组合形式。防喷器组合的通径必须一致,其大小取决于作业井的管柱尺寸,即必须略大于所下管柱直径。井口防喷器的类型和数量应据需要合理确定。

第三节　大型压裂连续施工保障技术

为加强现场大型压裂连续施工组织中的工作领导及协调,督促保障施工措施落实,应成立各级领导指挥小组,包括施工领导小组、技术支撑组、安全环保组、设备保障组、物资保障组、压裂施工执行小组等,目的是做到分工细致到每个工序,职责明确落实到个人,响应迅速（纵向与扁平结合）,支撑有力（专家组技术支撑）。

应细化完善现场施工所涉及的各项管理制度和保障措施。重要的施工保障措施如下:

（1）高压件使用前,由压裂保障队进行高压件喷漆（图8-32）、螺纹及密封面涂抹防锈油并带上保护套、旋塞注入新的密封润滑脂等保养措施。

（2）高压件使用前,由专业试压车间进行试压,检测合格后使用（图8-33）。基层队领取高压件后,首先登记在册,记录启用时间、高压件编码。

图 8-32　高压件使用前喷漆保养

图 8-33　高压件检测报告

（3）在大型压裂施工中,进行压裂泵车检泵作业并记录,以安全高效完成设备的维护检修工作,保障现场压裂施工有序进行。

（4）大型压裂施工排量大、压力高、时间长,高压件刺漏、高压弯头及法兰断脱、崩裂等安全事故时有发生。经过不断现场实践和深入研究,总结形成了非常规压裂施工安全保障"二十四字方针"。

① 绳锁保险（图 8-34）。对泵头传感器法兰、排出法兰、高压由壬短节、弯头、直管、压裂井口等部位使用钢丝绳进行捆绑加固。

② 自由落地（图 8-35）。高压直管根据车型情况自由落地,防止弯头顶死,应力集中,剪切断裂。

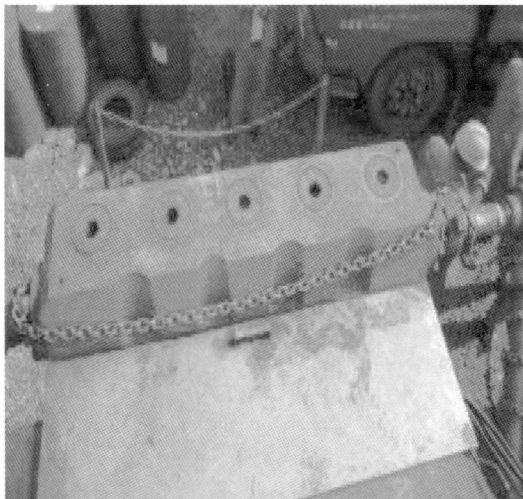

图 8-34　绳锁保险

图 8-35　自由落地

③ 铰链结构（图 8-36）。通过 5 个弯头加直管的铰链结构减少因压裂振动造成高压件

应力集中的影响,延长使用寿命,确保安全。

④ 钢板防护(图8-37)。防止高压件崩断飞出,误伤人员和设备。

图 8-36　铰链结构

图 8-37　钢板防护

⑤ 围栏隔离(图8-38)。禁止无关人员进入压裂区域。

⑥ 视频监控(图8-39)。压裂施工集中监控,及时发现压裂过程中高压件晃动、刺漏等意外情况,及时整改。

图 8-38　围栏隔离

图 8-39　视频监控

(5)清洁生产。规范废弃物管理,建立回收处理台账;在有滴漏风险的设备设施下方及泥浆坑铺设防渗布或设置防渗围堰;液体循环采用密闭流程;压裂返排液实行回收再利用。

第九章　试油技术

松辽盆地是在海西期褶皱基底之上发育起来的晚中生代裂谷盆地,位于我国东北黑龙江、吉林、辽宁三省境内,周边丘陵和山脉环绕,面积为 $26 \times 10^4 \text{ km}^2$,是目前世界上已发现油气资源最丰富的非海相沉积盆地。

松辽盆地从嫩江组至青山口组为陆湖相沉积,水动力条件弱,以低能为主。沉积环境为低能还原环境,局部向氧化环境过渡。

松辽盆地页岩油储层生储盖组合类型是以嫩江组一、二段沉积的暗色泥岩为生油层及盖层,以萨尔图油层为储集层的顶生底储式生、储、盖组合类型;以嫩江组一、二段及青山口组暗色泥岩为生油层,以葡萄花油层为储集层,以嫩江组一、二段暗色泥岩为盖层的复合式生储盖组合类型;以青山口组暗色泥岩为生油层及盖层,以高台子油层为储集层的自生自储式生储盖组合类型。

青山口组暗色泥岩生烃潜力较强,有机质类型为Ⅰ类,有机质成熟度为成熟,有机质丰度上部以非常好为主,下部好,属于较好生油岩。青山口组的下部暗色泥岩为页岩油主要烃源岩,有机质丰度较高,具较好的生油条件。青山口组是主要生油层,尤其是青一、二段暗色泥岩是主力生油岩层,有机质丰度好,成熟度高,凹陷主体区为 $1.0\% \sim 2.0\%$,青山口组一段成熟度高,是页岩油勘探的重点层系。

青一段地层岩性主要为灰黑色和黑灰色的泥岩、粉砂质泥岩,灰色和棕灰色的粉砂岩、泥质粉砂岩;以富黏土硅质页岩为主,夹薄层钙质硅质页岩,水平层理非常发育,见变形层理;储层发育良好,属低孔渗储集层。

根据松辽盆地北部页岩油主力储层青一段的储层特征,试油工艺的选择主要从储层改造、压后放喷、排采、求产工艺等方面进行优化。

第一节　设备及地面流程

一、试油油管选择

(一)优选排液求产油管尺寸

页岩油自喷生产过程中油管内的流动可以用垂直管流规律来分析,影响多相垂直管流压力梯度分布最显著的因素有油管尺寸、产量、气液比、黏度、含水率。对于所设计的井,气液比、黏度、含水率基本在一个范围内,而产量是可以控制和改变的。根据多相管流理论,每一个产量下都有一个最佳油管尺寸使得油井中压力梯度或压力消耗最小。给定产量时,油管尺寸太小,速度可能会过高,使得摩阻损失增大;油管尺寸太大,流速偏低,气体滑脱效应会严重。因此,只有油管尺寸恰当时才会使摩阻损失和滑脱损失保持最佳状态,达到最大能量利用效率。

　　试油排液求产产量是优选油管尺寸的重要参数,不同产量下最佳油管尺寸不同,因此所有分析都把产量当成一个变量。从地层到井口乃至地面流动的过程中,产量与压力密切相关,因此一般把压力当成另一个变量。即通常都是在压力 p 与产量 Q 的坐标图上分析油管尺寸变化的影响。

　　关于最佳油管尺寸有两种解释:一是在给定地面条件下(如分离器压力、井口压力或地面出油管线尺寸),能获得最大产量的油管尺寸为最佳尺寸;二是在某规定的产量下,使生产气油比最小、气体膨胀能利用效率最大、能保持自喷生产时间最长的油管尺寸为最佳尺寸。这实际是优选油管尺寸的两种方法或两种不同的目标函数。根据松辽盆地页岩油勘探试油的实际情况,选择其中一种方式优选油管尺寸,或分别用这两种方式确定最佳油管尺寸,最后综合选择。

　　(二)给定井口油压条件下的油管尺寸优选

　　首先作出地层流入动态 IPR 曲线,然后根据给定井口压力 p_{wh},假设不同的产量,计算各种油管尺寸下油管鞋压力(如果油管下到油层中部,则油管鞋压力等于井底流压 p_{wf}),得到各种油管尺寸下的产量与油管鞋压力关系,称为油管动态曲线 TPR。图 9-1 绘出了各种油管尺寸下的 TPR 曲线。TPR 曲线与 IPR 曲线的交点即各种油管尺寸下的生产点。

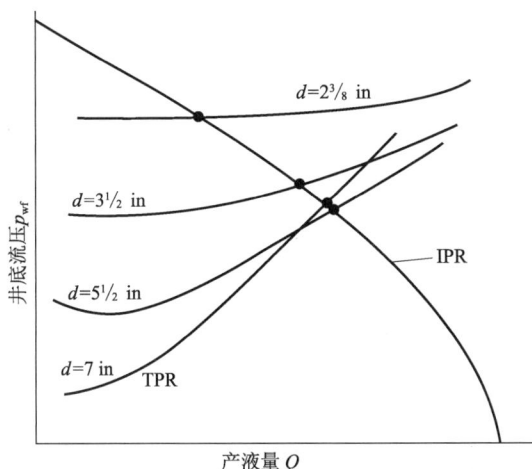

图 9-1　给定井口压力下油管尺寸分析

　　一般来说,增加油管尺寸将增大自喷井的产量,但超过临界油管尺寸后,油管尺寸的增加会导致产量减少。

　　(三)保证自喷期生产时间最长的油管尺寸优选

　　自喷采油是最经济的一种开采方法,应尽量延长自喷时间。延长油井自喷期的关键是经济合理地利用地层流体的能量。地层流体的能量包括流体的压能和气体的膨胀能。在井口压力低于饱和压力时,或甚至井底压力低于饱和压力时,地层能量的释放主要是以气体膨胀能的形式表现出来。当地层产出液的气液比不足时,油井将可能停喷。

　　在整个自喷开采过程中,产量和井底压力一般都将递减。井底流压的衰减将导致生产气油比的增加,从而进入溶解气驱阶段。此时,油井的生产气油比首先将在比较低的初始值基础上迅速增加,然后逐步降至低于初始值。因此,延长油井自喷期的问题就变成合理利用气体膨胀能的问题。

苏联的克雷洛夫曾认为选择的油管尺寸在自喷期末仍要能保证在最大举升效率下生产,也就是应当根据自喷末期的情况(产量、井底压力、气油比)来选定油管。克雷诺夫给出了以下油管选择公式:

$$d=0.074\left(\frac{G_1 L}{p_{wf}-p_{wh}}\right)^{0.5}\left[\frac{Q_1 L}{G_1 L-10(p_{wf}-p_{wh})}\right]^{1/3}\times 25.4$$

式中　d——油管内径,mm;

　　　G_1——液体相对密度;

　　　L——油管长度,m;

　　　p_{wf}——自喷期末的井底流压,10^5Pa;

　　　p_{wh}——自喷期末的井口压力,10^5Pa;

　　　Q_1——自喷期末的产量,t/d。

自喷期末的产量可由未来 IPR 曲线和油管 IPR 曲线的交点来确定。可以用上述使目前产量最高的油管尺寸来作出油管 IPR 曲线。描绘出地层压力下降的不同阶段 IPR 曲线与 IPR 曲线的交点,当 IPR 与 TPR 曲线相切时即停喷点,此时的产量和井底压力即停喷产量和停喷压力。实际上,油管动态曲线也会不断变化,随着生产的继续,含水率和黏度会越来越高,气油比会越来越低,因此 TPR 曲线也会变化。在井口压力 p_{wh} 不变时,TPR 会逐渐向上移,而 IPR 曲线逐渐下移,如图 9-2 所示。

在预测出停喷产量和井底压力后,可以用克雷洛夫公式选择使自喷期最长的油管尺寸。

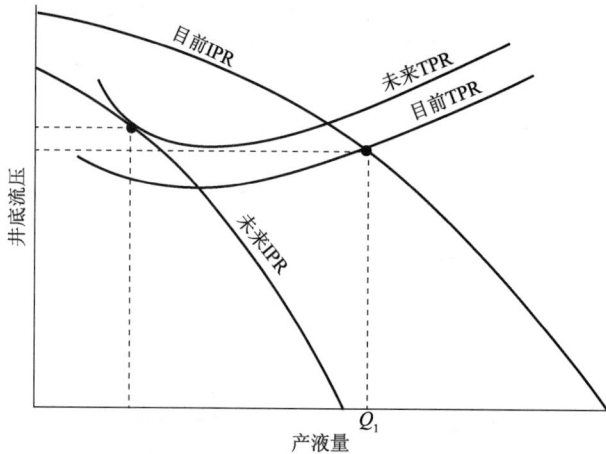

图 9-2　随地层压力降低生产点的变化和停喷点的预测

(四)流入动态对油管尺寸的影响

由于生产井的流入和流出是相互影响、互相制约的,油管本身只是一个外在因素,地层流入动态是制约系统的内在因素,因此必须分析流入动态变化对油管尺寸的影响。

地层压力会随着开采时间的增加而降低,这会导致流入动态的变化,也会使流体性质逐渐变化,从而改变油管的流出动态。这样有可能使最佳油管尺寸发生变化。

如果用小油管自喷生产,必然会带来试油工艺技术的一系列问题,如清蜡困难、排液效率低下等,还不如使用大一些的油管转抽或其他方式诱喷,这样经济效益会好得多。因此,可用这种方式来预测页岩油井转抽或其他方式诱喷的时间。

（五）松辽盆地页岩油试油油管的确定

松辽盆地北部页岩油储层压力系数在 1.0～1.43,各区块气液比及产量不同致使有的井能自喷而有的井需人工举升。根据松辽盆地北部页岩油试油实践,采用光套管大规模体积压裂,试油油管的选择主要满足人工举升设备的起下施工、油气的流动。

页岩油试油施工选用 Φ73 mm×5.51 mm N80 的油管,Φ73 mm 油管扣型 EUE(表9-1)即可满足安全需要。下井油管、工具必须干净、畅通并丈量准确,外加厚油管必须用 Φ59 mm×0.8 m 油管规通径。

表 9-1 油管数据

尺 寸	钢 级	壁 厚	质 量	抗挤强度	抗内压强度	抗拉强度	内容/外容
Φ73 mm	N80	5.51 mm	9.5 kg/m	77.0 MPa	74.3 MPa	645 kN	3.019 m /4.185 m

二、施工井口

（一）压裂井口

压裂井口(自下而上):180-105 MPa 油管头＋180-105 MPa 手动平板阀＋180/130-105 MPa变径法兰＋130×180-105 MPa 手动平板阀＋YL130-105 MPa 羊角分流头＋130-105 MPa 手动平板阀,主通径 130 mm,性能满足 10～16 m³/min 大排量压裂工况需要。压裂井口结构示意图如图 9-3 所示。

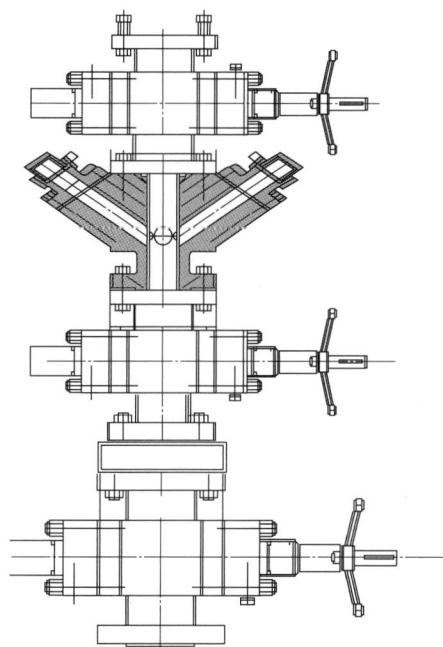

图 9-3 压裂井口示意图

（二）试油作业井口

KY78/65-105 试油作业井口示意图如图 9-4 所示。

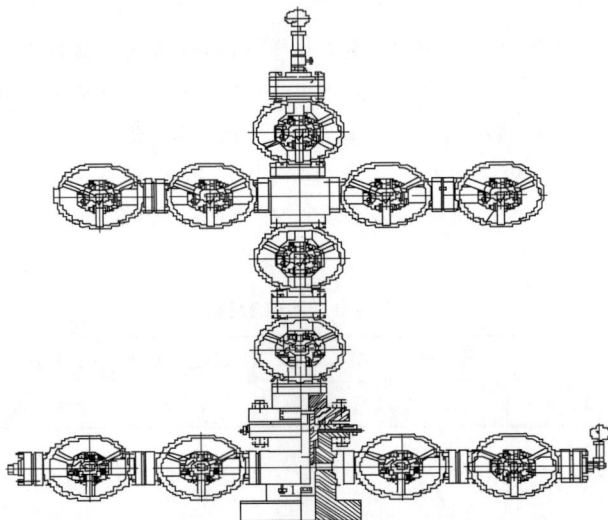

图 9-4　KY78/65-105 试油作业井口示意图

三、试油流程

松辽盆地北部页岩油试油施工采用一级节流测试流程，主要由一台 KY 35 MPa 测试管汇和两相分离器组成。要求该试油流程满足正、反循环压井和放喷排液求产要求。

KY 35 MPa 管汇台至井口采用 35 MPa 活动管汇连接，放喷、测试、压井和节流管汇使用 Φ73 mm 油管。

（一）安装

根据现场具体情况，地面设备布置要考虑地面流程及测试设备安装要求、安全施工等因素，沿井场边沿摆放，放喷口距离井口 100 m 以外。

1. 流程安装要求

（1）流程布置横平竖直，井口至一级管汇用法兰短节连接。

（2）放喷管线和测试管线采用油管。

（3）分离器按规定安装。排污管线至排污池。

（4）放喷口和测试管线出口安装燃烧筒。

2. 流程固定要求

管汇台、分离器、转弯的弯头处、管线出口、放喷口及平直段每隔 8～10 m 用地锚固定。

放喷管线应落地，因地形限制，地面流程中的短距离的管线悬空应垫实垫牢。若悬空长度超过 10 m，必须采用刚性支撑，在悬空的两端用地锚固定牢。

（二）流程试压

（1）放喷、测试管线试压前用清水冲洗干净，试压过程中和试压区域不允许有人聚集和走动，操作人员和观察人员应处于安全位置。

（2）井口至节流管汇台的高压部分试压 28 MPa；节流管汇台至分离器试压 10 MPa，要求稳压 15 min 压降低于 0.7 MPa，不刺不漏为合格（表 9-2）。

（3）试压采取分步升压法，每次升压不超过 5 MPa，稳压 15 min。

表 9-2　地面流程及管线试压要求

	试压部位	试压介质	试压压力/MPa	稳定时间/min	压降/MPa	备　注
测试地面流程	井口至节流管汇台	清　水	28	15	≤0.7	合　格
	放喷管线、泄压管线及测试管线	清　水	10	15	≤0.7	合　格
	分离器	清　水	7	15	≤0.7	合　格
	一级管汇台	清　水	28	15	≤0.7	合　格
压井节流管汇	井口至管汇台	清　水	28	15	≤0.7	合　格
	放喷管线	清　水	10	15	≤0.7	合　格

第二节　放喷技术

一、放喷工作制度选择原则

根据松辽盆地北部地区页岩油储层地质特点，大规模体积压裂以及液态 CO_2 伴注增能压裂工艺得到广泛应用。通过松辽盆地北部地区页岩油压裂试油实践，压后排采工作制度的确定主要从两个方面考虑：一是应防止地层碎屑运移以及出砂、吐砂等发生，防止储层岩石结构（骨架及胶结部分）损害发生；二是由于 CO_2 在原油中具备扩散和溶解作用，液态 CO_2 伴注使原油黏度下降而导致基岩原油重力驱油效果的提高，同时 CO_2 非混相驱油过程中黏性指进也成为需要关注与解决的问题之一。

（一）流速敏感性对制定放喷制度的影响

对于页岩油储层，由于泥质含量高，压后放喷速度控制不合理，易造成地层碎屑运移以及出砂、吐砂等发生，使流动系数明显降低，或表皮系数增大等地层伤害，严重降低地层渗透率。可通过岩石流速敏感性试验和正反流动试验等来进行储集层速敏性评价。这些都是在试油前期进行敏感性分析的室内实验评价中完成。

流速敏感性实验是检验地层中有些黏土矿物和一些未胶结的碎屑微粒的运移造成的损害，并找出该地层的临界流速。正反流动实验是在流速实验的基础上，在高于临界流速下进行的，当渗透率稳定后，改变流动方向，以检验在正向流动时如果有微粒运移堵塞喉道，造成渗透率下降，反向流动时这些微粒会被冲开，使渗透率上升。为研究岩芯速敏引起的微粒运移现象，在有条件的情况下，对收集到的液样进行微粒组成分析，从而了解出口液样中微粒的分布及含量。

通过上述实验，能较好地对储层进行定性和定量分析，取得地层临界流速数据，这对于压后放喷工作具有一定的指导意义。

（二）CO_2 的黏性指进对制定放喷制度的影响

松辽盆地北部页岩油压裂大量采用液态 CO_2 伴注增能工艺，而 CO_2 在裂缝中有较大的油气接触区域,CO_2向原油的扩散更为有效。研究表明,CO_2与原油接触过程中存在的相间传质、原油体积膨胀、黏度降低、油气界面张力降低、油气混相等是CO_2驱油的主要机理。

由于CO_2的黏度低,驱替前缘对黏性指进很敏感,黏性指进使注入的CO_2绕过被驱替的油相而发生窜流,CO_2比油和水的移动速度快。因此,黏性指进不仅会降低波及效率,还引起过早突破和过早产出CO_2。

页岩油压后放喷过程中,随着压差增大,黏性指进程度出现先升高后降低的趋势;随着油层温度的升高,CO_2在原油中的溶解度降低,原油黏度降低速度减缓,油气流度比增大,CO_2驱油黏性指进程度呈增长趋势。根据数学模型计算数据回归注采压差与油层温度对黏性指进的影响规律,可以指导压后放喷工作制度的制定,控制黏性指进程度增长趋势。

综上所述,页岩油压后放喷工作制度的确定,既要加快放喷速度,减少压裂液对储层伤害,又要合理控制放喷速度,减少地层碎屑运移以及出砂、吐砂等情况发生;同时,还需合理控制放喷压降(也是放喷速度),减少或抑制CO_2驱油黏性指进程度的增长趋势。

二、放喷排液工作制度方式选择

(一)工作制度的制定

根据井口压力及出砂情况相应调整,在取全取准资料的情况下尽量缩短试油放喷时间。

(二)放喷排液工作制度的确定

压后开井放喷,当井口压力降至小于裂缝闭合压力5 MPa后可逐步放大油嘴;为避免地层吐砂,控制放喷速度在50~70 m^3/d。前期采用2 mm油嘴放喷,中后期分别采用3 mm,4 mm,6 mm和8 mm油嘴放喷,当井口压力接近0 MPa时改用10 mm油嘴或敞口放喷排液,具体根据井口压力及出砂情况相应调整。根据返排率情况和水量、水性情况决定进入求产阶段。压后返排油嘴与压力关系见表9-3。

表9-3 压后返排油嘴与压力关系

压 力	>20 MPa	10~20 MPa	5~10 MPa	1~5 MPa	<1 MPa	0 MPa
油 嘴	2 mm	3 mm	4 mm	6 mm	8 mm	10 mm或敞口

(三)放喷排液技术要求

放喷过程中,专人观察压力变化情况。具体油嘴大小根据排液情况确定。压裂液返排开始的0.5 h,1 h,2 h,4 h及以后每8 h分别取样检测返排液的pH值、含砂量及Cl^-含量。流程控制需试气队每小时记录返排液量、井口压力及出砂情况。

(四)录取资料技术要求

根据现场情况,执行SY/T 6293—2008《勘探试油工作规范》。

试油期间取全液样。具体要求为:放喷排液时每班取水样进行半分析,求产期间取液样进行全分析;现场每班要利用H_2S监测仪进行硫化氢含量分析。

施工中和工序中的资料录取按相关标准要求严格执行,各项资料、数据必须齐全、准确。

第三节　排采求产技术

页岩油试油排采受其地质条件、流体性质以及环境条件的限制,一般要求排采费用低、设备操作简单可靠、免修期长和维护方便、适用排液量范围宽。

排采费用低主要指试油排采周期内工艺要求简单、适用,使用成本低等;设备操作简单可靠指试油排采设备操作简单可靠、易学、便于员工掌握;免修期长和维护方便指可降低页岩油试油排采操作费,减少检修时间和维护简单方便,充分提高生产效率;适用排液量范围宽指页岩油勘探试油排采期间,当油层压力和流体及其他物性发生变化时,不需改变采油方式和地面设施。总的来讲,是要提高页岩油试油排采的综合经济效益。

页岩油试油排采既要快速返排,避免压裂液在地层中时间太长而造成对地层伤害,又要避免支撑剂返吐,同时还要控制地层回压,降低 CO_2 驱油黏性指进出现的升高趋势,因此必须在返排时注意工艺的应用和流程的控制。

一、排采方式选择原则

由于页岩油井型、产油深度及流体性质等的差异,其排采方式也不相同。对于页岩油油藏排采方式,常用的是自喷和人工举升方式。人工举升方式包括有杆抽油泵、螺杆泵、电动潜油泵、水力活塞泵、射流泵、气举、抽汲排液等。

(一)页岩油试油排采方式选择原则

(1)满足页岩油试油方案的要求且在技术上可行。选择技术上满足试油要求且工作状态好的页岩油排采方式,同时要从可靠性、使用寿命、投资大小、维护的难易程度及同类油田使用情况对比等多方面综合评价。

(2)适应油田开采特点。要求排采设备简便可靠、易操作、易维修、免修期长、适用范围宽。所选择的采油方式和所需的设备应注意对电、气、仪表等辅助设备的技术要求。易操作主要是易于控制,减少人为失误造成的损失。

(3)综合经济效益好。要对采油方式进行综合评价,即从初期投资、机械效率、维修周期、生产期操作费等多个方面进行评价和对比,最后选择出技术适用、经济效益好的采油方式。

(二)页岩油排采适用的人工举升方式

为对适用于页岩油排采的人工举升方式做出较好的评价,下面介绍几种页岩油排采常用人工举升方式的优缺点。

1.电动潜油泵

优点:排量大、易操作、地面设备简单,适用于斜井(但下入过程容易磨、挤损电缆),可同时安装井下测试仪表,应用较广泛。

缺点:不适用于压后排液等液量变化较大的井,也不适用于低产液井。由于高电压和维护费高,它不适用于高温井(一般工作温度低于 130 ℃),一般泵挂深度不超过 3 000 m,选泵受套管尺寸限制。

2.水力活塞泵

优点:不受井深限制(目前已知最大下泵深度已达 5 486 m),适用于斜井,灵活性好,易调整参数,易维护和更换。可在动力液中加入所需的防腐剂、降黏剂、清蜡剂等。

缺点:高压动力液系统易产生不安全因素,动力液要求高,操作费较高,对气体较敏感,不易操作和管理,难以获得测试资料。

3. 射流泵

优点:易操作和管理,无活动部件,适用于定向井。对动力液要求低,根据井内流体所需,可加入添加剂,能远程提供动力液。

缺点:泵效低,系统设计复杂,不适用于油气比高的井,地面系统工作压力较高。

4. 气举

优点:适应产液量范围大,适用于定向井,灵活性好。可远程提供动力,适用于高气油比井况,易获得井下资料。

缺点:受气源及压缩机的限制,受大井斜影响(一般来说用于60°以内斜井),不适用于稠油和乳化油。工况分析复杂,对油井抗压件有一定的要求,难以获得测试资料。

5. 有杆抽油泵

优点:适用于直井、较小斜度(不大于30°)井,排液控制均匀可调。

缺点:泵效低,不适用于油气比高的井。要求高电压,配套地面工作系统较为繁杂,前期投资较大。

6. 螺杆泵

优点:适用于直井、较小斜度(不大于30°)井,适应产液量范围大,一次性投资少,泵效高、节能、维护费用低,设备结构简单、体积小,维护方便,占地面积小,适合稠油、高含砂、高含气的井。

缺点:抽油杆断脱、泵定子脱胶现象时有发生,螺杆泵使用寿命较短。

7. 抽汲排液

优点:适用于直井、较小斜度(不大于30°)井,一次性投资少,维护费用低,设备结构简单,维护方便,占地面积小。

缺点:产液量范围小,排液深度浅(小于2 000 m),易造成地面污染,工人劳动强度较大,受人为及设备等因素影响大,抽喷时安全性差。

(三)人工举升方式选择

根据不同页岩油井的特点,可参考图9-5选择适用的人工举升方式,再根据不同人工举升方式适用的条件及投资情况等进行综合评价,确定可行的人工举升方式。表9-4为各种排采设备对比,表9-5为常用排液方式对比,可供参考。

此处提出一种选择人工举升评价选择的方法。

(1)页岩油井生产参数选择。油井生产参数是选择人工举升方式的基础,应特别注意油井参数的正确性及合理变化范围。需确定的主要参数为产液量、流体性质、地层特性及生产压差等。

(2)根据页岩油井参数,从图9-5选出能满足要求的人工举升方式。通常情况下会同时存在几种人工举升方式都能满足要求。

(3)将满足页岩油井要求的几种人工举升方式进行技术性、经济性、可靠性及可操作性的对比,确定可行、适用、经济的人工举升方法。

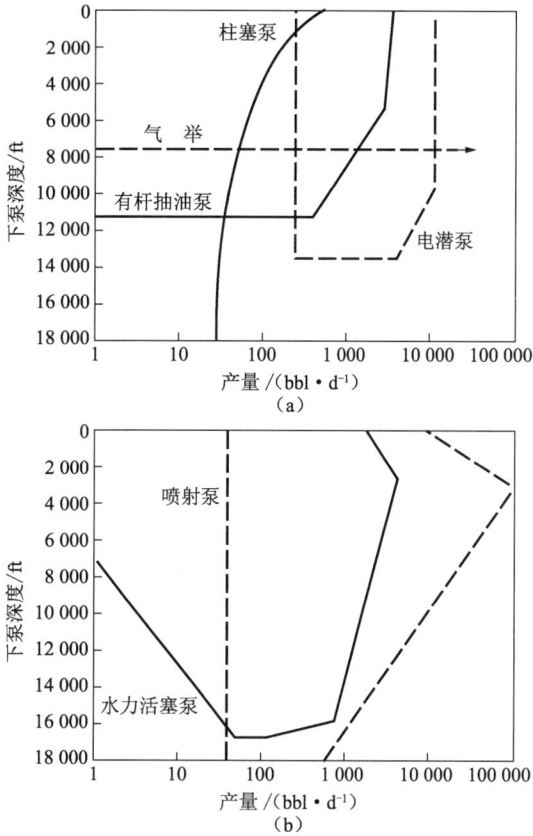

图 9-5　人工举升方式选择及选择逻辑

表 9-4　各种排采设备对比

指　标	排采设备	气举排采		机抽 有杆泵	电潜泵	射流泵	电动螺 杆泵
		气举阀	柱　塞				
生产参数	井深/m：最大排量 /(m³·d⁻¹)	3 000:790 2 000:600	300:600 2 000:50	300:600 1 500:160	1 200:640	1 500:300	600:300 1 500:100
	最小排量/(m³·d⁻¹)	2.5 in 油 管<30	高气液 比时<0.3	1～20	<60	<16	5～15
	最大井深/m	<3 200	<2 000	<2 700	<2 950	<2 800	<1 500
地层参数	温度限制/℃	<180	不　限	<120	<149	≤120	≤90
	地层压力/MPa	>10	不　限	不　限	不　限	<10	<10
	最小流压/MPa	<1.0	高气液 比时<1.0	<1.0	1.4	<1.0	<0.1
开采条件	砂限制/%	<0.1	不　限	<0.1	<0.02	<3	<10
	气水体积比 /(m³·m⁻¹)	不　限	360～380	<0.5	<0.05	不　限	<5
	腐蚀限制	一　般	最好、一般	适　宜	适　宜	一　般	适　宜

续表

指　标	排采设备	气举排采		机抽有杆泵	电潜泵	射流泵	电动螺杆泵
		气举阀	柱　塞				
地　面	地面环境	适　宜	装置小，适宜	装置较大且较重，适宜	装置小，高压电源，较好	动力源可远离井口，适宜	装置小，适宜
井下状况	小井眼	适　宜	适　宜	磨损严重	不适宜	适　宜	适　宜
	分层措施	一　般	一　般	一　般	不适宜	一　般	斜井、弯曲井不适用
	井斜限制	限制少	<24°/30 m	<5°	<60°	<24°/30 m	不适用
	总效率(水功率/输入功率)	20%	利用井身能量	25%～45%	<40%	20%～34%	50%～70%

表 9-5　常用排液方式对比

排液方式	优　点	缺　点	适用范围
抽　汲	操作简单，成本低。抽汲排液是一种传统的排液技术，不但有降压诱喷的作用，还有解除油层堵塞的作用	排液深度浅(小于 2000 m)；受人为及设备等因素影响大；抽喷时安全性差	较浅的油水井，不适宜气井及间喷井
液氮气举	排液速度快，排液深度大；安全性高(与天然气混合不会发生爆炸)	排液不连续；对地层回压大，易出砂；对完井套管强度要求高；货源紧，价格昂贵	地层胶结较好的油气水井。对于产液量和产气量都小，地层能量恢复较慢的井，最好放大压差，用液氮排液技术达到快速认识地层的目的
电潜泵	处理液量大；排液连续，对地层回压小；可用压力计监测液面情况；排液省时，无污染，无安全隐患，漏失量小，取样、计量准确	最大耐温 120 ℃，下深不超过 3 000 m；供液不足时，电机长时间空转易烧毁；砂卡时会造成电机烧毁	供液足，地层不出砂的油气水井；中高排量、低中黏度、低含砂的油井，定向井
空气气举	成本低；排液速度快	空气与天然气混合达一定比例易爆炸；排液深度浅(1 500 m 左右)；排液不连续	水井或气油比低的油井
连续制氮车氮气气举	货源充足，廉价；排液速度快；排液深度大；安全性高(与天然气混合不会发生爆炸)	排液不连续；对地层回压大，易出砂；对完井套管强度要求高	地层胶结较好的油气水井

（四）页岩油自喷（放喷）转人工举升时机选择

页岩油自喷（放喷）期转入人工举升期的时机选择应该考虑以下方面：

1. 井底流压变化

通常情况下,产层的孔隙压力及含水都会随着开采期而发生变化,从而引起井底流压的相应变化。当井底流压低于某一数值时,地层压力不足以将液柱举出地面,则油井失去自喷及自溢的能力。要维持油井的正常生产,需及时采用适当的人工举升方法。

2. 产量要求

为保证并实现开发方案产量的要求,达到油田更好的开发效益,仅靠天然能量是很难达到长期高产要求的。因此,为达到一定的采油速度,在油井还具有一定自喷能力但已不能达到产量要求时,要及时由自喷期转入人工举升期,利用外部能量提供较高油井产量,从而实现长期、合理的高产。

二、水力泵排采

井下水力泵的工作原理:由地面动力液泵提供动力并通过高压动力液传递给井下的泵工作。

水力泵有两种基本类型:一是活塞泵,其工作原理与井下有杆泵相似;二是射流泵,其工作原理是地面动力液经文氏管或喷嘴(扩散管)将能量传递给产层的产出液。

地面的动力液泵为活塞泵或高压离心泵,应具有足够能力将高压动力液传递至井下泵,其动力来源于电动或气动发动机。

图 9-6 所示为射流泵和活塞泵的排量-井深关系图。

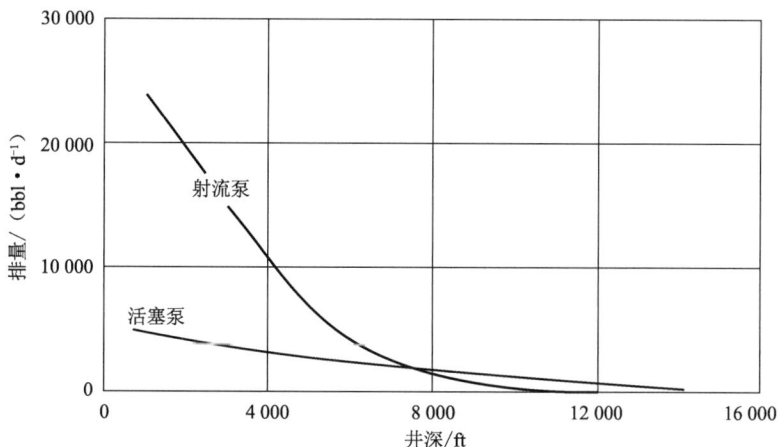

图 9-6 射流泵和活塞泵的排量-井深关系图

通常情况下,动力液泵为开式离心泵、水平电动泵组或三缸柱塞泵。离心泵能更好地适应液相含有固相颗粒的情形,但效率比三缸容积式真空泵低。

高压动力液的能量传递到井底的水力泵,用于举升井底积液。动力液可以是水。动力液循环系统一般有两种方式:一种是乏动力液与产出液具有单独的通道排出;另一种是两种液体混合排出。后一种方式称为开式循环,在现场较为常见。

井下泵可以是活塞泵,它通过上部的液压马达带动运动;也可以是射流泵,动力液通过喷嘴经喉管进入扩散管,进而在嘴后形成低压区。图 9-7 所示为一个典型的射流泵,动力液通过油管注入,产出液和动力液通过油套环空返回地面。自由型井下装置射流泵可通过动力液的反循环将泵带至地面。同时射流泵上安装有打捞头,当泵被卡不能返排至地面时,可以用钢丝进行打捞。

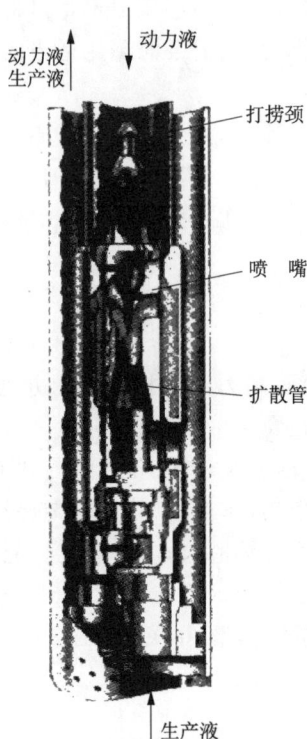

图 9-7　射流泵在油管中的应用

射流泵的泵效(产出液与动力液得失能量之比)通常低于水力活塞泵,射流泵泵效一般为 15%～25%,而水力活塞泵可以高达 75%。但射流泵设计简单,并能更好地适应固相颗粒。

通过动力液的流动,在射流泵的喉管处产生低压区,进而抽取地层产出液,一起进入扩散管。图 9-8 所示为射流泵喉管剖面示意图。喷嘴面积大小与喉管面积的比值决定着泵压头和排量之间的协调。较大直径喷嘴与较小直径喉管的组合适用于较大的举升高度;反之,较小直径喷嘴与较大直径喉管的组合则能够通过较大的排量。射流泵必须将动力液和产出液混合,因此它是开式系统。

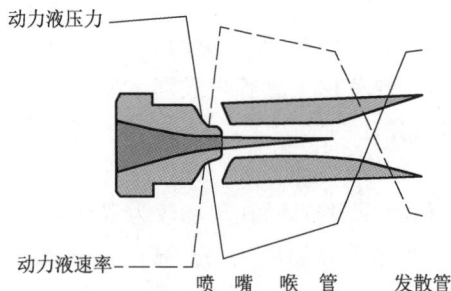

图 9-8　射流泵喉管剖面示意图

典型的水力活塞泵与有杆泵相似,水力活塞泵有阀球和球座。井下活塞泵的抽油泵由井下泵组的液压马达驱动。活塞泵的活塞冲程比有杆泵的短,其冲次高(20~100 次/min)。冲程、冲次等参数会根据设备型号和尺寸的不同而改变。当存在固体颗粒时泵很容易磨损,泵中有气体存在时会大大降低系统效率。

相对于射流泵,虽然活塞泵比较容易损坏和失效,但是没有严重的操作问题。生产时间不是太短时,它能较好降低降低流压,将低压层产出液排到地面。射流泵不会产生较低的附加井底压力,气体也会严重影响泵效。

施工中可以用射流泵来清除井下的砂粒和污染物,清理干净就可以通过动力液反循环带出射流泵,然后使用效率高的水力活塞泵。井下安装气液分离装置可降低气体的影响,确保水力活塞泵高效运行。如果不存在液压马达受热问题,两种水力泵都可下至射孔段以下。

水力泵排液的优缺点见表 9-6。

表 9-6　水力泵排液的优缺点

优　点	缺　点
水力活塞泵能很好地降低井底流压,但水力射流泵不能	需要 2 套管线排出天然气或动力液,如果是闭式系统则需要 3 套管线
容易改变配产	7 in 套管的产量大约为 1 000 bbl/d(在气体生产前提下)
井口装置简单	封隔器以下的清砂较为困难
较好地适应弯曲井眼	为延长地面泵和井下泵的使用寿命,动力液需要进行处理
水力活塞泵的泵效较高(50%左右),射流泵的泵效较低(20%左右)	低产井很难获得准确的试井资料
高压动力源可以远离井场	气井生产时不能进行生产测井
灵活方便,能适应不同深度的井的生产	由于需要更多的管线,泄流装置成本相对较高
井下泵出现问题,能通过动力液反循环或用绳索将泵打捞上来	如果采用三缸泵为单井提供高压动力源,则运行成本太高
可调变速箱可提高三缸动力液泵系统的灵活性	含气井的充满系数通常较低,泵的工作寿命低

水力泵能用于页岩油井排液;撬装式水力泵可进行测试、生产或长期排水;水力泵一般没有井深的限制,也能适应斜井和水平井。活塞泵能产生较低的附加井底压力;射流泵需要的沉没度为泵深以上高度的 20%;射流泵比活塞泵更坚固耐用,能适应固体颗粒;水力泵排量较大,一般情况下对排量没有限制。

三、有杆泵排采

有杆泵排采是最常规的排采工艺,它能够从油管内排水,从油套环空采气,具有易于管理、操作方便等优点。当页岩油井产能较低又不能采用其他简单方法时,可选择有杆泵。但其成本较其他排液方法高,还有电机所消耗的电费以及有杆泵的维修操作费用。若不考虑成本原因,有杆泵是长期排液较好的排采方法。

有杆泵适用于小排量井,也适用于深井。页岩油井压后排液量较大而后期可能液量较少,有杆泵排液能满足排量变化大的情况,并能满足长期排采的工艺。

当气液比较高时,为使有杆泵正常运行,油井排液时应在泵的吸入口安装气液分离器,防止气体进泵或部分气体进泵。

图 9-9 所示为典型有杆泵系统示意图。

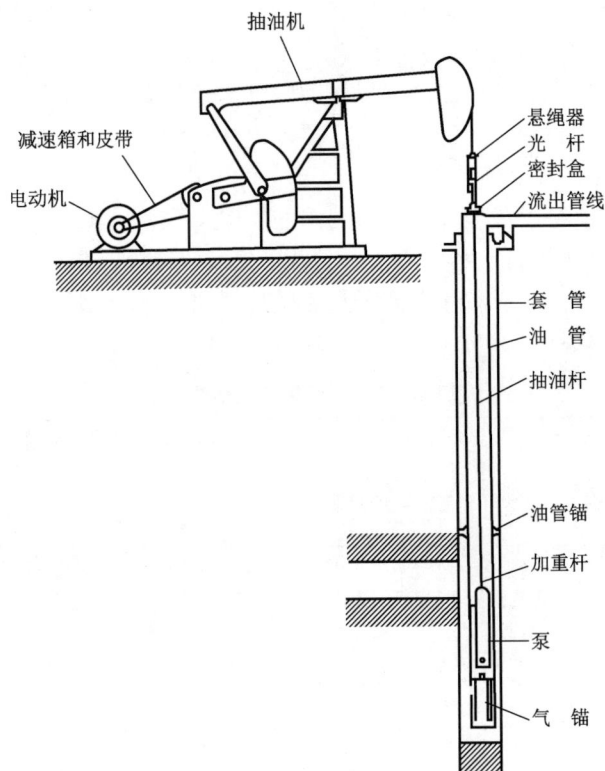

图 9-9　典型有杆泵系统示意图

有杆泵排采关键技术主要包括：通常情况下油井排液速度较小，应避免过度排液，把井抽干；必要时进行气液分离；气液分离后仍有气体进入泵内时，可采用特殊泵进行处理。

有杆泵抽油系统将动力机的旋转运动变为抽油杆的往复运动。有杆泵的举升效率较高，能充分利用电能。有杆泵的举升效率一般大于 50%，但进泵气体的影响可能造成举升效率降低。

电动机的动力通过皮带传递给减速箱。减速箱的减速比为 30∶1，克服无用功后，减速箱输出轴的扭矩增加。曲柄轴带动曲柄低速旋转，曲柄通过连杆带动游梁后臂上下摆动，经游梁前臂带动抽油杆往复运动。曲柄上的平衡重量等于上、下冲程液柱载荷与抽油杆在液体中重量之和的一半。

抽油杆与地面光杆通过密封盒相连接，光杆通过"毛辫子"和悬绳器悬挂在"驴头"上，抽油杆经节箍相连，从地面下入射孔层位附近。抽油杆分为不同钢级，通常采用上部直径大、下部直径小的多级组合抽油杆柱。抽油泵上、下冲程的吸液和排液引起抽油杆的弹性伸缩，造成泵的柱塞冲程小于地面光杆冲程。

泵的体积排量 Q 的计算公式为：

$$Q = 1\ 165D^2LN$$

式中　D——泵径，in；

　　　L——泵的柱塞冲程距离，in；

N——冲次,次/min。

抽油泵主要由柱塞、游动阀、固定阀组成。杆式泵把整个泵在地面组装好后接在抽油杆的下端再下入油管内(泵可由抽油杆带出地面),而管式泵则通过螺纹接在油管的下端。

表9-7为深井泵的基本参数,表9-8为各种泵的适应能力,表9-9为常规抽油泵的泵型选择(其中,1表示最佳应用,2表示广泛应用,3表示时常应用,4表示不推荐应用),可供参考。

表9-7 深井泵的基本参数

基本形式		泵直径/mm		柱塞长度系列/m	加长短节长度/m	连接油管外径/mm	柱塞冲程长度/m	理论排量/(m³·d⁻¹)	连接抽油杆螺纹直径/mm
		公称直径	基本直径						
杆式泵		3.2	31.8	0.6,0.9,1.2,1.5,1.8,2.1	0.3,0.6,0.9	148.3,60.3	1.2～6.0	14～69	23.813
		38	38.1			60.3,73.0	1.2～6.0	20～112	26.988
		44	44.5			73.0	1.2～6.0	27～138	26.988
		51	50.8			73.0	1.2～6.0	35～173	26.988
		57	57.2			88.9	1.2～6.0	44～220	26.988
		63	63.5			88.9	1.2～6.0	54～259	30.163
管式泵	整体泵筒	32	31.8	0.6,0.9,1.2,1.5	0.3,0.6,0.9	60.3,73.0	0.6～6.0	7～69	23.813
		38	38.1			60.3,73.0	0.6～6.0	10～112	26.988
		44	44.5			60.3,73.0	0.6～6.0	14～138	26.988
			45.2						
		57	57.2			73.0	0.6～6.0	22～220	26.988
		70	69.9			88.9	0.6～6.0	33～328	30.163
		83	83			101.6	1.2～6.0	93～467	30.163
		95	95			114.3	1.2～6.0	122～613	34.925
	组合泵筒	32	32			60.3,73.0	0.6～6.0	7～69	23.813
		38	38			60.3,73.0	0.6～6.0	10～128	26.988
		44	44			73.0	0.6～6.0	13～138	26.988
		56	56			73.0	0.6～6.0	21～220	26.988
		70	70			88.9	0.6～6.0	33～328	30.163

表9-8 各种泵的适应能力

项目	杆式泵			管式泵
	定筒式		动筒式	
	顶部固定	底部固定		
排量	较小	较小	较小	大
起下泵时是否起油管	否	否	否	是
制造成本	较高	较高	较高	低

项目	杆式泵			管式泵
	定筒式		动筒式	
	顶部固定	底部固定		
柱塞防漏能力	较差	较差	较好	好
斜井	好	好	较差	一般
深抽能力	较差	好	较差	较好
冲程长度	长	长	较短	长
检泵周期	较长	较短	较长	长
流动适应性	好	好	较差	较好
井液黏度	400 mPa·s 左右	400 mPa·s 左右	400 mPa·s 以下	400 mPa·s 左右
气体压缩比	较大	较大	较小	较小
油井液面	低	较低	较高	较高
抗含砂	较好	较差	好	较好
间歇抽油	较好	较差	较差	较好
抗腐蚀	一般	一般	一般	较好
光杆负荷	较小	较小	较小	较大
适应恶劣条件能力	一般	较差	一般	较好
大液量	较差	较差	较差	较好

表 9-9 常规抽油泵的泵型选择

抽油泵＼井况	杆式泵			管式泵	杆式泵			管式泵	杆式泵			管式泵	杆式泵			管式泵
	定筒式		动筒式		定筒式		动筒式		定筒式		动筒式		定筒式		动筒式	
	顶部固定	底部固定			顶部固定	底部固定			顶部固定	底部固定			顶部固定	底部固定		
	下泵深度小于 900 m				下泵深度 900～1 500 m				下泵深度 1 500～2 100 m				下泵深度大于 2 100 m			
斜井	1	3	4	1	1	3	4	1	1	3	4	1	3	1	4	2
高液量	4	4	4	1	4	4	4	1	4	4	4	1	4	4	4	2
低液面	1	4	4	4	1	2	4	4	1	2	4	4	4	1	4	4
直井	1	2	2	1	1	1	3	1	1	2	1	1	3	1	3	2
中含砂	1	4	3	3	1	4	3	3	1	4	2	2	1	4	4	5
高含砂	1	4	3	3	1	4	3	3	1	4	3	2	1	4	4	3
高含盐	1	3	2	2	1	3	1	1	1	3	1	1	3	1	3	2
硫化氢	3	2	2	2	3	1	2	1	4	2	1	1	3	1	3	2

抽油泵	杆式泵			管式泵	杆式泵			管式泵	杆式泵			管式泵	杆式泵			管式泵
	定筒式		动筒式		定筒式		动筒式		定筒式		动筒式		定筒式		动筒式	
	顶部固定	底部固定			顶部固定	底部固定			顶部固定	底部固定			顶部固定	底部固定		
井况	下泵深度小于 900 m				下泵深度 900～1 500 m				下泵深度 1 500～2 100 m				下泵深度大于 2 100 m			
CO_2	2	2	2	2	2	1	1	1	3	1	1	1	3	1	3	2
中含砂和中腐蚀	1	3	3	3	1	2	2	2	2	1	1	2	3	1	4	3
高含砂和高腐蚀	1	4	3	4	1	4	3	2	2	1	1	2	3	1	4	3
黏度 400 mPa·s 以下	1	1	1	1	1	1	1	1	1	1	1	1	1	1	1	1
黏度 400 mPa·s 以上	1	1	3	1	1	1	3	1	1	1	4	2	1	4	4	3

当自由气在泵的吸入口处被分离出时,泵效较高。最好的方法是把泵下到生产层位以下,或在泵的吸入口安装油管短节,使油管延长至射孔层位以下。如果有杆泵只能下到生产层位以上,可以采用专门的气液分离器。如果这些气体分离方法都不可行,则需要应用特殊的有杆泵。

地面示功图或光杆载荷是诊断有杆泵工作状况的重要方法。计算机系统可根据地面示功图的形状确定油井抽空的起始时间。其他判断油井是否抽空的方法包括井下示功图形状、泵的运行周期、泵的震动等。地面示功图是地面光杆处的载荷-位移关系图。地面示功图的形状,尤其是井下泵口处的载荷-位移关系图能较好地判断泵的工作状况。当泵充满系数达到 $80\%\sim85\%$ 时,尽管不符合条件,但还是值得开泵的。抽空控制可以宏观调整泵的运行情况,当气体影响较大时可以关井。另一种相对较难但可以达到同样效果的控制方法是保持抽油泵需要的较低液面水平。

利用有杆泵进行油井排液时,有时会受到气体影响。混合物进泵前应先从中分离出气体,防止出现气锁、低效、减产和液面撞击等危害。

对于液面撞击,泵的吸入口压力较低时,泵筒内充满部分液体和部分气体。下冲程时,柱塞向下运动并穿越气体,然后突然撞击泵筒内的液体,从而引起液面撞击。结果可能导致抽油杆松扣,抽油杆弯向油管时造成抽油杆、油管及其他装置损坏。这表明油井被抽空或排液太快。抽空控制器可以防止液面撞击的发生,安装抽空控制器或降低泵的排液速度,可以保证液面撞击不发生,但泵内气体影响仍然存在。

对于气体影响,泵的吸入口压力通常较高,泵内充满部分气体和部分液体。下冲程时,随柱塞下部压力的增加,气体或气液混合物的压力增加,可以缓冲柱塞对液面的撞击。这样将降低泵的充满程度或泵效,造成低产,但可以防止液面撞击引起的机械损伤。为保持气体影响,通常动液面应高于泵口,气体可随产出液进泵。

根据环空中泵到动液面的距离,得出以下结论。需要注意的是,由于液面上部含有气体,测得的动液面应用声波法进行校正。

(1)动液面较低。无气体影响时,井下泵工作状况良好;存在气体影响但无液面撞击时,泵的工作状况一般;气体影响、液面撞击同时存在时,需要考虑气体分离。

(2)动液面较高。不存在气体影响,泵的排液速度较高,油井井筒压力降低,分离出的气体大多进入油套环形空间,这是一种较优方式;存在气体影响,考虑分离气体,保证泵的排液速度较高,油井的产气增加,这也是一种较优方式。

下列方法可用于泵入口处分离气体:

(1)泵下至射孔层段以下。分离气体最简单、最实用的方法是将泵安装在射孔层段以下,油套环空中的液体缓慢下行(速度小于 0.15 m/s)至泵吸入口处,气体能够从液体中分离出来并以自由气形式进入环空中。同时,液体向下运动至泵吸入口,并携带少量气体进泵。如果液体下行速度小于 0.15 m/s,特别是只排水时,进泵气体较少。如果不能把泵安装在射孔层段以下,一定要考虑其他类型的气液分离器。

(2)简单气锚或限流式气液分离器。气液分离器的主流类型被称为简单气锚。被改装的各式各样的简单气锚广泛应用于石油工业已 20 多年了。图 9-10 所示为简单气锚示意图,也称为限流式气液分离器。

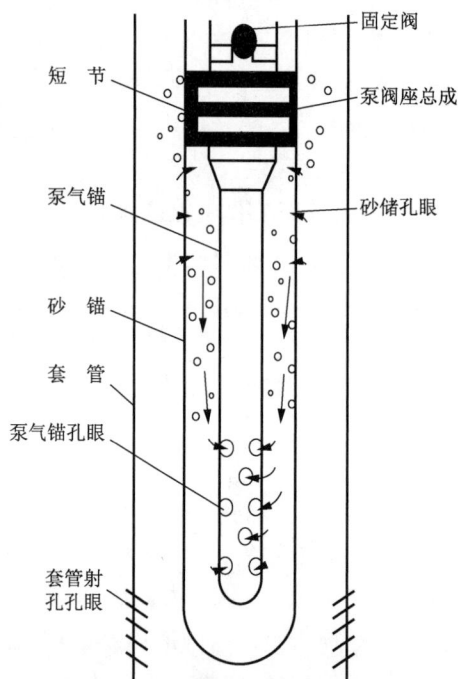

图 9-10　简单气锚示意图

由于该装置液体的入口也是分离气泡的入口,因而也被称为限流法。流体一旦进入,就无法逃逸。设计简单气锚时,分离器内环空流体下流速应低于 0.15 m/s,以防止液流中的气泡经过尾管进入泵内。然而相对于地面排液速度,实际排液速度低于 0.15 m/s 时,自由气量很难测定。此外,进入分离器内部的气泡不能逃逸,最终导致分离器出现气锁现象。一般情况下,油井排液量大于 32 m³/d 时,简单气锚易发生气锁。

利用地面示功图和井下示功图可以分析气体问题,如液面撞击和气体影响等;还能诊断其他问题,如油管未锚定、游动阀漏失、固定阀漏失、柱塞间隙不合理、泵损坏、气锁、油管锚滑动、密封盒过紧等。排液时,进泵气体问题越来越受到重视,包括油管漏失、皮带滑动、皮带轮损坏、减速箱损坏、电动力和动力机尺寸不合理、设计不准确(如小泵的转速太快等)及其他因素。

四、螺杆泵排采

螺杆泵采油系统是近年迅速发展起来的机械采油设备,在稠油和出砂采油井中该系统正成为替代抽油机采油的重要方式。螺杆泵采油技术已日臻成熟,一方面大批新型螺杆泵相继问世,螺杆泵及其配套设备的制造质量得到明显的提高,另一方面螺杆泵采油技术及管理水平也有一定进步。

目前使用较多的是地面驱动抽油杆传动螺杆泵,井下电机驱动螺杆泵在近年发展较快,在国外油田的使用数量逐渐增多。

采油螺杆泵是单螺杆式水利机械的一种,是摆线内啮合螺旋齿轮副的一种应用。螺杆泵的转子、定子副利用摆线的多等效动点效应在空间形成封闭腔室,当转子和定子作相对转动时封闭腔室能轴向移动,使其中的液体从一端移向另一端,实现机械能和液体能的相互转化,从而实现举升液体。

用于采油目的的螺杆泵可以分为图 9-11 所示的几类。

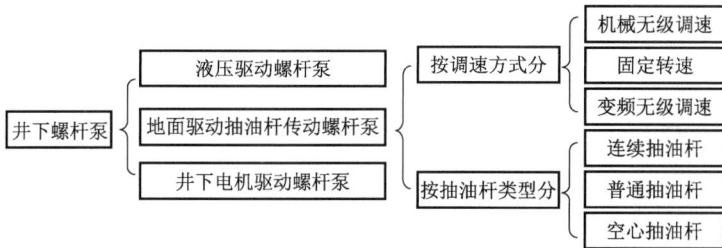

图 9-11 用于采油目的的螺杆泵

符合以下情况推荐使用螺杆泵系统:浅井(井深 1 300～2 000 m);流体排量较高;占地体积小;系统效率高;产出物中含有固体;低井温。

螺杆泵在井下只有一个移动的部分,没有阀件,泵不会发生气锁,但弹性定子可能会由于处理气体而变得很热。螺杆泵可以生产带有砂粒和磨蚀性颗粒的地层流体,通常不会发生固体堵塞现象。

螺杆泵也有许多局限性,橡胶或弹性定子对化学腐蚀和高温敏感,一般受深度限制,适用井深为 1 300～2 000 m。螺杆泵也可以在 2 000～2 300 m 的更深深度工作,但运行中可能会出现严重的问题。

螺杆泵由两部分组成:一部分是转动的螺旋形钢制转子,另一部分是固定的双线螺旋橡胶定子。当转子在定子中运动时会形成一系列的密封腔,而当转子转动时空腔向上运动。

根据井的情况选择泵时应考虑两个变量。一个是泵的排量,它由转子和定子之间空腔的大小决定。在给定井深和转动速率时,空腔的体积越大,流体的排量越大。另一个是扬程,它取决于由定子和转子长度决定的封闭线的数目。转子和定子越长,螺距越短,在额定排景下泵的工作深度越深。对于螺杆泵的使用范围,一般其理论排量为 $3\sim300$ m³/d,最大扬程为 5 00$\sim$2 000 m。设备安装的位置越浅,泵的寿命越长,效率越高。

图 9-12 所示为一个带电马达以及皮带轮和皮带以减速到需要速度的螺杆泵装置。除皮带驱动外,另一种驱动是液压驱动,它将允许连续变速以保持合适的泵沉没度。

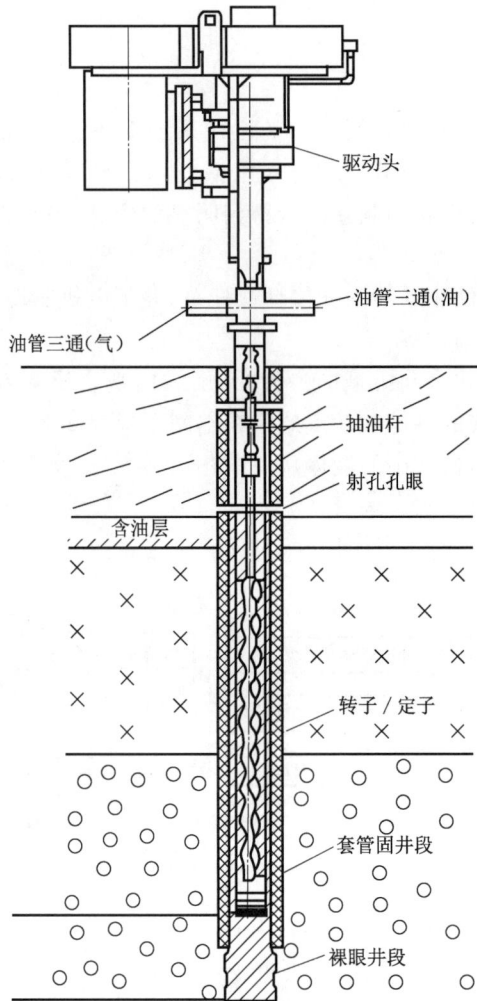

图 9-12 典型螺杆泵系统示意图

确定螺杆泵型号的步骤如下:

(1) 检查备选泵是否与套管适应。检测一台泵的工作曲线,看其是否符合功率和现场排量要求。用初始扭矩确定要求的电机型号。如果采用变频设计,可以用运行扭矩来确定电机的型号;如果采用定速系统,应该通过初始扭矩来选择电机。用公布的数据或通过连接轴和扭转载荷计算的最大剪应力来确定抽油杆的尺寸。选择驱动系统和减速箱,减速箱应满足现场轴向负荷承载能力,且寿命足够长。

(2) 选择驱动系统的结构。确认动力源大小适合启动装置;确定需要何种辅助设备,以保护抽油泵、油管、抽油杆和维护人员,从而提高系统的运行特性。

（3）大多数螺杆泵排采装置使用辅助工具来提高油井的举升性能。因为井筒中有气体存在，所以一般的生产都需要这些辅助工具。

以下是螺杆泵排采中从油井排液时常用到的仪器和设备：

（1）流动监测仪（包括流量仪、微压开关、传热仪，用于防止泵干抽，连续监测泵的生产效果）。

（2）抽油杆导向器（抽油杆得到保护）。

（3）气体分离装置。

（4）油管锚/捕捉器（确保在生产运行中油管不会脱扣）。

螺杆泵采油必须做好以下配套工作：

（1）足够的电量。

（2）要有足够的平台空间以安放控制柜、变频器，对于抽油杆驱动螺杆泵还必须保证井口上方有安装地面驱动系统的甲板且通风良好。

（3）配备机械、液压或变频调速装置。

（4）配备井口压力开关并将信号送至控制柜，且控制柜必须具备高低压停机功能，以防止螺杆泵干磨损坏。

（5）配置油井液面或压力检测系统。

螺杆泵有很多优点，如可以处理含有固体和黏度较大的流体、泵效高和地面装置相对简单，因此非常适合页岩油井压后排采求产，但必须注意即使排采时间很短也不能使液面低于泵入口，且不能使泵产气。

五、抽汲排采

抽汲排采是比较传统的排液求产方式，对于松辽盆地北部页岩油勘探试油工作来说，是一种常用的、经济的、可靠的排液求产方式。

抽汲是利用带有密封胶皮及单流阀的抽子通过钢丝绳下入井中，进行上下高速运动。这样当上提抽子时可迅速把抽子以上的液体提升到地面，从而大幅度降低井中液柱对油气层的回压，促使地层流体流入井筒，对地层内污染物的排出十分有利，可达到解堵、诱导油气流和求产的目的。

在套管允许掏空安全值范围、施工设备安全和不破坏地层结构条件下，尽可能降低回压，在地层产出液性能稳定后即可定深、定次求产。

工艺要求如下：

（1）根据实际制定抽汲制度，及时调整抽汲工作制度满足求产要求。

（2）注意观察抽汲绳、胶皮等，要求沉没度为 $100\sim300$ m，做到及时更换以保证抽汲安全和质量。

（3）司钻需平稳操作，禁止猛提猛放，上提过程尽量不要减速或刹车。

（4）注意摆放抽汲车位置，排好抽汲钢丝绳并丈量抽汲钢丝绳，保证试油资料录取的准确。

（5）抽汲求产需落实产能及液性资料，取全取准各项地质要求的资料。

六、求产工艺

根据 SY/T 6293—2008《勘探试油工作规范》要求，确定页岩油稳定求产的标准。

（一）自喷油气层

（1）当油井自喷正常时，含水降至5％以下即进入稳定求产阶段。稳定求产的标准为：产油量大于或等于500 t/d时，连续求产8 h，1 h计量一次，波动不应超过5％；产油量为300～500 t/d时，连续求产16 h，1 h计量一次，波动不应超过10％；产油量为100～300 t/d时，连续求产24 h，1 h计量一次，波动不应超过10％；产油量为20～100 t/d时，连续求产32 h，2 h计量一次，波动不应超过10％；产油量小于20 t/d时，连续求产48 h，4 h计量一次，波动不应超过10％。

（2）求取不能达到稳定阶段的油气层产量，可取不大于原始地层压力20％压差下的产量。

（二）油水同出的自喷层

排出井筒容积1倍以上或水性稳定后，连续进行48 h稳定求产，2 h计量一次，4～8 h做一次含水分析，含水波动不应超过10％。

（三）间喷层

确定合理的工作制度后，定时或定压求产，并以连续3个间喷周期产量为准，波动不应超过20％。

（四）非自喷层

（1）具备连续举升条件时，在液性稳定后，油层或油水同出层稳定求产的标准为：产油量大于或等于50 t/d时，连续求产24 h，1～2 h计量一次，波动不应超过10％；产油量在20～50 t/d时，连续求产48 h，2 h计量一次，波动不应超过15％；产油量小于20 t/d时，连续求产72 h，2～4 h计量一次，波动不应超过15％。

（2）不具备连续举升条件时，进行定深、定时、定压求产或流动曲线求产。

（五）资料录取

页岩油井试油测试应录取资料见表9-10。

表 9-10　页岩油井试油测试应录取资料

油层类别	求产		恢复曲线	静压资料			高压物性	产能试井	试采
	工作制度	流压		静压	静温	梯度			
自喷油层	1个	测	测	测	测	选测	取	测	选测
自喷油水层	1个	测	测	测	测	选测	选取	测	选测
非自喷层	定深、定时、定压	选测	测	测	测	选测	选取	选测	选测

第十章 高导流缝网压裂技术的现场应用情况

第一节 总体应用情况

目前中石化中原石油工程有限公司井下特种作业公司共完成了 5 口页岩油井的压裂试油施工,均获得工业油流。基本情况如下:

(1)松页油 1 井。2017 年 8 月 22 日完成压裂施工,注入地层总液量 2 062.1 m³(含液体 CO_2),加砂量 48 m³。试油阶段抽汲求产,日产油 3.22 m³,少量气。

(2)松页油 2 井。2017 年 9 月 29 日完成压裂施工,注入地层总液量 2 118.5 m³(含液体 CO_2),加砂量 98 m³。试油阶段抽汲求产,日产油 4.93 m³,微量气。

(3)松页油 2HF 井。2018 年 10 月 19 日至 10 月 30 日完成该井分段(10 段)压裂施工,注入地层总液量 15 963 m³,加砂量 713 m³。试油阶段抽汲求产,日产油 10.68 m³。

(4)松页油 1HF 井。2019 年 7 月 5 日至 7 月 14 日完成该井松页油分段(10 段)压裂施工,注入地层总液量 17 099 m³,加砂量 721 m³。试油阶段油嘴控制自喷求产,日产油 14.37 m³。

(5)松页油 3 井。2019 年 11 月 6 日完成压裂施工,注入地层总液量 2 150 m³,加砂量 126 m³。试油阶段抽汲求产,日产油 3.5 m³。

松辽盆地页岩油井压裂试油统计见表 10-1,松页油 1HF 井自喷采油如图 10-1 所示,松页油 2HF 井机抽采油如图 10-2 所示。

2019 年 12 月 14 日,顺利通过"松辽盆地页岩油勘探成果"鉴定,松页油 1HF 井和 2HF 井成功应用开创了陆相基质型页岩油压裂试油的先河,取得了松辽盆地陆相页岩油勘探的重大突破。

表 10-1 松辽盆地页岩油井压裂试油统计

井 号	压裂段数/段	排量/(m³·min)	压裂液量/m³	砂量/m³	液态 CO_2 量/t	纤维量/kg	日产油量/(m³·d⁻¹)	备 注
松页油 1 井	1	10～16.1	1 958	48	102.8	110	3.22	抽汲
松页油 2 井	1	10～14.4	1 987	98	100	210	4.93	抽汲
松页油 1HF 井	10	10～14.5	17 099	721	600	2 320	14.37	油嘴控制自喷
松页油 2HF 井	10	10～14.4	15 963	713	600	2 220	10.68	抽 汲
松页油 3 井	1	10～14.4	2 150	126	100	420	3.5	抽 汲

图 10-1　松页油 1HF 井自喷采油

图 10-2　松页油 2HF 井机抽采油

第二节　松页油 2 井应用情况

一、基本情况

松页油 2 井(直井)位于黑龙江省大庆市杜尔伯特蒙古族自治县,构造上位于松辽盆地中央坳陷区龙虎泡—大安阶地龙虎泡构造,井别为参数井,井型为直井。钻探目的评价下白垩统青山口组泥页岩油储层。设计井深 2 347 m,完钻井深 2 350 m。

钻录井揭示该井青山口组青一段(2 082~2 148 m)岩性以含砂泥岩、粉砂质泥岩、泥质粉砂岩为主,脆性矿物与泥质和有机质呈互层状分布,目的层泥岩类占 88.68%、砂岩类占6.72%。总体上青一段属于纹层型泥页岩、韵律型泥页岩、夹薄砂条型泥页岩,为纯基质型泥页岩,具有丰富的页岩油资源潜力,其中Ⅰ类页岩油 57 m/3 层,Ⅱ类页岩油 7.6 m/1 层。

二、压裂工艺优化设计

针对目的层青一段 35~37 层为致密泥页岩储层,属低孔低渗,储层内流体流动性差的特点,采用"大排量、大液量、大砂量"体积压裂改造思路,尽可能通过人工裂缝沟通层理裂缝系统,形成缝网结构,增加泄油面积,以达到最佳的增产效果。

针对该井改造目的层黏土含量较高的特点,采用酸性压裂液体系——羧甲基羟丙基胍胶压裂液,可有效抑制因黏土表面负电性引起的黏土矿物膨胀运移,起到稳定黏土的作用,从而有效降低压裂液对储层的伤害。

采用滑溜水+冻胶液混合压裂液模式,前期在冻胶液形成有效主缝的基础上,利用滑溜水良好的沟通能力,尽可能提高排量,形成复杂裂缝,中后期利用冻胶良好的携砂能力提高砂比,提高裂缝导流能力。滑溜水与冻胶液的比例为1∶1左右。

采用纤维加砂工艺技术,该技术中加入的纤维可降低支撑剂沉降速度,提高裂缝有效铺置长度,降低由于闭合压力造成的支撑剂破碎、嵌入等对裂缝导流能力带来的伤害。

支撑剂选用树脂覆膜石英砂,采用多粒径组合段塞加砂模式。70/140目粉陶打磨孔眼摩阻,降低滤失;40/70目+30/50目树脂覆膜石英砂支撑主裂缝。与普通支撑剂相比,树脂覆膜石英砂可有效防止在地层中的嵌入,同时具有较高的承压能力;加砂阶段提高大粒径树脂覆膜石英砂的加入比例,形成高导流能力的主裂缝。

考虑到该井目的层低孔低渗,采用前置液态 CO_2 注入增能技术,提高压裂液返排效率,减小对储层的伤害。

采用前置酸化工艺技术,有效解除近井污染和溶蚀页岩中的钙泥质,降低压裂施工破裂压力。

采用光套管注入方式,减小管柱摩阻,降低施工压力,保障施工安全。

三、施工情况

松页油 2 井青山口组青一段压裂施工中共注入液量 2 008 m³,其中酸液 10 m³、冻胶液 1 062 m³,滑溜水 915 m³;支撑剂共 98 m³,其中 70/140 目粉陶 30 m³、40/70 目覆膜石英砂 59 m³、30/50 目覆膜石英砂 9 m³;施工泵压 21.0～34.3 MPa,施工排量 10～12.6 m³/min,最高砂比 18%,平均砂比 12%,地层破裂压力 31.4 MPa,停泵压力 26.6 MPa(图10-3和彩图10-3)。

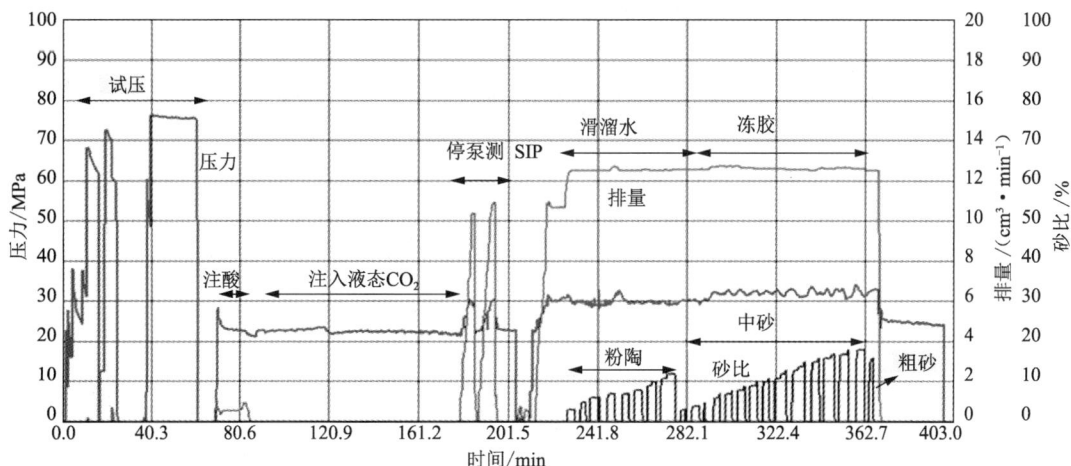

图 10-3 松页油 2 井压裂施工曲线

四、返排测试情况

压后放喷期间排液 625.8 m³,自喷返排率达 30％,然后下管柱抽汲排液,测试求产日产油 4.93 m³(图 10-4),达到工业油流标准(SY/T 6293—2008《勘探试油工作标准规范》)。该层压裂前储层无产出,对比说明压后效果良好,形成的人工裂缝有效沟通了目的层,提高了储层的渗流能力。

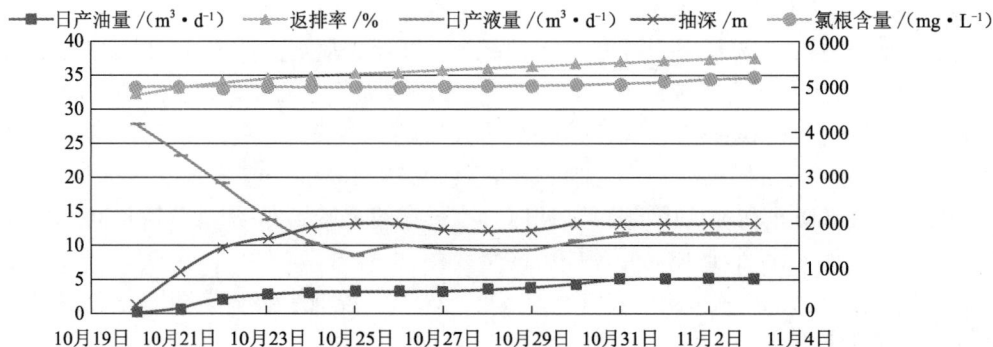

图 10-4 松页油 2 井抽汲排液求产曲线

第三节 松页油 1HF 井应用情况

一、基本情况

松页油 1HF 井位于黑龙江省大庆市大同区大榆山村西约 1.9 km,井别为参数井,井型为直改水平井,设计井深 3 485 m,完钻井深 3 486 m,完钻层为青山口组一段。目的层是青山口组一段,完井方式为套管完井,水平段长度 831 m。该井水平段穿越层位为青山口组青一段,岩性以黑灰色泥岩、灰黑色泥岩及黑灰色粉砂质泥岩为主,钻遇Ⅰ类页岩油储层 275 m,Ⅱ类和Ⅲ类页岩油储层 429.6 m,TOC 在 1.5％～3.6％之间。

该井页岩油储层平均孔隙度为 6.7％,渗透率为 0.4 mD,地层压力系数为 1.08,地层黏土含量偏高(40％),脆性指数偏低(42％),天然裂缝欠发育,形成体积缝网压裂的可压性一般。

二、压裂工艺优化设计

(1) 分段射孔优化。优选 TOC 和含油饱和度较高、孔隙度和渗透率较高、脆性指数较高、天然裂缝较发育部位的"黄金甜点"位置射孔。水平段射孔共设计 23 簇,每段射孔 2～3 簇,每簇射孔长度 1～1.5 m,孔密 16 孔/m,采用 102 mm 枪、127 深穿透射孔弹,采用螺旋布孔方式布孔。

(2) 低伤害压裂液体系优化。针对地层脆性指数 40％～50％,选用滑溜水＋冻胶混合压裂液体系,以提高体积缝网压裂的改造效果。滑溜水采用耐盐速溶乳液体系,配方为 0.07％降阻剂＋0.1％助排剂＋0.2％复合防膨剂＋0.05％破乳剂,具有加量低、降阻效果好、溶胀速度快、耐盐性好的特点,复合防膨剂能有效抑制黏土膨胀,减少地层伤害。冻胶采用酸性压裂液体系——羧甲基羟丙基胍胶压裂液(CMHPG),配方为 0.35％稠化剂＋0.5％

防膨剂＋0.05％破乳剂＋0.1％助排剂＋0.1％杀菌剂＋0.6％交联剂＋0.6％调理剂＋(0.01％～0.15％)破胶剂。

（3）高导流复杂缝网压裂工艺优化。采用多尺度小粒径支撑剂组合加砂模式、高砂比伴注纤维加砂工艺，化优泵注程序采用变排量变黏度多级交替注入工艺，形成高导流复杂缝网体系。

（4）前置液态CO_2增能。施工排量 1.0～1.5/min，每段液态CO_2用液量 60～70 m^3。

（5）施工参数优化。施工排量 12～14 m^3/min，每段压裂液用量 1 500～1 700 m^3，其中滑溜水与冻胶液比例1:1。每段支撑剂量 70～80 m^3，每段液态二氧化碳 60～70 m^3，每段纤维用量 230 kg。

三、施工情况

中石化中原石油工程有限公司井下特种作业公司精心筹备组织，优选施工方案，动用 2000 型压裂车 18 台，以及仪表车 2 台、液态CO_2罐车 5 台、液态CO_2泵车 2 台、CO_2增压泵车 1 台、纤维添加装置 1 个、混砂车 2 台、砂罐车 6 台等其他辅助设备，于 2019 年 7 月 5 日至 7 月 14 日顺利完成该井第 1～10 段压裂任务。

设计施工排量 10～14 m^3/min，实际排量 10～14.2 m^3/min。压裂液设计量 1 600 m^3（其中酸液 10 m^3，滑溜水 798 m^3，冻胶液 792 m^3），实际注入地层总液量 1 717 m^3（其中酸液 10 m^3，滑溜水 860 m^3，冻胶液 847 m^3），比设计多泵注 117 m^3（其中滑溜水 62 m^3，冻胶液 55 m^3）；设计加砂量 70 m^3（其中 70/140 目 15.2 m^3，40/70 48.6 m^3，30/50 目 6.2 m^3），实际加砂量 81.1 m^3（其中 70/140 目 15.4 m^3，40/70 54.1 m^3，30/50 目 11.6 m^3），比设计多加 11.1 m^3（其中 70/140 目粉陶 0.2 m^3，40/70 目 5.5 m^3，30/50 目 5.4 m^3）。

第 1 段施工（图 10-5 和彩图 10-5）：2019 年 7 月 5 日对松页油 1HF 井第一段进行压裂施工，历时 2 h 10 min 完成压裂施工，施工排量 10～13.7 m^3/min，一般施工泵压 55.9～70.5 MPa，停泵压力 52.0 MPa。共注入压裂液 1 708 m^3；设计砂量 65.0 m^3，实际加砂量 65.2 m^3；实际注入液态CO_2 55 t；纤维 210 kg。

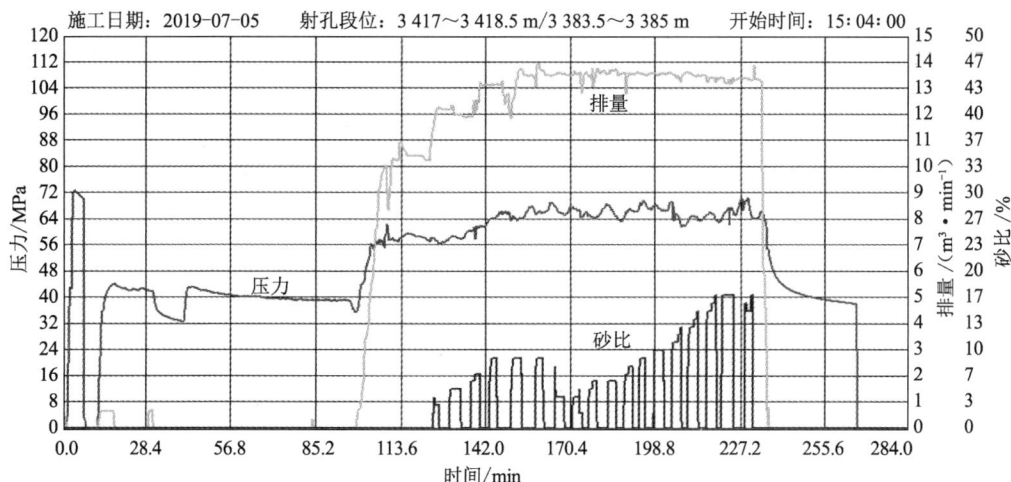

图 10-5　松页油 1HF 井压裂施工曲线

第 10 段施工(图 10-6 和彩图 10-6):2019 年 7 月 14 日对松页油 1HF 井第 10 段进行压裂施工,从 7:36 时开始至 11:53 时施工结束,施工排量 10～14.2 m³/min,最高施工泵压 55.4 MPa,停泵压力 38.3 MPa。实际注入压裂液 1 717 m³,加砂量 81.1 m³,液态 CO_2 60 t,纤维 250 kg,圆满压裂施工任务。

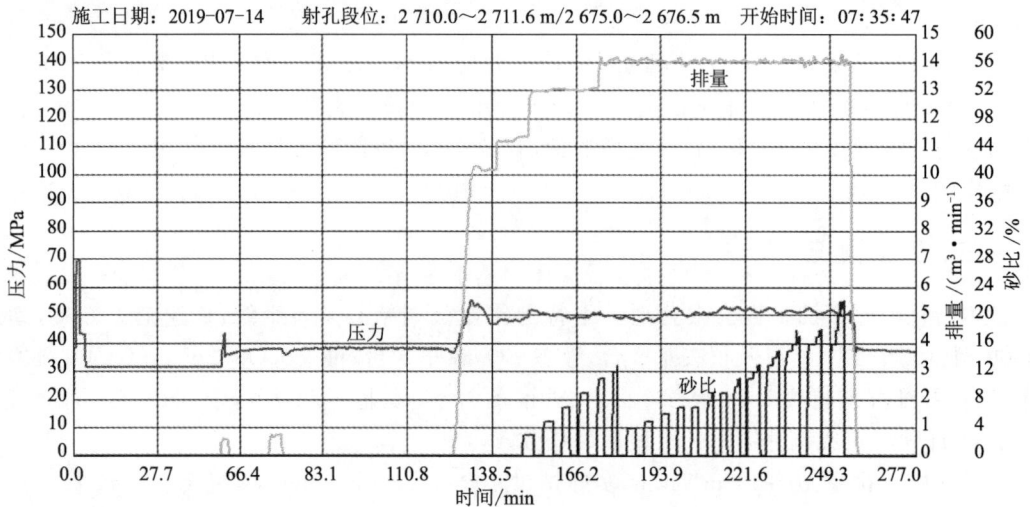

图 10-6 松页油 1HF 井第 10 段压裂施工曲线

四、返排测试情况

2019 年 7 月 14 日 19:00 至 10 月 29 日,用 1～16 mm 油嘴套管放喷,井口压力从 32.0 MPa 下降至 0.03 MPa,共返排压裂液 3 185.3 m³,共产油 410.99 m³,返排率 18.63%。自喷求产得到日产油 14.37 m³,日产压裂液 3.11 m³,含少量气,压裂效果显著。松页油 1HF 井压后生产曲线如图 10-7(彩图 10-7)所示。

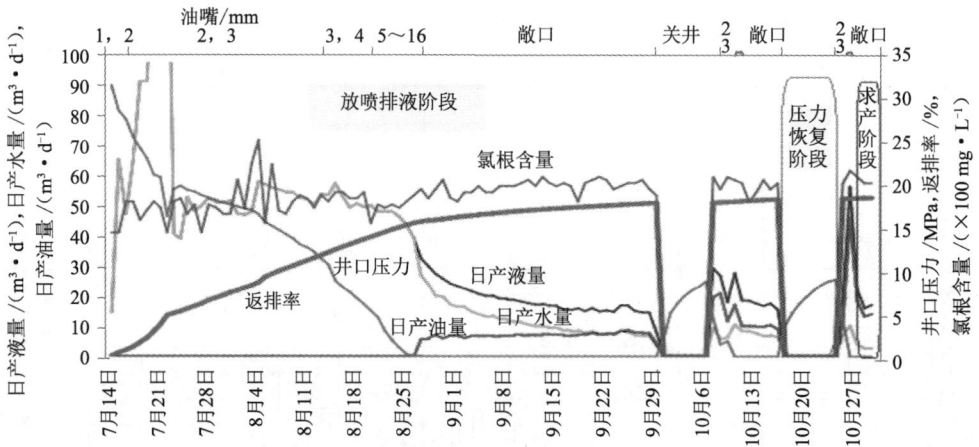

图 10-7 松页油 1HF 井压后生产曲线

五、施工效果分析

（1）松页油 1HF 井根据钻探成果及测井、录井等地质资料对比分析，结合工程实际情况，优选"地质＋工程"双甜点作为压裂射孔目的层段，从试油求产结果看所选压裂改造层段是科学正确的。

（2）针对储层特点，采用低伤害滑溜水＋冻胶液混合压裂液体系，在实际加砂过程中可以看到冻胶的携砂能力较强，最高加砂砂比达到 23％，远超设计最高 18％的加砂砂比。

（3）松页油 1HF 井储层改造采用"多尺度小粒径树脂覆膜石英砂组合＋纤维加砂＋混合压裂液变排量注入"的高导流复杂体积缝网压裂工艺技术。一般加入支撑剂组合为 70/140 目粉陶 17.5 m^3、40/70 目树脂覆膜石英砂 42.1 m^3、30/50 目树脂覆膜石英砂 5.6 m^3，平均砂比为 13.5％；施工中滑溜水与胶液比例基本在 1：1 左右，并在前面的滑溜水阶段交替注入 2～3 次冻胶携砂段塞；纤维从 12％的砂比开始伴高砂比加入，加入比例为 0.1％；从 10 m^3/min 至 14 m^3/min 逐步提高排量，促进裂缝的复杂性。

（4）对施工参数（排量、液量、砂量、砂比、泵注程序）进行优化设计，各项施工参数达到或超过设计指标，施工参数与设计参数符合率达到 96％以上，取得很好的压后效果，说明该井压裂施工设计科学、合理、可行。

（5）松页油 1HF 井在压裂的同时进行微地震监测，从微地震监测的结果上看到压裂裂缝分布复杂，呈网络状（图 10-8 和彩图 10-8），并计算测得总改造体积为 1 253.61×10⁴ m^3，达到复杂体积缝网改造的目的（图 10-9 和彩图 10-9）。

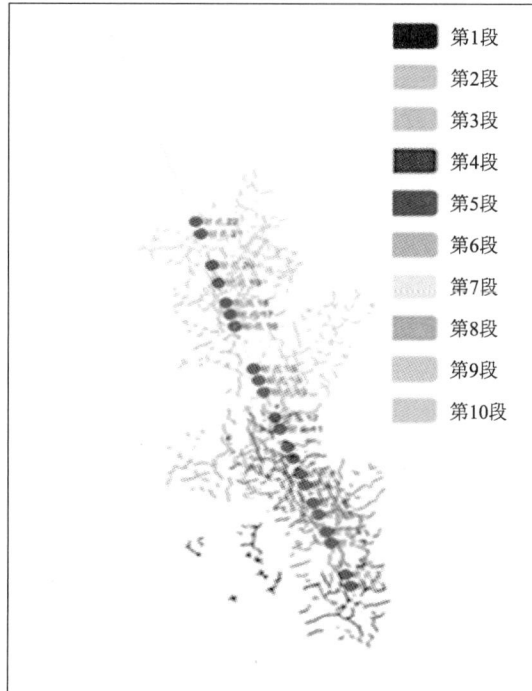

图 10-8　松页油 1HF 井压裂裂缝分布

（6）压后为油嘴控制自喷求产，2019 年 7 月 14 日开井返排，至 10 月 29 日共排液

3 682.74 m³,共出油 504.8 m³,总返排率 18.73%,说明液态 CO_2 增能效果明显。

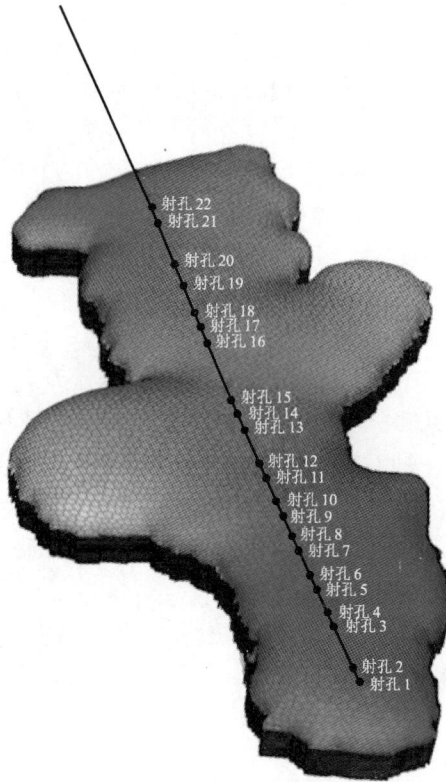

图 10-9　松页油 1HF 井压裂改造体积

第十一章 页岩油储层压裂改造新技术展望

世界能源消费量随着经济的发展持续增长,而油气在世界一次能源消费中的主体地位将长期保持稳定,页岩油气在全球油气供应中的占比也在不断增大。页岩气开发使美国成为天然气净出口国,而页岩油使美国的石油对外依存度大幅下降。美国页岩革命在带动美国经济的发展,也对世界能源格局产生了深远影响。在中国政府的大力推动下,通过国家石油公司的积极实践,中国页岩气在短期内快速实现了重大突破,成为继美国和加拿大之后第三个具有进行商业化开发页岩气能力的国家。

虽然中国的页岩气勘探开发取得了较大的进展,但是仍面临诸多挑战,而这些难题的解决需要理论、技术和机制等方面的创新。中国具有巨大的页岩油资源潜力,但页岩油勘探开发仍困难重重,在陆相页岩油高效低成本开发方面还需要开展深入的研究。

第一节 物探-地质-工程一体化技术

Schlumberger公司设计了物探-地质-工程一体化工作流程(图 11-1),非常规优质储层的选区、井位部署、压裂设计及生产优化等环节实现了无缝衔接,关键步骤包括建立储层地质模型、考虑地质力学和油藏特性的力学模型、压裂模拟、微地震监测数据校正裂缝模型、油藏网格模型和生产模拟等,从而提高页岩油区块的整体开发效益。

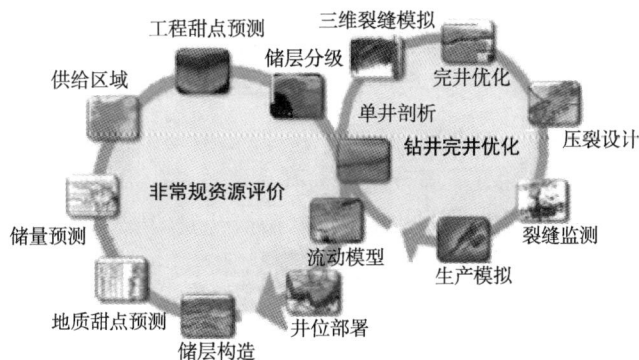

图 11-1 物探-地质-工程一体化工作流程

目前松辽盆地开展该技术还存在如下难题:

(1) 储层物性及与压裂液作用机理需进一步研究。对储层油、气、水三相赋存机理和流动机理尚待继续加深研究,开发参数还难以确定。另外,压裂液滤液可能会对页岩油储层的渗透性造成影响,在重力作用下油水混相在裂缝中会发生油水分离,进而影响页岩油的流动性。

（2）页岩油单井产能递减快，稳产难度大。页岩油单井产量递减快，第一年产量递减率平均达到 70%。以美国页岩油产区为例，Eagle Ford 产量递减最快，Bakken 其次，Permian 产量递减最慢，最终采出量最高，在该地区的投入也在不断增大。2012—2016 年间，随着 Bakken 页岩油产区压裂级数增多，初始产能提高，但产能递减率更快，油井产量快速下降，最终采收率并没有提高。研究认为，更高的生产速率可能会导致支撑剂回流至井筒，造成裂缝闭合，同时影响井筒的长期完整性。压裂级数增多并不一定能带来更好的经济效益，需要针对储层特点进行压裂参数优化设计。

（3）页岩油采收率低，后期生产面临挑战。基于油藏原始压力一次采油的采收率约为 20%，采用水驱及天然气驱二次采油的采收率为 30%～40%，采用二氧化碳驱等三次采油的采收率为 45%～65%，剩余 35%～55% 的残余油受技术限制无法采出。美国页岩油产量持续增加，但其采收率仍然较低，基本在 10%～15%。中低成熟度页岩油储层和原油流动性差的储层，需要通过干酪根的原位转化提高单井产量，Exxon Mobil，Shell 和 Chevron 公司在开展页岩油原位转化技术研究，研究内容包括高温二氧化碳注入、电加热等，利用该技术可降低干酪根收缩对孔隙度和渗透率的影响程度。

页岩油开发技术的发展方向主要包括如下方面：

（1）基础理论研究，包括页岩油储层甜点评价与识别研究、人工裂缝与天然裂缝作用机理研究、水与储层的相互作用机理研究。

（2）长水平段水平井高效钻井技术，包括"井工厂"多层系开发技术、长水平段水平井钻井技术、井下测控工具、多分支井技术。

（3）水平井低伤害高导流压裂技术，包括压裂参数优化设计、高通道缝网压裂技术、压裂裂缝监测技术、无水压裂技术。

（4）提高采收率技术，包括水驱提高采收率技术、气驱提高采收率技术、页岩油原位开采技术。

第二节　"井工厂"压裂技术

"井工厂"压裂技术可缩短储层投产周期，大大降低劳动强度和施工成本，在页岩、致密砂岩等低渗透、低品位非常规油气资源开发中具有显著技术优势，在北美以及中国页岩气开发中获得了成功应用。随着中国页岩气的大规模勘探开发，丛式水平井组结合"工厂化"压裂模式已成为页岩气开发降本增效的重要手段。丛式水平井组技术是伴随工艺水平的提高和降低页岩气单井开发成本需求而逐渐建立起来的，具有一定的技术经济优势。

松辽盆地页岩油区块作为国家重要的能源接替区域，随着压裂技术的突破，为实现降本增效，加上松辽盆地地势平缓，具备丛式井开发的地理条件，"井工厂"模式必将成为趋势。

一、"工厂化"压裂模式

通过对页岩气"工厂化"压裂模式的探索，"井工厂"已经初步形成拉链压裂模式、循环拉链压裂模式、同步压裂模式 3 种作业模式。

（1）拉链压裂模式。同一井场一口井压裂，另一口井进行电缆桥塞射孔联作，两项作业交替进行并无缝衔接，同时在第 3 口井实施井下微地震监测，之后单独对监测井进行压裂

（图11-2）。

（2）循环拉链压裂模式。循环拉链压裂模式是目前应用较多的一种作业模式，即一个平台以段为单位，按顺序依次进行压裂施工。具体作业流程如下：① 一套压裂设备先对1井实施一段压裂作业，然后压裂2井和3井（图11-3）；② 电缆作业设备在1井、2井和3井之间倒换，进行坐封桥塞、射孔作业；③ 压裂1口井的同时，另外两口井同步进行电缆作业，先完成电缆作业的井可选择性开始压裂；④ 钻磨完3口井的桥塞即开始放喷排液。

（3）同步压裂模式。2口或2口以上的井同时开泵进行压裂施工。具体作业流程为：① 两套压裂设备先对2井和3井实施同步压裂作业，然后压裂1井和4井（图11-4）；② 电缆作业设备在2井和3井、1井和4之间倒换，进行坐封桥塞、射孔作业；③ 压裂2井和3井的同时，1井和4井同步进行电缆作业；④ 钻磨完4口井的桥塞即开始放喷排液。

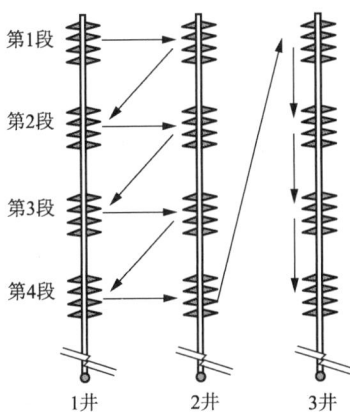

图 11-2　拉链压裂作业示意图

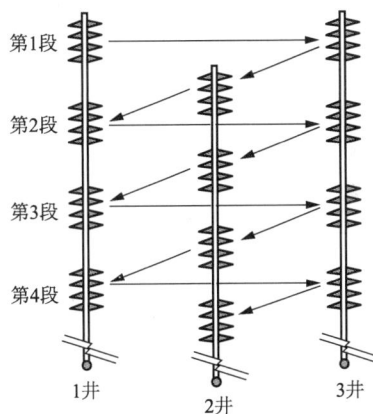

图 11-3　循环拉链压裂作业示意图

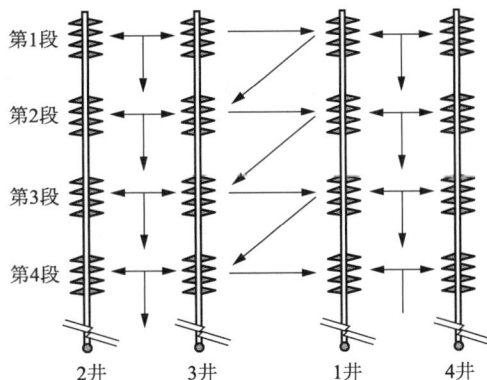

图 11-4　同步压裂作业示意图

二、"工厂化"压裂地面流程

拉链压裂模式作业期间的主要地面设备包括压裂车组、混砂设备、连续混配设备、电缆作业设备、连续油管设备、液罐、砂罐、地面排液设备等。考虑到拉链压裂模式涉及众多作业内容和大量交叉作业，因此在现场按照功能区布置地面设备，设备的摆放同时兼顾操作方便性及安全性。

供液是工厂化压裂施工中极为重要的一环,由于井场场地限制,一般地面供水采用河流—储水池—液罐三级供液模式,同时结合施工要求最大幅度地减少过渡液罐的使用。另外,采用重叠式压裂液罐减少占地需求。

同步压裂模式的地面配套与拉链压裂模式基本相同,但同步压裂模式的压裂车组数量、电缆作业设备等为拉链压裂模式的 2 倍,对井场面积的需求为拉链压裂模式的 1.2 倍以上。因此,在施工期间井口电缆相关设备工具的优化配置和场地占用都要考虑交叉作业的影响。

第三节　水平井密切割分段+暂堵转向压裂技术

2012—2017 年,Conoco Phillips 公司在 Eagle Ford 页岩油产区压裂设计变化情况(表 11-1)为:水平井水平段长度保持在 1 500 m,压裂级数从 15 级增加到 30 级,压裂间距从 100 m 缩短为 50 m,每级压裂射孔簇从 5 簇增加到 11 簇,簇间距从 20.0 m 缩短为 4.5 m;单位长度加砂量不断增加,2017 年加砂量达 4.63 t/m;为降低压裂成本,支撑剂以天然石英砂为主,采用滑溜水压裂的比例逐步提高。

表 11-1　2012—2017 年 Eagle Ford 页岩油产区压裂设计变化情况

年　份	压裂级数	段间距/m	射孔簇/簇	簇间距/m	加砂密度/(t·m⁻¹)	支撑剂类型	压裂液体系
2012	15	100	5	20.0	1.12	石英砂或覆膜砂	凝　胶
2015	25	60	8	7.5	3.14	石英砂	滑溜水+凝胶
2017	30	50	11	4.5	4.63	石英砂	滑溜水+凝胶

在转向压裂技术方面,压裂过程中压裂液携带暂堵剂进入主裂缝,颗粒级配的可降解颗粒在裂缝入口形成暂堵(图 11-5),使压裂液转向到未压裂区域,形成新的裂缝,增大岩石破碎体积。最后,可降解颗粒逐步降解,解除对裂缝的暂堵。该技术实施成本低、工艺简单、风险小,可增产 10%。

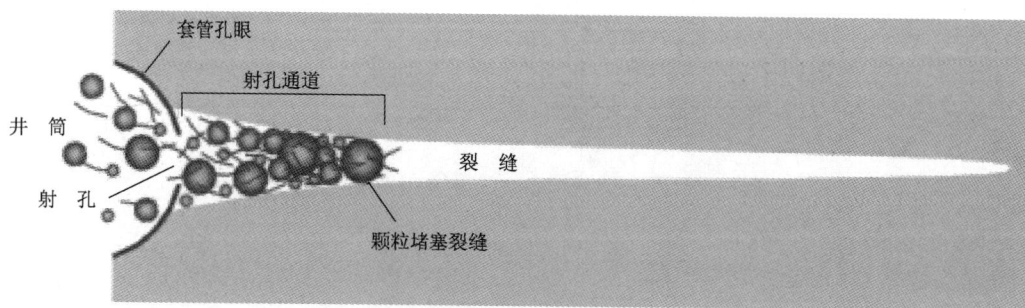

图 11-5　暂堵剂封堵主裂缝入口实现转向

第四节　超临界 CO_2 压裂技术

超临界 CO_2 黏度和表面张力低,流动过程中动能损失小,净压力传导效率高。从图 11-6

可以看出,超临界CO_2在一定的排量条件下便可维持在中、远井地带破岩所需的净压力,实现远端大范围的有效破岩。

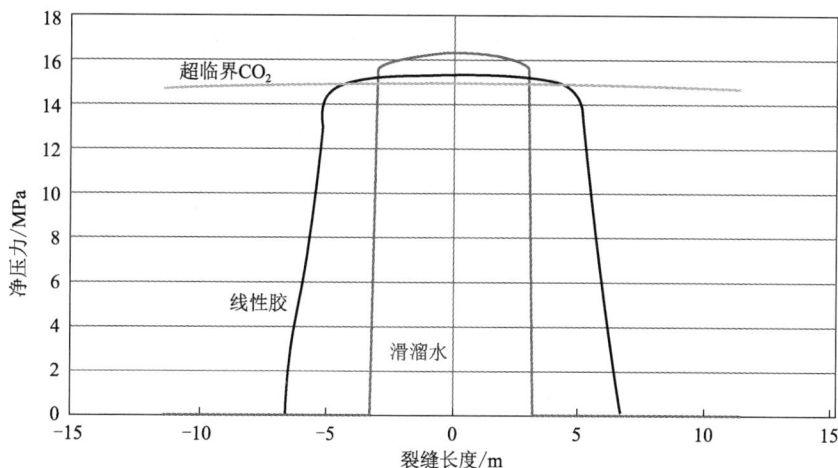

图 11-6 不同压裂流体净压力保持能力比较

超临界CO_2分子之间作用力极弱,表面张力极低,流动性极强,有利于CO_2在地层中流动和扩散(图 11-7),且超临界状态的CO_2分子可以进入孔喉半径很小的孔隙和开度很小的弱面,在地层中实现大范围穿透,波及范围大。

液体CO_2超强的流动性在一定程度上降低了应力、物性的非均质性对于流动方向的导向作用,增加了裂缝的复杂程度,且液体CO_2分子易于进入微孔隙、天然裂缝和天然弱面,可进一步增加裂缝系统的复杂程度(图 11-7)。

超临界CO_2超高的净压力保留容易克服岩石内聚力,形成复杂的剪切裂缝网络,形成深度剪切位移,依靠糙面支撑和岩屑支撑,即使在高闭合应力条件下依然可保持较高的导流能力。

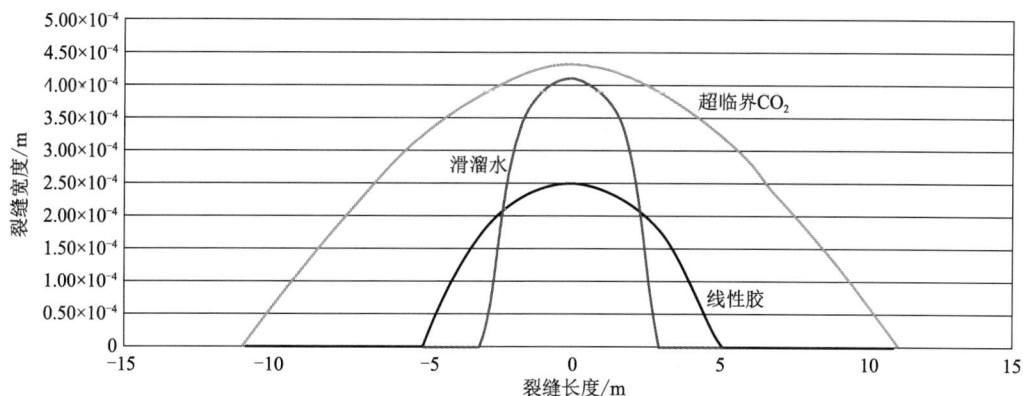

图 11-7 不同压裂流体穿透距离比较

CO_2射流效应可改变岩石微观结构,冲刷或溶蚀填充在孔隙空间内的黏土、有机质等(图 11-8),且形成的微酸性环境可以抑制黏土矿物膨胀,同时低温冷却效应也能降低岩石的破裂压力。

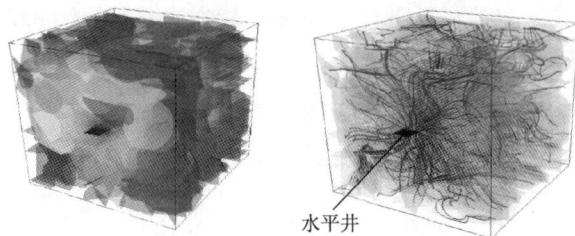

图 11-8　日本东北大学超临界 CO_2 和水基流体压裂示踪监测

第五节　自缔合压裂液技术

胍胶及其衍生物压裂液作为主流压裂液体系,占据压裂液市场 90％ 以上,但随着储层改造难度的增加以及节能节水、绿色环保等理念的提升,其不足逐渐显现:

(1) 残渣含量较高,对低渗、特低渗储层的伤害严重;

(2) 防腐稳定性差,细菌繁殖极易导致压裂液变质,必须添加杀菌剂;

(3) 耐盐性较差,对配液水质要求高;

(4) 常规 HPG 溶胀速度不能满足连续混配,压裂液需提前配制;

(5) 添加剂种类多,配液工序繁琐;

(6) 备液需有 10％ 的附加量,存在废液回收处理、清理配液罐等环保问题。

减少化学添加剂的种类和用量、实现在线连续配制、降低人员劳动强度、节约淡水消耗是压裂液技术研究的趋势和方向。而自缔合压裂液具有的良好溶解性,高效增黏,良好剪切恢复性,破胶彻底、无残渣,体系添加剂少,满足在线变黏混配等特点,可以实现降低储层伤害、减少添加剂种类、简化配液工序、节约淡水等功能。近年来自缔合聚合物压裂液已在页岩气、煤层气压裂改造中试验应用,未来可能会应用到页岩油压裂市场。

第六节　压裂电动泵压裂技术

压裂泵组作为页岩油大型压裂的核心装备,其投资占页岩油开发装备总额的 25％～30％。它的质量、效率和运行成本将直接影响页岩油开采成本,决定页岩油开采进程。目前压裂设备主要为压裂车/撬,国内页岩油开发主要采用 2500 型或 3000 型压裂车进行组合,通常需要 16 台以上压裂车组同时运转。但现场应用中,三大问题愈发突出:

(1) 我国压裂施工(尤其是页岩油)时间长,施工压力较高,压裂设备需要耐高压、长时间连续作业,存量设备很难胜任,往往不是缺压裂设备,而是缺能“有效工作”的压裂设备。

(2) 大型压裂地面装备摆放对井场面积有影响要求,动辄十几台压裂车组的摆放成本相对较高,最终沉没成本也相对较高。

(3) 经济成本仍需继续下降(尤其是压裂成本,过去单口井开采成本从 1 亿元降到五六千万元,更多是钻井周期缩短、效率提升所致,压裂电动泵将是未来成本下降的突破口),在环保和噪声方面也有更高要求。

为解决传统页岩气井压裂设备能耗高、噪声大和占用场地面积大的问题,实现非常规页岩气资源低成本绿色环保开发,更大功率和更高要求的大型压裂装备将成为未来施工作业主力机型,电动泵和电动混砂车对提高现场施工水平与质量控制能力起着重要作用。

北美压裂车目前以 2000 型为主,对单机水马力的提升并无刚性需求。北美页岩油气储存于地势平坦的地域,所以压裂车的承载能力、大小等基本不受路况的影响,压裂设备都是由拖车进行运输(整个装置的长度和回转半径都超过 20 m)。正是由于其路程的经过性较好,再加上北美气田页岩气开采过程中压力较低,所以采用的压裂车组主要以 2000 型撬装为主(采用拖车的结构)。尤其是 2014 年行业进入低谷后,北美各大老牌压裂设备公司纷纷暂停大水马力设备研发,故目前北美仍以 2000 型压裂撬为主。

电动压裂车在美国的发展主要有经济效益、环保要求两大驱动力。

在经济效益方面,一方面北美撬装形式接受度高,另一方面可以利用多余井口气发电,显著降低成本。以 Permian 盆地为例,虽然页岩气产量持续增长,但是随着产量的急剧增长,管道基础设施的扩张速度未跟上产量的增长,Permian 当地的油服公司每年都会通过燃烧方式浪费大量的天然气。将钻机和压裂车等动力来源调整为电驱,利用现场多余天然气作为能源进行发电,既可减小因浪费造成的亏损,也可节约运输燃料的成本,这是北美油气开采逐步电驱化的重要原因之一。

在环保要求方面,北美油气市场环境监管比较严格。目前美国有超过 500 支车队,每支每车队年消耗大量的柴油。这些柴油又由 70 万辆油罐车提供,从油站运输到偏远的页岩盆地产生了大量的二氧化碳排放,同时还有大量柴油燃烧后的氮氧化物排放。美国对油气生产中的污染气体排放有严格规定,对于油服公司来说,需要采用电驱技术来完成自己的环保目标和承诺。如贝克休斯公司承诺,将通过涡轮及电驱压裂设备,争取完成到 2030 年将二氧化碳排放量减半、到 2050 年实现零增长排放的目标。

我国储存页岩气地区都以盆地或山地为主,这区别于美国平坦的开采生产环境。"中国式的页岩气"决定着我国的压裂车研制方向与美国的不同。从我国压裂车的发展过程看,首先是引入小水马力压裂车,本土化后自主研发核心大泵,并形成目前新增市场以 2500 型为主的格局。2019 年以来,我国领先的本土厂商先后推出了 5000 型以上的大水马力压裂设备,标志着在大水马力领域我国厂商已经处于领先位置。

我国页岩气开发起步晚,有必要借鉴北美页岩气的开发经验。我国油田从 20 世纪 70 年代开始引进国外成套压裂机组,主要包括美国 BJ 公司 1000 型压裂机组、双 S 公司 1600 型压裂机组以及西方公司 1400 型至 1800 型压裂机组等。随着我国压裂施工规模的越来越大,21 世纪初开始大量引进国外 2000 型成套压裂机组,主要有美国哈里伯顿公司和双 S 公司、加拿大 Crown 公司和 Nowsco 公司。

我国压裂装备自主研制从 20 世纪 80 年代开始,机型以 800 型、1000 型、1800 型和 2000 型为主,直到 2008 年成功研制出 2500 型压裂车。目前我国油田配备的压裂机型以 2000 型、2500 型为主。杰瑞公司 2014 年成功研制了 3 308 kW 涡轮驱动压裂车,2019 年发布了全球首个电驱压裂成套装备,包含电驱压裂设备、电驱混砂设备、电驱混配设备、智能免破袋连续输砂装置、供电解决方案、大通径管汇解决方案,这意味着我国压裂水平已经完全不弱于国外,甚至在大水马力领域处于领先位置。

电驱压裂在国内的发展主要受场地受限和噪声要求两方面驱动。国内页岩气井场多坐落在山区地带,压裂时需要投入大量人力、物力,使得气田的生产成本高。随着勘探开发技术的发展,作业深度不断向下延伸,如我国四川盆地页岩气深度达到 3 000 m 以上,并逐渐向更深的区域拓展。车组多、占地面积大、施工期间井场噪声大和能耗高等问题依然没有得到有效解决,特别是如今的页岩气压裂作业要求长时间连续大负荷施工,要求有一种占地小、结构紧凑且移运方便的大型压裂设备来有效解决国内井场偏僻及作业场地有限的问题。

传统压裂的噪声问题也不容易忽视。例如,四川威远县日夜施工中,因严重影响附近村民休息而遭到投诉,而电驱压裂可以解决这方面的问题,可以将工作噪声从 115 dB 降到 85 dB,甚至达到 55 dB。这种情况下工人间甚至可不佩戴耳塞正常交流,从而实现 24 h 连续施工。

为满足大型压裂市场的更多需求,未来电动泵技术将在以下方面逐步完善:

(1)单机向高压力和大排量方向发展。在我国页岩气和深井/超深井的勘探开发方面,随着压裂工艺向高水平、大排量、大砂量、高砂比和深井方向发展,国内压裂装备的研发也必然会向高压力和大排量方向发展。在水马力方面,本土企业在进口 2000 型压裂机组的基础上,研发出适合我国油气田作业工艺特点的高压、大功率压裂车,包括 2500 型、3000 型压裂车以及 5000/6000 型压裂撬。如今 2000 型压裂车能够提供的工作排量已远远不能满足日益增长的施工工艺要求,2500 型已成为页岩气开发主流需求,而未来单机水马力也将越来越大。

(2)撬装更加方便,有开始部分替代车载的趋势。受到井场环境和道路交通的影响(转弯直径可超过 20 m,便于拖车运输),再加上国家对于整车的质量和外形尺寸有严格的要求等,使得美国车载式压裂车的研发受到了很多的限制,撬装形式成为主流。我国受压裂施工环境的影响(运输条件较为恶劣),2000 型和 2500 型的压裂车采用的是不同于压裂撬的车载结构。如今伴随着单机水马力的继续加大,我国也开始出现撬装部分替代车载的趋势,主要是因为 3000 型压裂车在现场应用中,大排量高压力时压力波动大,车尾振动幅度大,施工效果常常不理想,并且其最大排量比 2500 型最大排量仅高 6.6%,优势不够明显,稳定性却远不如 2500 型压裂车。因此,由于整车质量和尺寸的影响,通过单一增大台上设备来设计超大功率且具有稳定性能的压裂车已受到限制,撬装是伴随水马力加大自然而然形成的另一趋势。

此外,国家对道路行驶要求越来越严格,超限车的行驶受到了诸多限制,如川渝页岩气井开发平台和沙漠地区等作业地区道路行驶条件恶劣,传统的车载式结构已经限制了超大型压裂装备的设计开发(3000 型不允许上路),未来大型压裂装备也会朝着整机轻量化和高行驶性能(撬装)方向发展。

(3)油气勘探开发的“电代油”是如今的大趋势。在全球范围内,油气田开发公司都面临着严峻的环境监管压力,废气、噪声、矽尘等污染排放都愈加受限,对氮氧化物、一氧化碳及其他排放物的管控更为严格。在当今低油价、低成本的时代,既要改善这些状况,又要继续降低总成本、提高效率,于是“电代油”应运而生。过去十余年中电驱动钻机开始部分替代传统机械钻机(尤其是在美国),近年来电驱压裂设备也已进入油服公司视野之中。

第七节　无限极滑套分段压裂技术

无限极滑套分段压裂技术采用新型无级差套管滑套,根据油气藏产层情况确定滑套安放位置后,按照确定的深度将多个针对不同产层的滑套与套管一趟下入井内,然后实施常规固井,再依托配套工具依次打开各层滑套并分段压裂施工,实现一趟管柱多层压裂。它可用于非常规油气藏的增产改造,也可作为油气井生产时分层开采及封堵底水的有效手段。

与桥塞射孔联作相比,滑套技术可以节省泵送桥塞时间,压裂后井筒全通径,无需钻塞等作业。随着滑套技术的进步,逐步克服了传统滑套压裂级数的限制,同时消除了滑套过度使用风险,优化了油藏与井筒的连通性,提高了增产作业效果。另外,滑套技术还可以实现精准压裂增产,降低作业风险(如意外坐封等),减少完井作业时间,未来也将是页岩油开发的技术方向。

参考文献

[1] 邹才能,杨智,崔景伟,等.页岩油形成机制、地质特征及发展对策[J].石油勘探与开发,2013,40(1):14-15.

[2] 周庆凡,杨国丰.致密油与页岩油的概念与应用[J].石油与天然气地质,2012,33(4):541-544.

[3] 宋国奇,张林晔,卢双舫.页岩油评价技术方法及其应用[J].地学前缘,2013,20(4):222-228.

[4] 罗承先,周韦慧.美国页岩油开发现状及其巨大影响[J].中外能源,2013,18(3):33-40.

[5] 张金川,林腊梅,李玉喜,等.页岩油分类与评价[J].地学前缘,2012,19(5):322-331.

[6] 姜在兴,张文昭,梁超,等.页岩油储层基本特征及评价要素[J].石油学报,2014,35(1):184-196.

[7] 周志,阎玉萍,任收麦,等.松辽盆地页岩油勘探前景与对策建议[J].中国矿业,2017,26(3):171-174.

[8] 柳波,吕延防,冉清昌,等.松辽盆地北部青山口组页岩油形成地质条件及勘探潜力[J].石油与天然气地质,2014,35(2):280-285.

[9] 柳波,石佳欣,付晓飞,等.陆相泥页岩层系岩相特征与页岩油富集条件——以松辽盆地古龙凹陷白垩系青山口组一段富有机质泥页岩为例[J].石油勘探与开发,2018,45(5):828-838.

[10] 林腊梅,张金川,唐玄,等.中国陆相页岩气形成条件[J].天然气工业,2013,33(1):35-40.

[11] 翁定为,雷群,李东旭,等.缝网压裂施工工艺的现场探索[J].石油钻采工艺,2013,35(1):59-62.

[12] 盛湘,陈祥,章新文,等.中国陆相页岩油开发前景与挑战[J],石油实验地质[J],2015,37(3):268-271.

[13] 周庆凡,杨国丰.致密油与页岩油的概念与应用[J].石油与天然气地质,2012,33(4):541-544.

[14] 张宁宁,王青,王建君,等.近20年世界油气新发现特征与勘探趋势展望[J].中国石油勘探,2018,23(1):44-53.

[15] 才博,张绍礼,马秋菊,等.巴肯致密油压裂水平井产能影响因素分析[J].重庆科技学院学报(自然科学版),2015,17(3):43-45.

[16] 张全胜,李明,张子麟,等.胜利油田致密油储层体积压裂技术及应用[J].中国石油勘探,2019,24(2):235-239.

[17] 崔明月,刘玉章,修乃领,等.形成复杂缝网体积(ESRV)的影响因素分析[J].石油钻采工艺,2014,36(2):82-87.

[18] 林发枝.缝网压裂工艺在扶杨油层上的应用[J].采油工程,2013,3(1):1-5

[19] 魏子超,綦殿生,孙兆旭,等.体积压裂技术在低孔致密油藏的应用[J].油气井测试,2013,22(4):50-52.

[20] 彭娇.影响致密油层缝网压裂储层改造体积的主要因素研究[D].西安:西安石油大学,2016.

[21] 段永伟,张劲.二氧化碳无水压裂增产机理研究[J].钻井液与完井液,2017,34(4):101-105.

[22] 王博涛,刘欢,刘峰,等.羧甲基酸性压裂液在安塞油田的应用[J].石油化工应用,2010,29(5):34-37

[23] 卢运虎,陈勉,安生.页岩气井脆性页岩井壁裂缝扩展机理[J].石油钻探技术,2012,40(4):13-16.

[24] 李庆辉,陈勉,金衍,等.页岩气储层岩石力学特征及脆性评价[J].石油钻探技术,2012,40(4):17-22.

[25] 张士诚.低渗透油气藏增产技术新进展——2008年油气增产改造学术研讨会论文集[M].北京:石油工业出版社,2008.

[26] 唐颖,张金川,等.页岩气井水力压裂技术及其应用分析[J].天然气工业,2010,30(10):33-38

[27] 陈作,薛承瑾,蒋延学,等.页岩气井体积压裂技术在我国的应用建议[J].天然气工业,2010,30(10):30-32.

[28] 刘百红,秦绪英,郑四连.微地震监测技术及其在油田中的应用现状[J].勘探地球物理进展,2005,28(5):325-329.

[29] 严永新,张永华,陈祥,等.微地震技术在裂缝监测中的应用研究[J].地学前缘,2013,20(3):270-276.

[30] 邹才能.非常规油气地质[M].北京:地质出版社,2011.

[31] 刘成林.非常规油气资源[M].北京:地质出版社,2011.

[32] 陈祥,王敏,严永新.陆相页岩油勘探[M].北京:石油工业出版社,2015.

[33] 唐颖,张金川,刘珠江,等.解吸法测量页岩含气量及其方法的改进[J].天然气工业,2011,31(10):1.

[34] 张金川,林腊梅,李玉喜,等.页岩油分类与评价[J].地学前缘,2012,19(5):323-331.

[35] 章新文,吴建卿.中国陆相页岩油勘探开发前景与挑战[J].石油知识,2014(4):6-9.

[36] 孙赞东,贾承造,李相方,等.非常规油气勘探与开发[M].北京:石油工业出版社,2011.

[37] 戴金星,裴锡古,戚厚发.中国天然气地质学(卷二)[M].北京:石油工业出版社,1996.

[38] GAO DELI,YANG JIN,LI WENWU. The cluster analysis method for formation drillability evaluation[C]. Proceedings of IMMM'99,1999：291-296.

[39] TANG YING,XING YUN,LI LEZHONG,et al. Influence factors and evalution

methods of the gas shale fractability[J]. Earth Science Frontiers,2012,19(5): 356-363.

[40] WARPINSKI N R,MAYERHOFER M J. Stimulating unconventional reservoirs: maximizing network growth while optimizing fracture conductivity[J]. 2009,SPE 114173.

[41] MAYERHOFER M J,LOLON E P,WARPINSKI N R,et al. What is stimulated reservoir volume (SRV)[J]. 2008,SPE 19890.

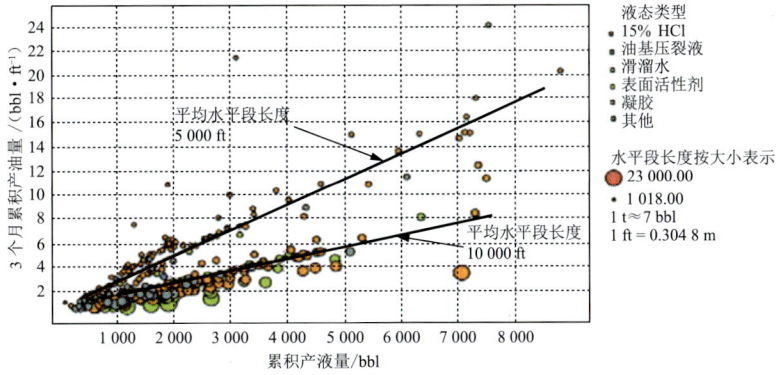

彩图 1-4　Bakken 致密油不同水平段长度 3 个月累计产油量对比

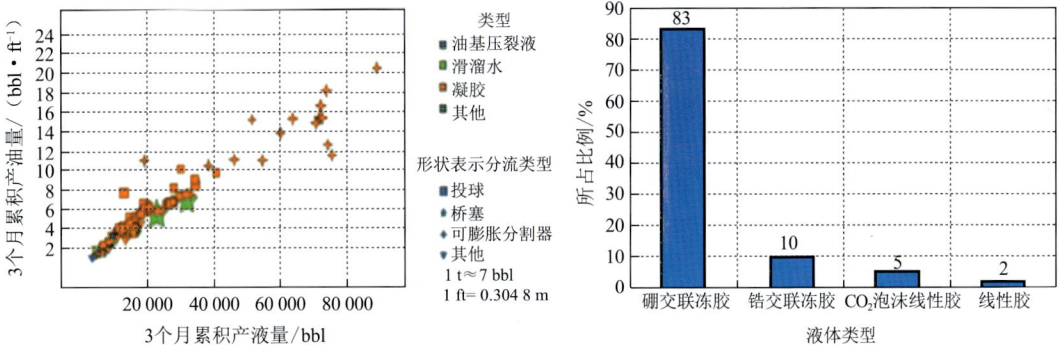

彩图 1-6　Bakken 页岩油区块压裂液类型

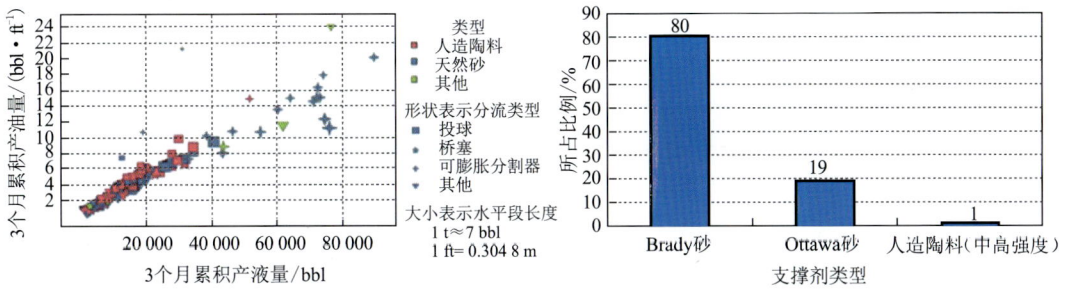

彩图 1-7　Bakken 页岩油区块支撑剂类型

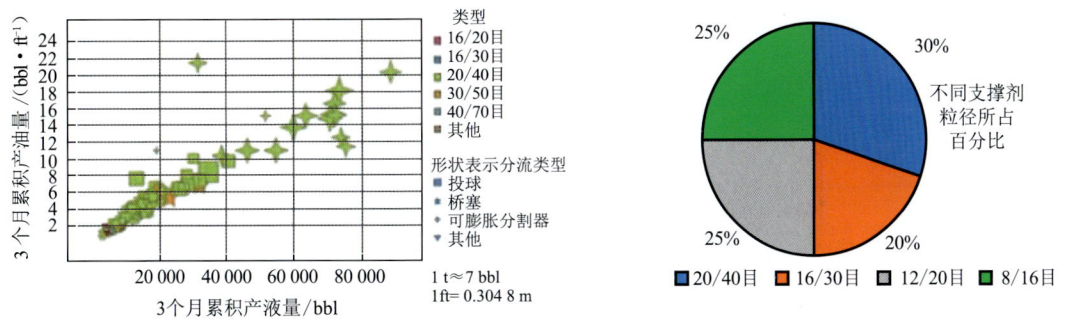

彩图 1-8　Bakken 页岩油区块支撑剂粒径大小

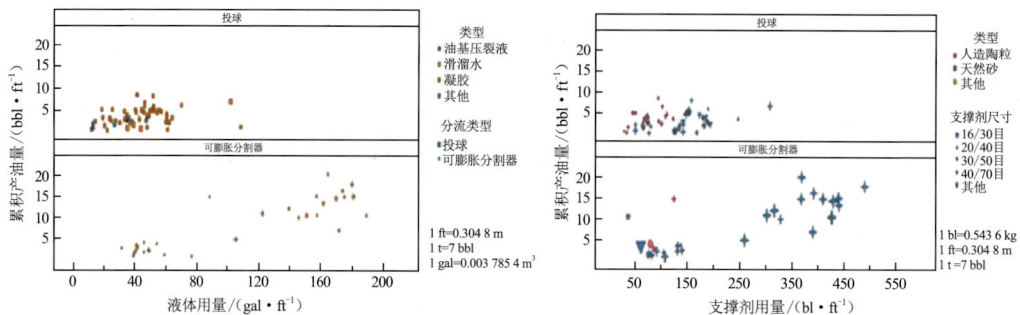

彩图 1-9　Bakken 压裂液用量和用砂量与产油量的关系

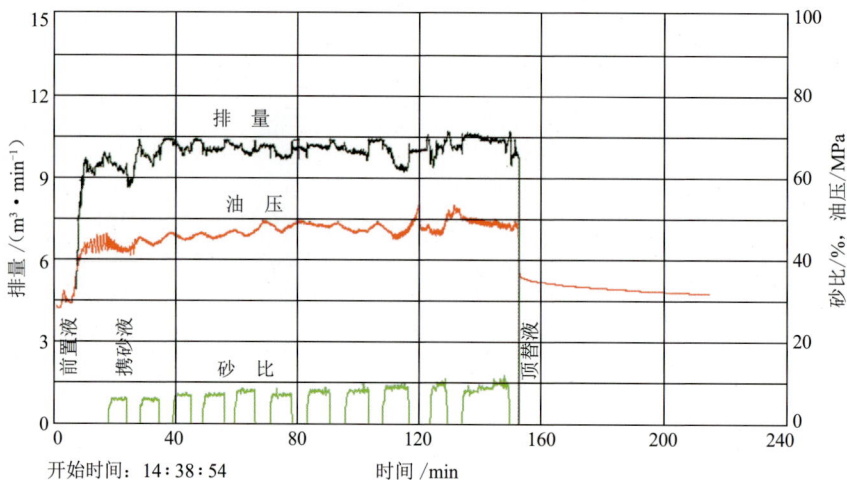

开始时间：14：38：54

彩图 1-11　安深 1 井压裂施工曲线

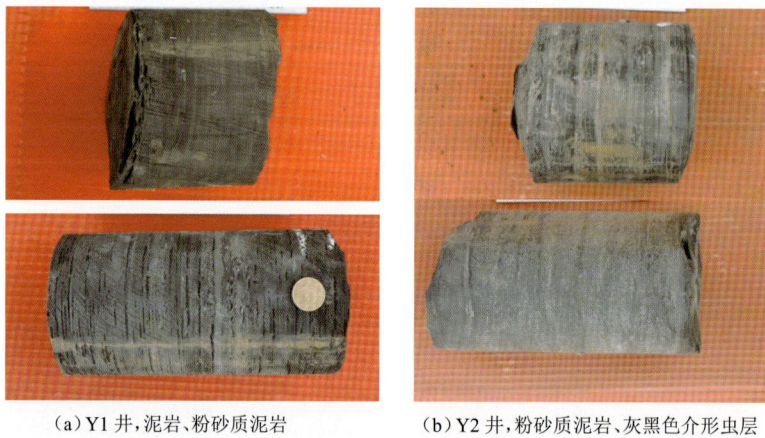

（a）Y1 井，泥岩、粉砂质泥岩　　　　　　（b）Y2 井，粉砂质泥岩、灰黑色介形虫层

彩图 2-2　不同岩性岩芯照片

彩图 2-4　Y1 井和 Y2 井青一段岩芯含油显示

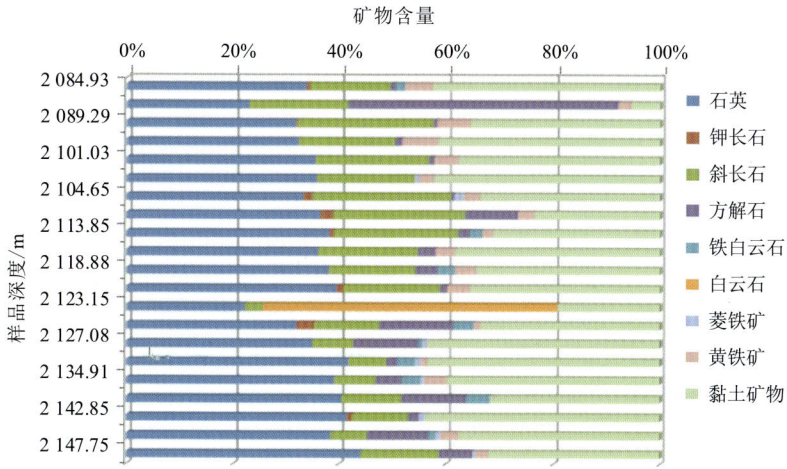

彩图 2-5　Y2 井岩石矿物组分

彩图 2-6　岩芯观察裂缝(层间裂缝、高角度裂缝、微裂缝、裂缝被方解石脉充填)

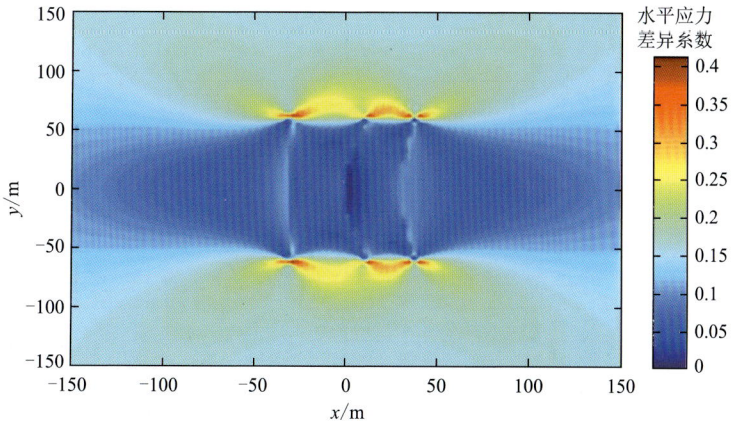

彩图 3-12　3 条裂缝空间诱导应力云图

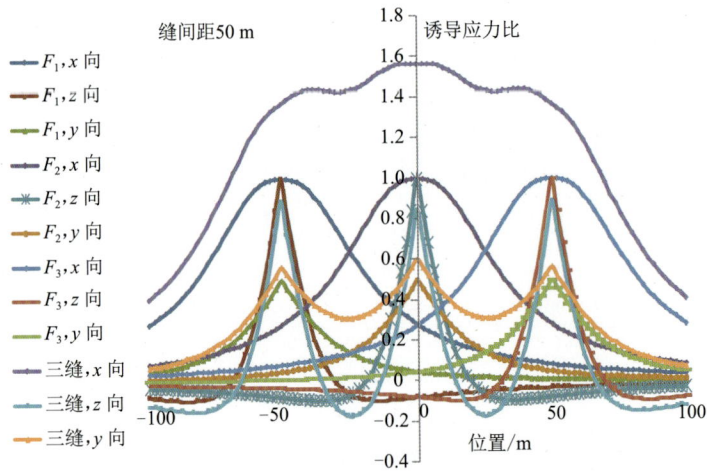

彩图 3-13　3 条裂缝空间影响范围

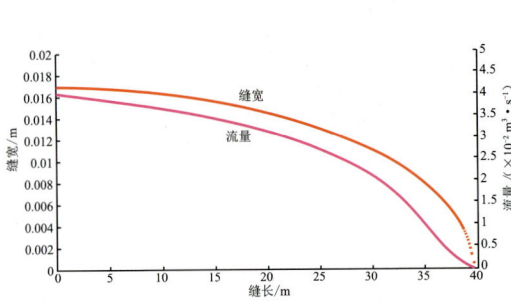

彩图 3-15　缝宽及流量分布

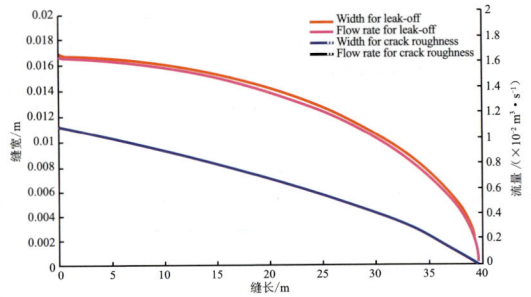

彩图 3-16　缝宽及缝内流量对比

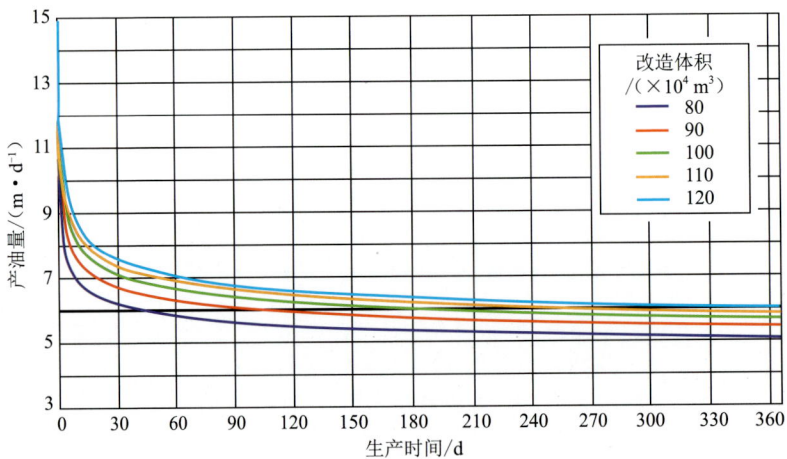

彩图 3-17　不同裂缝半长对产油量的影响

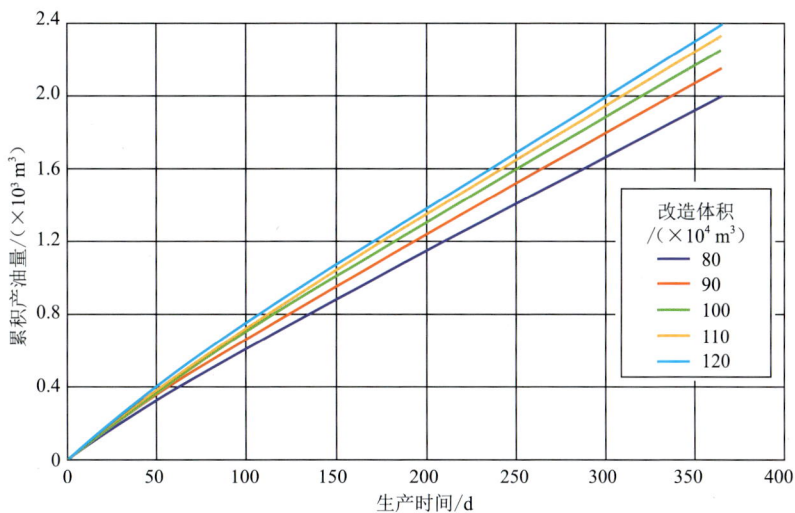

彩图 3-18　不同裂缝半长对累积产油量的影响

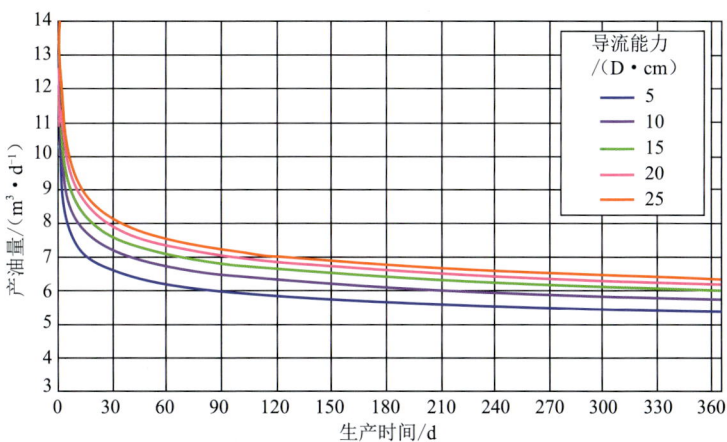

彩图 3-19　不同裂缝导流能力对产油量的影响

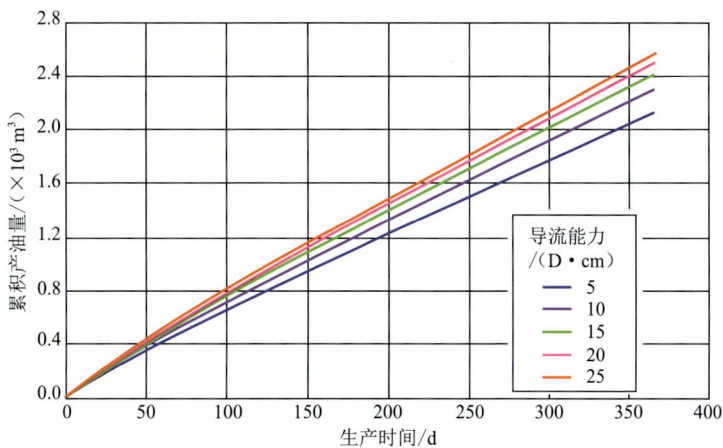

彩图 3-20　不同裂缝导流能力对累积产油量的影响

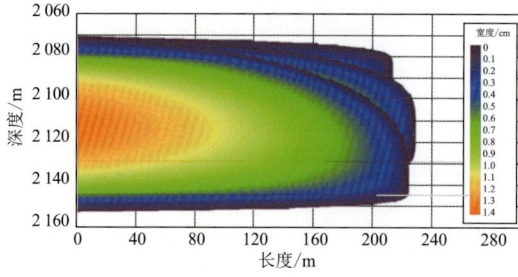

彩图 3-23　1 200 m³总液量＋60 m³砂量裂缝形态

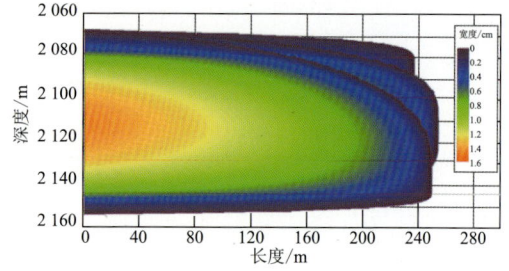

彩图 3-24　1 400 m³总液量＋70 m³砂量裂缝形态

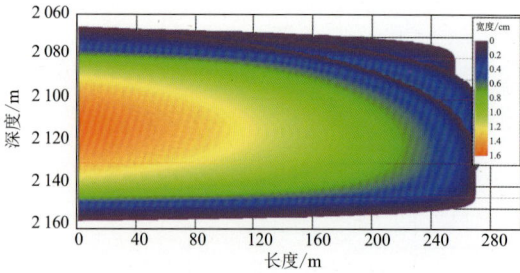

彩图 3-25　1 600 m³总液量＋80 m³砂量裂缝形态

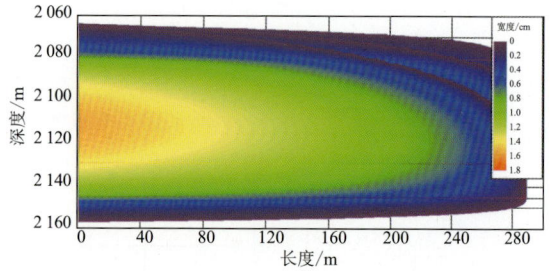

彩图 3-26　1 800 m³总液量＋90 m³砂量裂缝形态

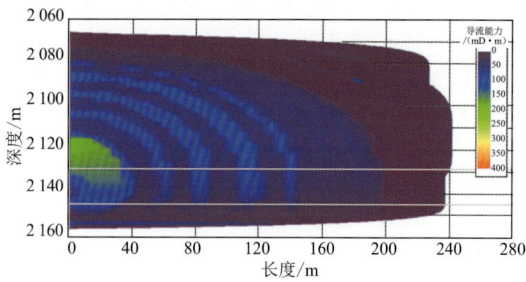

彩图 3-27　平均砂比 10.3%导流能力剖面

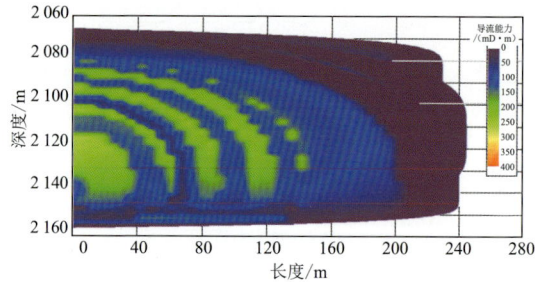

彩图 3-28　平均砂比 12.5%导流能力剖面

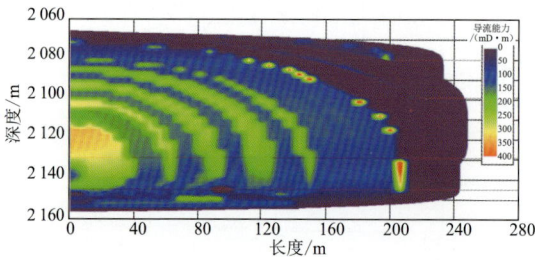

彩图 3-29　平均砂比 14.2%导流能力剖面

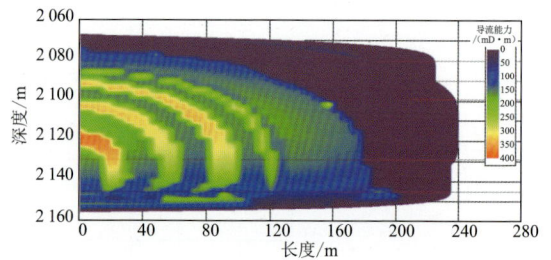

彩图 3-30　平均砂比 16.9%导流能力剖面

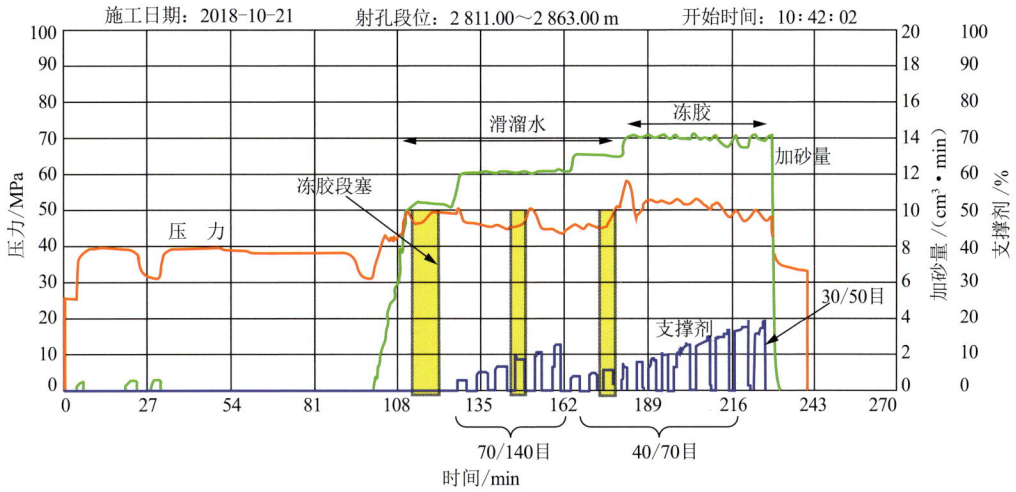

彩图 3-31 压裂泵注程序示意图

彩图 5-7 岩芯膨胀实验(从左到右依次为煤油、碱性压裂液、酸性压裂液、滑溜水)

彩图 5-16 SY-MZ 管路摩阻测试仪

彩图 5-17 分散性能(从左到右依次为 ZJ-Ⅱ,KL-1,HB,DFBL 和 SLBX)

彩图 5-19 悬砂实验

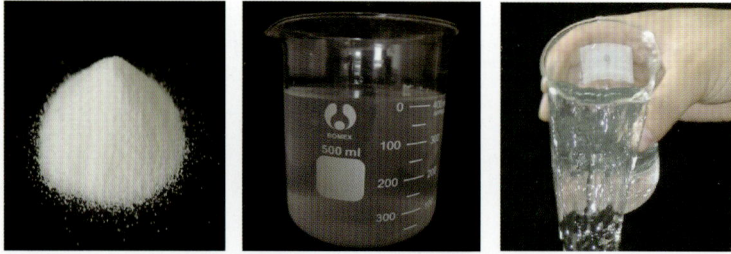

彩图 5-20 低分子清洁聚合物

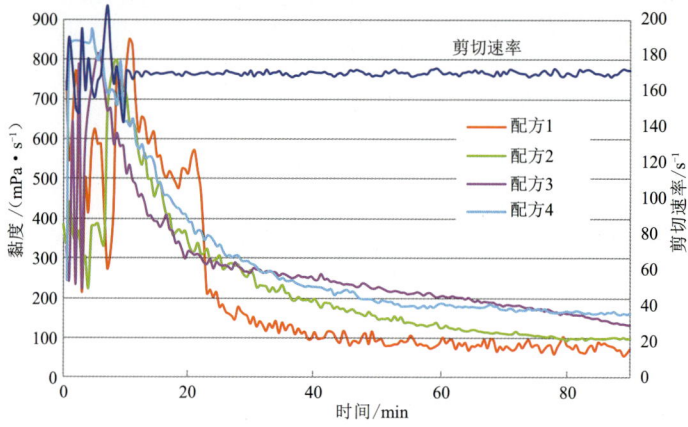

彩图 5-21 线性胶流变曲线

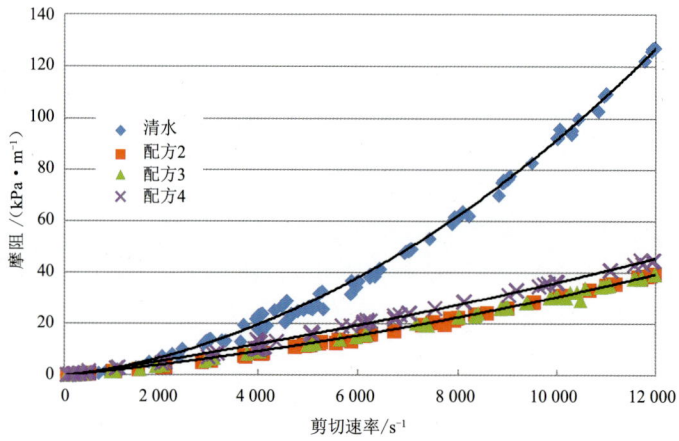

彩图 5-22 线性胶摩阻曲线

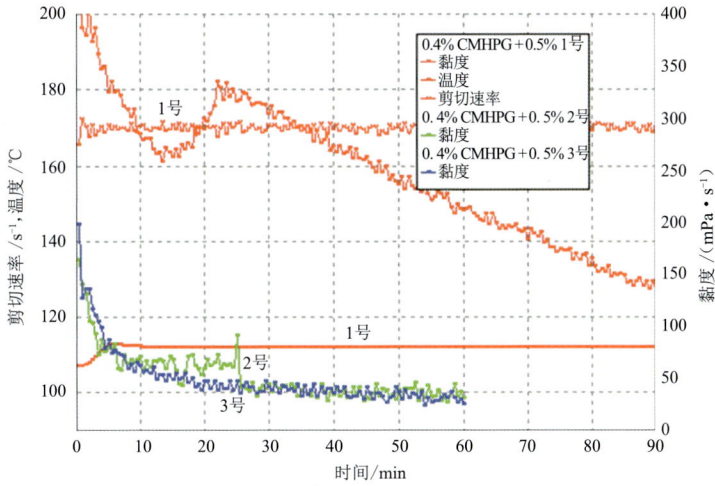

彩图 5-24　不同交联剂下酸性压裂液耐温耐剪切曲线

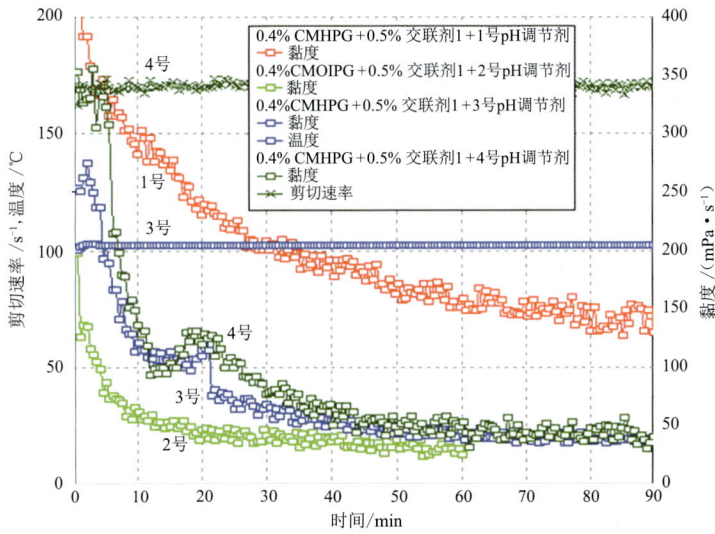

彩图 5-25　不同 pH 调节剂下酸性压裂液流变曲线

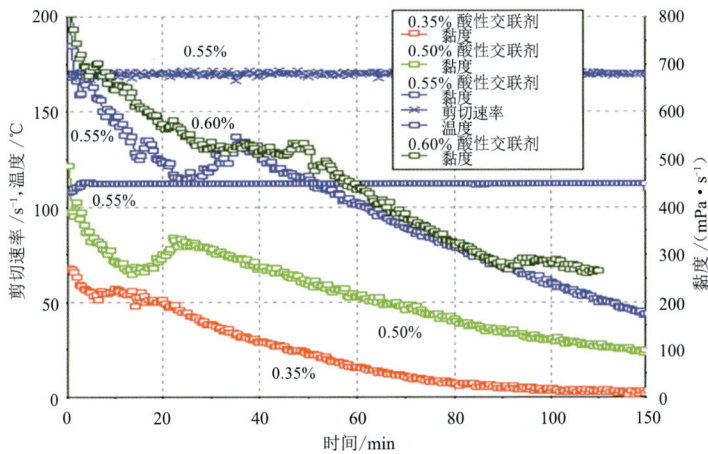

彩图 5-26　不同交联比下酸性压裂液耐温耐剪切曲线

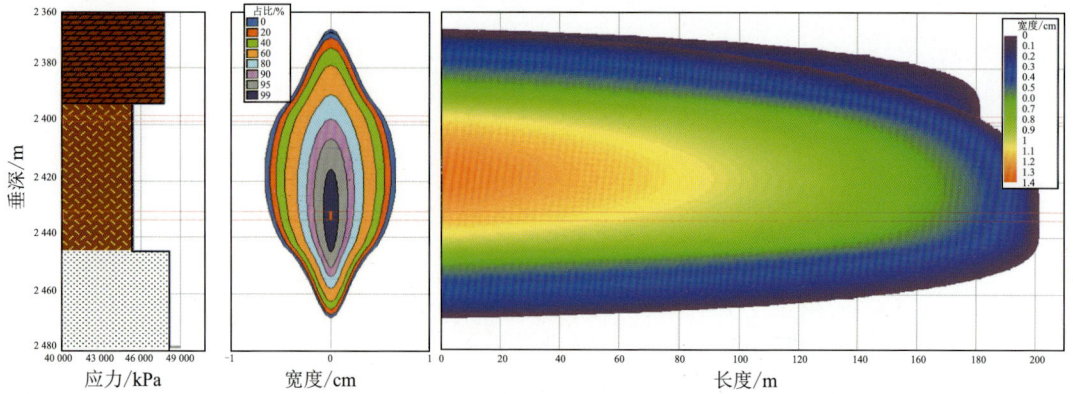

彩图 6-12　100 目段塞＋30/50 目组合模拟裂缝图

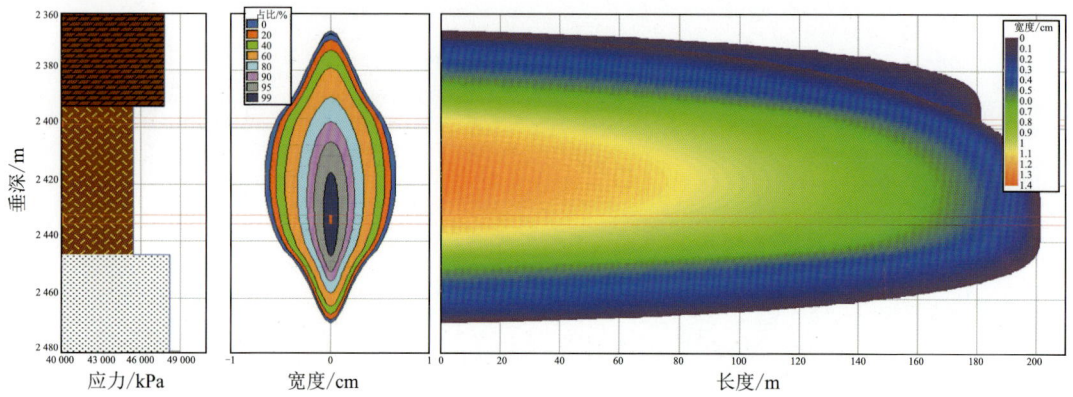

彩图 6-13　40/70 目段塞＋30/50 目组合模拟裂缝图

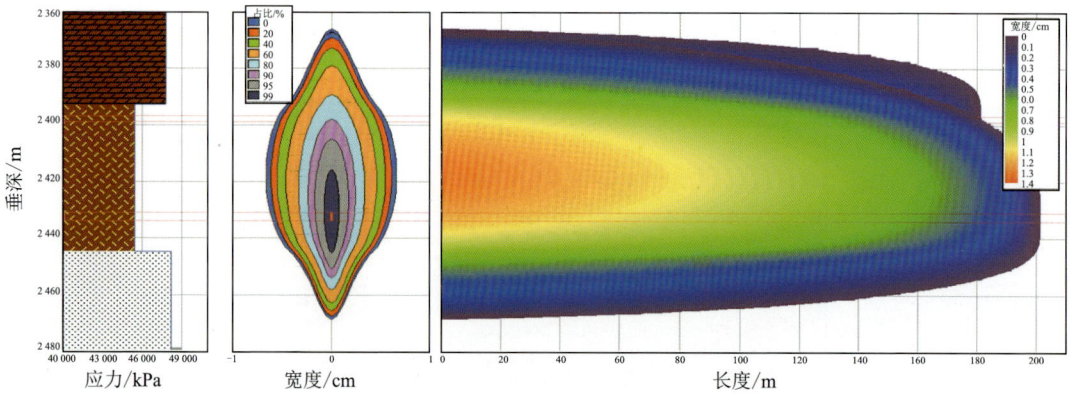

彩图 6-14　30/50 目段塞＋30/50 目组合模拟裂缝图

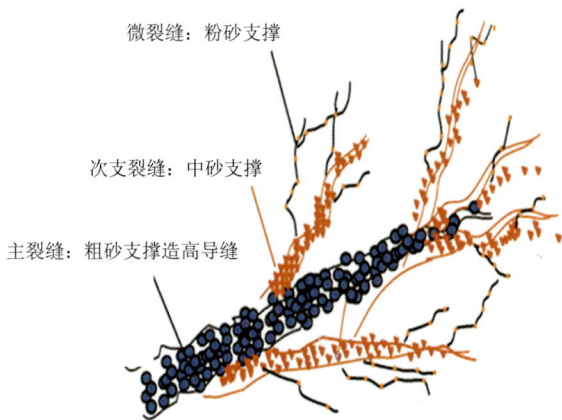
彩图 6-17 多尺度小支撑剂组合示意图

微裂缝：粉砂支撑
次支裂缝：中砂支撑
主裂缝：粗砂支撑造高导缝

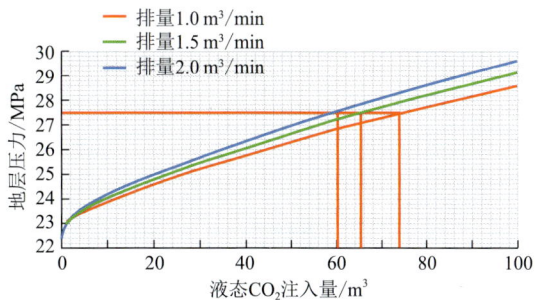
彩图 7-4 液态 CO_2 注入量与地层压力的关系

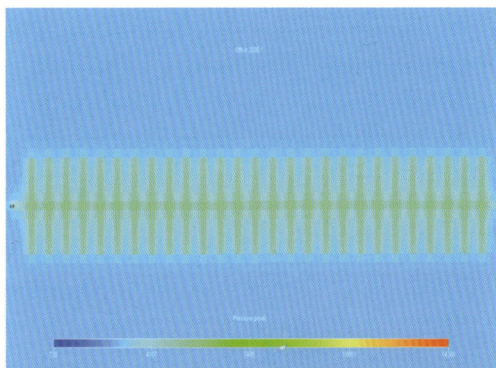
彩图 7-6 压裂后试验井地层压力平面图

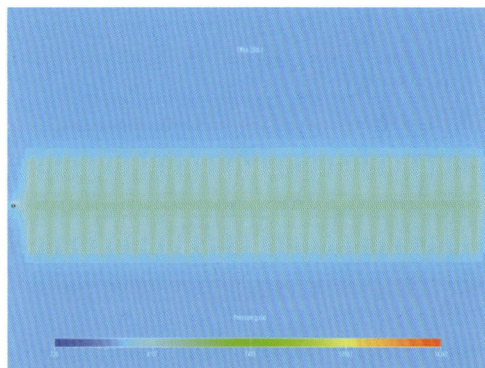
彩图 7-7 闷井 3 d 后试验井地层压力平面图

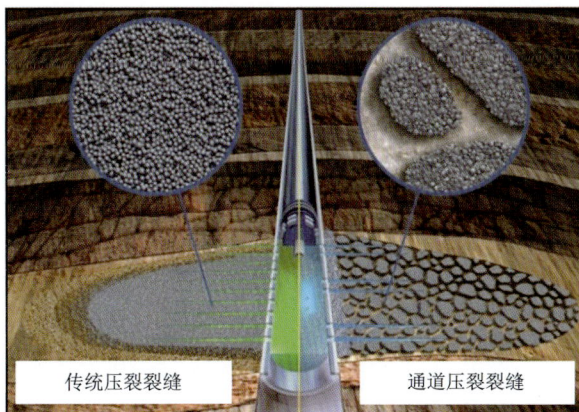

（a）传统压裂裂缝充填层　　（b）通道压裂裂缝充填层

彩图 7-10 传统压裂与通道压裂的支撑裂缝的区别

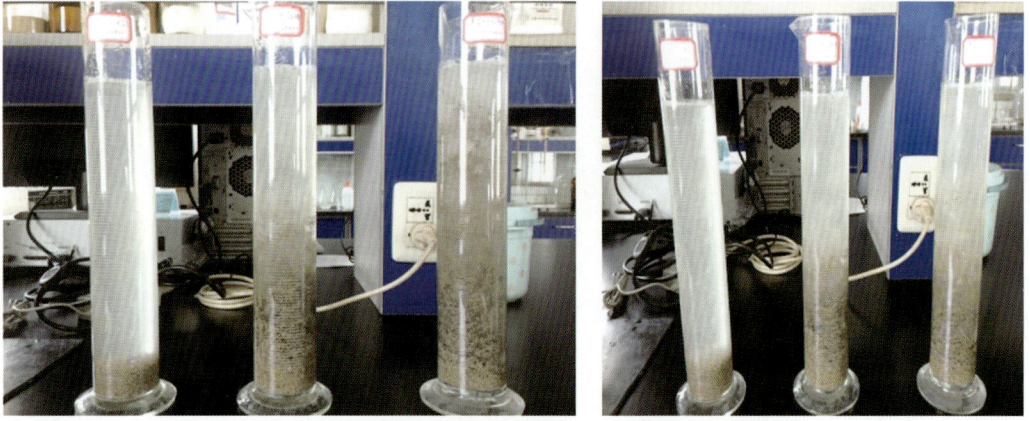

彩图 7-11 纤维对支撑剂沉降速度的影响

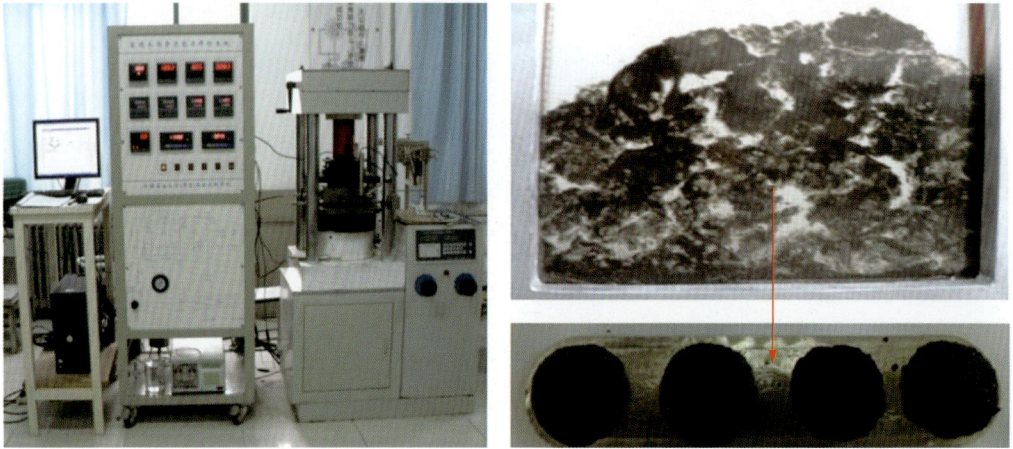

彩图 7-12 裂缝导流能力评价仪及离散化支撑剂团在裂缝中的分布

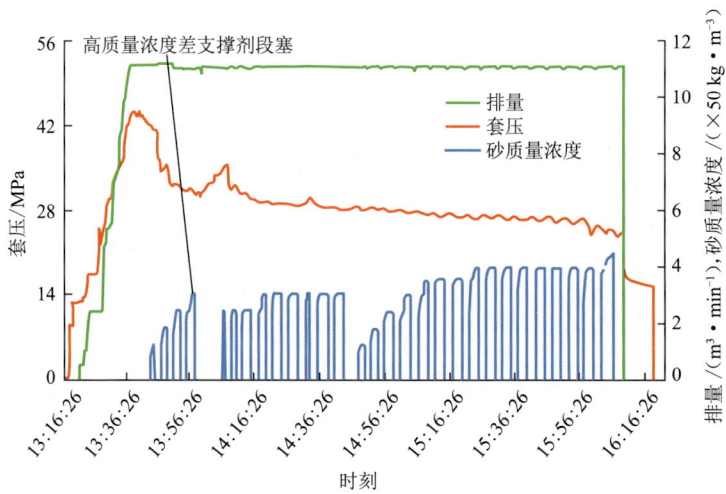

彩图 7-19 A 井施工曲线

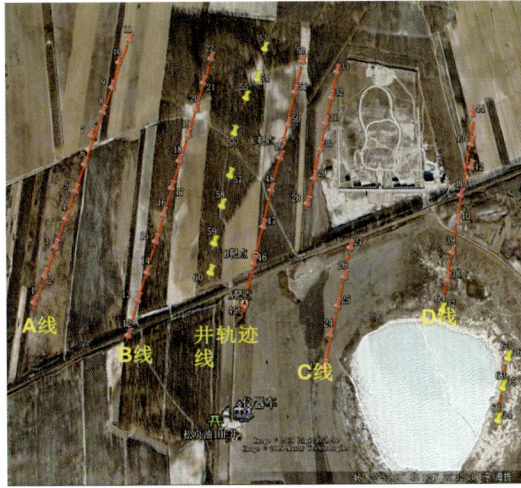

彩图 7-24　松页油 1HF 井和微地震信号采集器布设卫片图

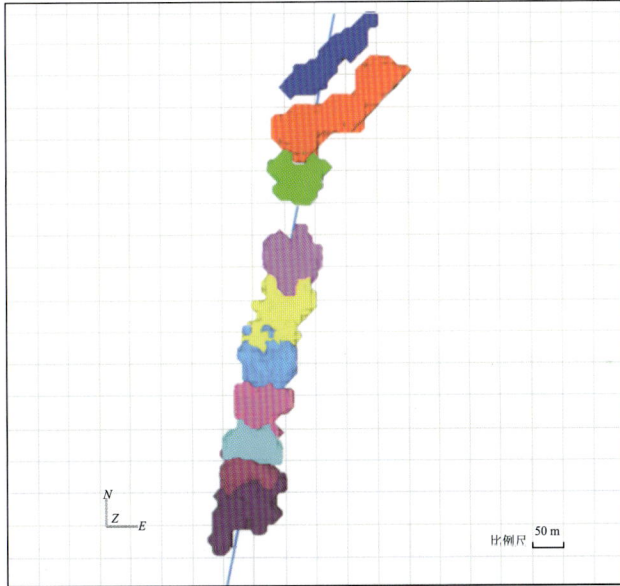

彩图 7-31　松页油 1HF 井总有效压裂面积图

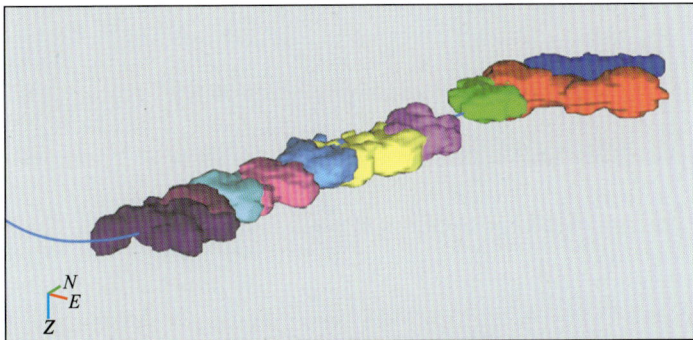

彩图 7-32　松页油 1HF 井压裂有效储层改造体积

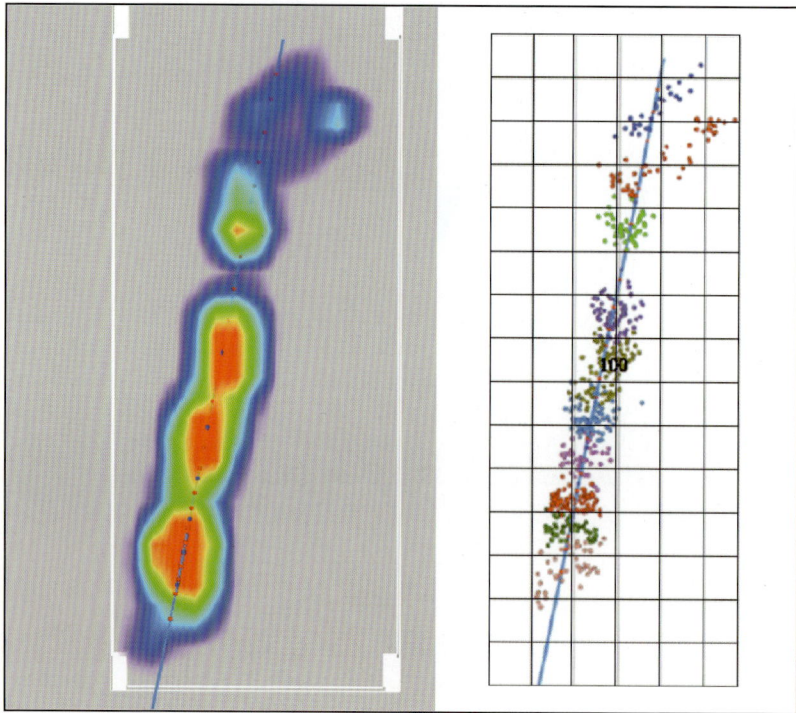

彩图 7-33　松页油 1HF 井全井段压裂能量扫描二维空间展布图

井口管汇

主管汇系统　　排出管汇

彩图 8-11　大型压裂地面高压注入流程现场图

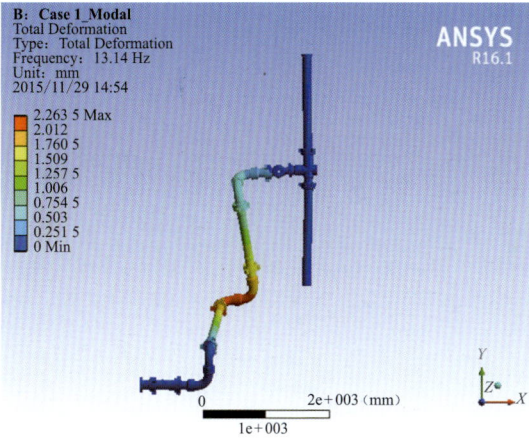
（a）一阶振型

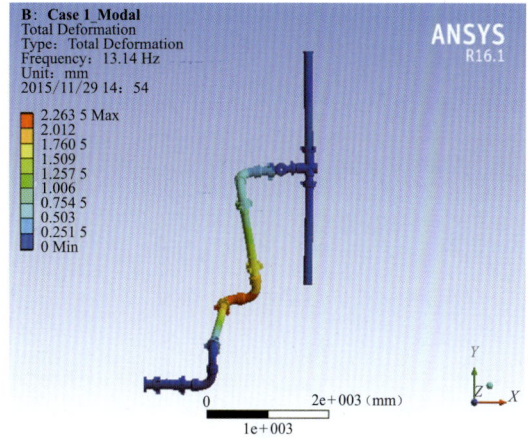
（b）二阶振型

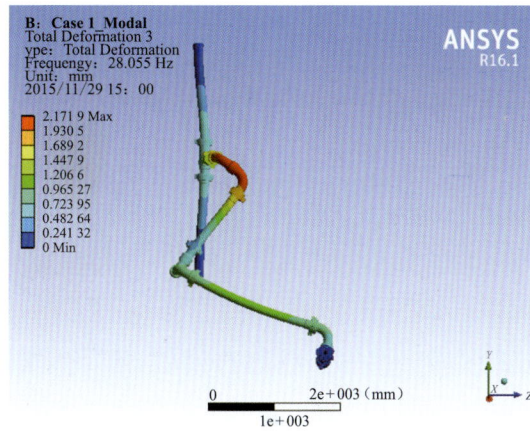
（c）三阶振型

彩图 8-13　Case 1 振型

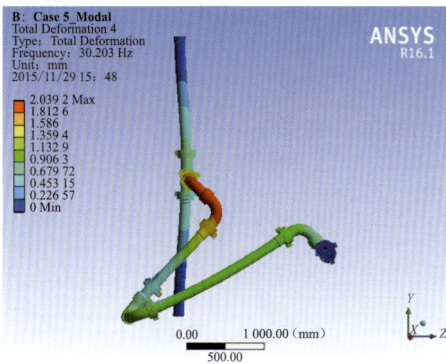
彩图 8-15　Case 5 四阶振型

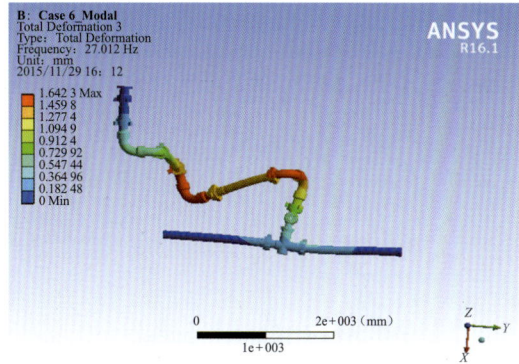
彩图 8-17　Case 6 四阶振型

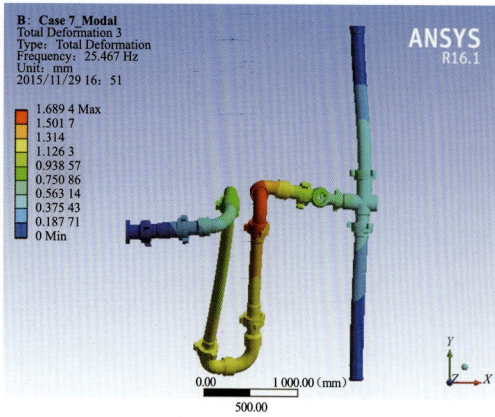
彩图 8-19　Case 7 三阶振型

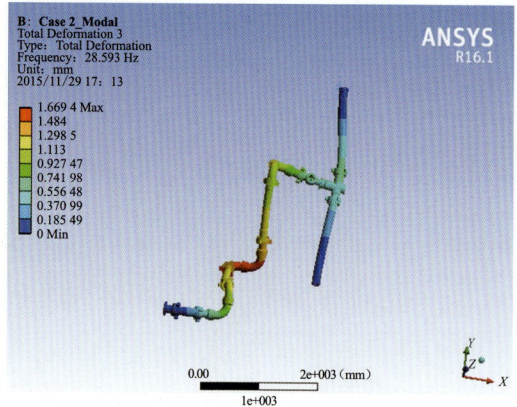
彩图 8-21　Case 2 三阶振型

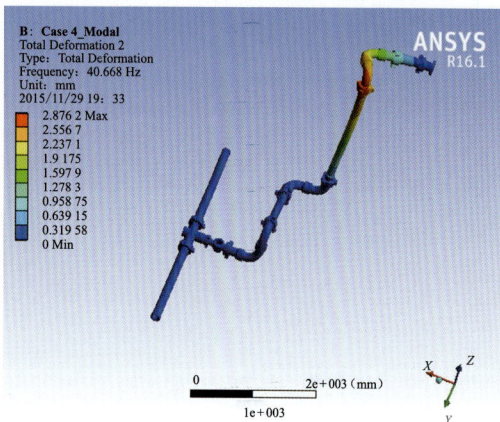
彩图 8-22　Case 4 二阶振型

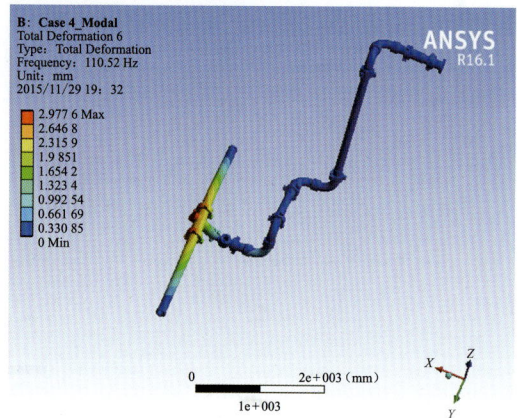
彩图 8-23　Case 4 六阶振型

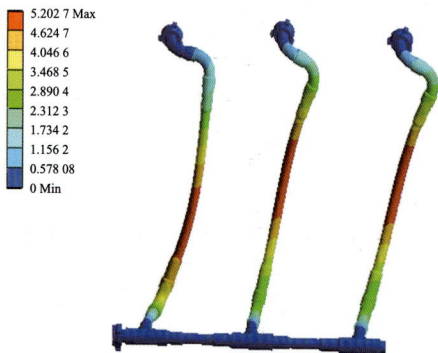
彩图 8-29　T 形整体接头振幅

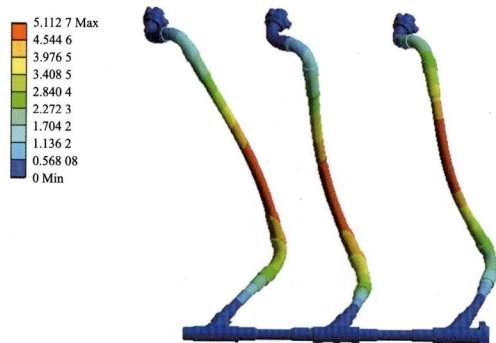
彩图 8-30　Y 形整体接头振幅

彩图 8-31　低压流程现场连接图（黑色管线）

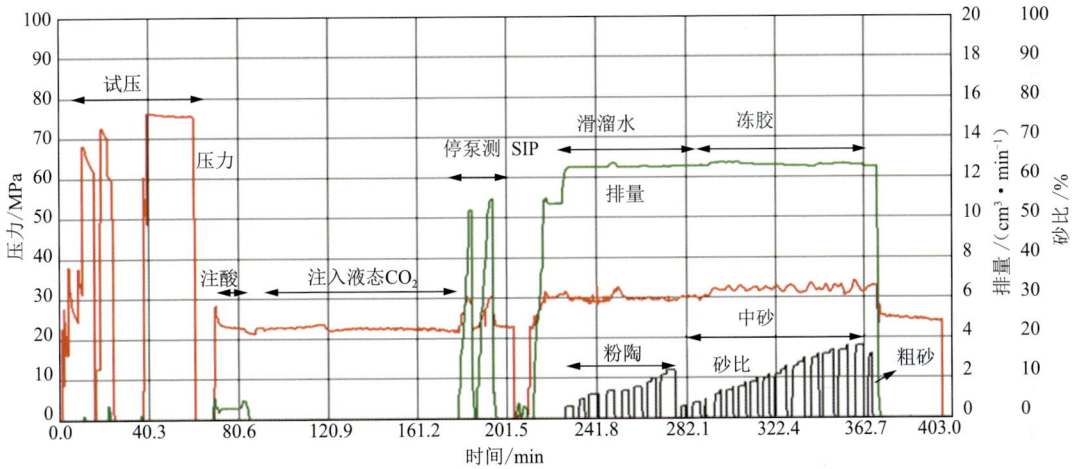

彩图 10-3　松页油 2 井压裂施工曲线

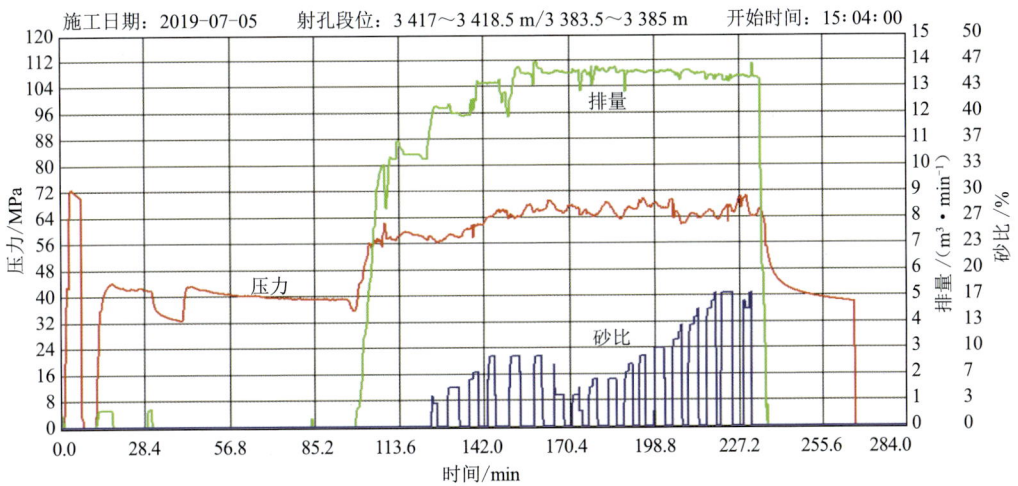

彩图 10-5　松页油 1HF 井压裂施工曲线

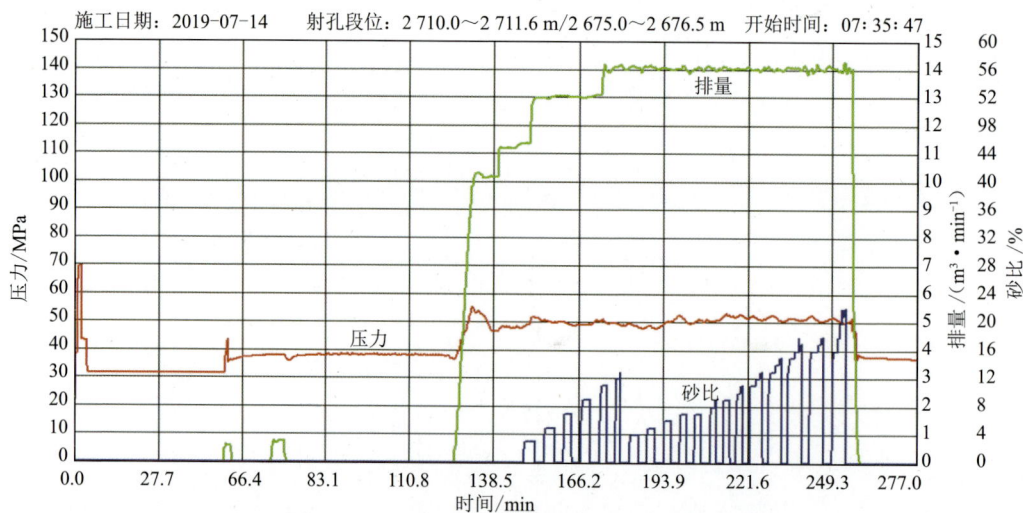

施工日期：2019-07-14　　射孔段位：2 710.0～2 711.6 m/2 675.0～2 676.5 m　　开始时间：07：35：47

彩图 10-6　松页油 1HF 井第 10 段压裂施工曲线

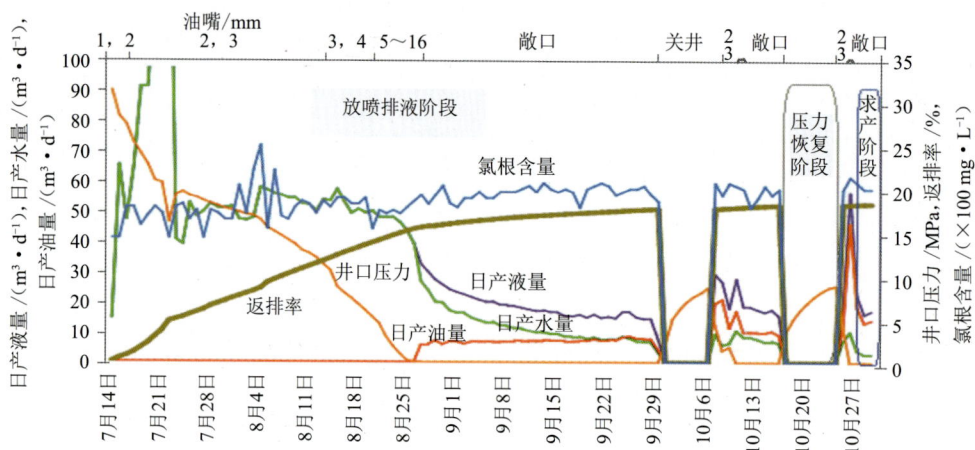

彩图 10-7　松页油 1HF 井压后生产曲线

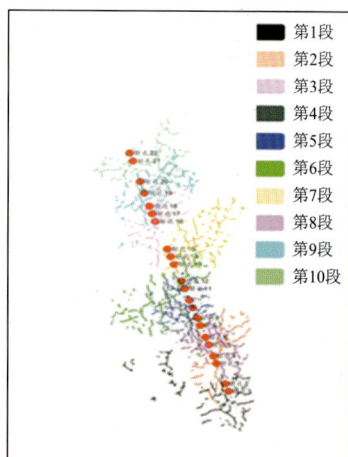

彩图 10-8　松页油 1HF 井压裂裂缝分布

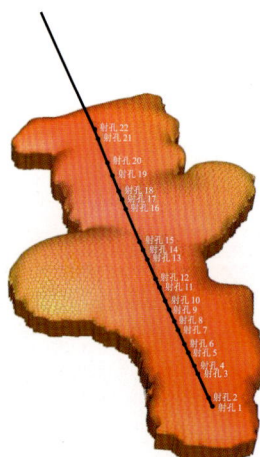

彩图 10-9　松页油 1HF 井压裂改造体积